動物と戦争

真の非暴力へ、《軍事−動物産業》複合体に立ち向かう

【編】
アントニー・J・ノチェッラ二世
コリン・ソルター
ジュディー・K・C・ベントリー
【訳】
井上太一

新評論

日本の軍事、自然の脅威——訳者はしがきに代えて

二〇一四年七月一日は新たな不名誉の日として日本史に記録されてよい。この日、集団的自衛権の行使が閣議決定され、辺野古基地移設の工事が着工されたのだった。二名の市民が焼身自殺を企て国の愚挙に抗した事件も、NHKを筆頭に国内メディアが巧みに揉み消した甲斐あって、「日本の春」には発展せず「沈黙の春」に終わり、切々と平和を訴え続けてきた平和運動も空しく、粛々と新政権が進めてきた軍事化は国民の前に明瞭な形で示された。かたや辺野古では全国から集結した抗議者らが一年以上にもわたり移設反対運動を展開しているにも拘らず、「日米同盟」の強化という愚にも付かない目的から、絶滅の危惧されるジュゴンの餌場、貴重なサンゴ礁に、百数十トンものコンクリートブロックが次々と放り込まれている。ブロックの一つ、沖縄防衛局いうところの「アンカー」が、沖縄前知事の認めた岩礁破砕許可区域外に投じられたのをもって、現知事は工事差し止めを命じるも農林水産省はこの指示を無効化、理由はやはり日米の信頼関係を損なわぬためとのことだった。防衛局は「アンカー」の投下が地殻そのものを変化させる行為でないから岩礁破砕には当たらないと言い張るが、破壊の現場は日米地位協定にもとづき常時立入禁止の制限区域となっているため、二〇一五年八月末から九月上旬にかけて行なわれた僅か一回の例外的な限定的な小調査をのぞけば、県も市民もこれまでのところ違反の有無を確認する機会すら与えられていない。一方で海上保安庁はボートに乗った市民活動家を海に突き

落とすなど抗議の妨害に余念がなく、ＮＨＫその他のメディアはやはり揉み消しに回って何も語ろうとしない。

自由と民主を踏みにじるこのナチズムに酷似した状況はしかし、戦後日本の歩んできた道と一続きに繫がっている。湾岸戦争に一三五億ドルの支援金を注ぎ込み、イラク戦争に総額不明の全面支援（無料の石油供給サービス等々）を行なうなど、軍事を介する「日米の信頼関係」はかつてより強固であった上、なしくずしに崩されつつあった武器輸出三原則は二〇一四年の３・11を記念して防衛装備移転三原則に転身、二〇一一年の３・11が原発の安全神話を揺るがしたのに倣《なら》ってか、平和国家の安寧神話をこれ見よがしに揺るがした。民間企業も政府と軌を一にして軍事化の一翼を担ってきた。軍需企業の老舗である三菱重工業、川崎重工業をはじめ、家電メーカーの三菱電機、ＮＥＣ、富士通、東芝、自動車メーカーのトヨタ、日産、三菱自動車等々が、軍用車両から地対空誘導弾まで、およそあらゆる兵器の開発に勤《いそ》しみ、下請中小企業も巻き込みながら技術の平和利用と戦争利用の境を曖昧にした。日本国民は生産・消費活動を通し、望むと望まざるとに関わりなく人殺しに加担している。そして官民の浅ましき努力を補塡すべく、アメリカの国防高等研究事業局《ＤＡＲＰＡ》を手本に革新的研究開発推進プログラム、通称ＩｍＰＡＣＴ《インパクト》が発足し、大学機関も軍事研究に駆り出された。目指すところは軍民両用技術《デュアルユース》、すなわち民生にも役立ち得るという建て前を持った軍事技術の開発であるが、そのあからさまな魂胆を重々承知しながら良心なき研究者らは公募課題に殺到し、学問の価値を下落させるのに貢献している。

この国家総動員の流れの中、煽《あお》りを喰らうのは戦争に反対する庶民だけではない。「日米同盟」の強化、延いては「国」を守る名目で政府が破壊している辺野古の海は正にその守るべき国の一部である筈だが、彼等の考える「国」は国内の自然や生命を含まない概念であるらしい。「国」のために働く自衛隊は災害救助や音楽演奏会などで市民の味方を装うが、例えば二〇一四年度の石油購入額がガソリン一五億円、軽油三九七億円、航空タービン燃料五九二億円にのぼるという事実や、「非原子力航空母艦は平均一時間当り一二三バーレルの燃料（石油）を消費し、戦艦は五〇バーレル／時、追撃行動中のM−1型戦車は七バーレル／時、B−52爆撃機は八八バーレル／時、F−4ファントム戦闘機は四一バーレル／時を消費する」「F−15戦闘機は最高推力の際には四ガロン／秒の割合で燃料を消費する」（奥田、一九八六、一部アラビア数字を漢数字に変更）といったデータから推測するに、この防衛組織がエネルギー危機の元凶であることは疑えない。また最新の軍事技術を支えるためにレアアースその他の鉱物資源も用いられる。かかる需要を賄《まかな》うために陸上と海底とを問わず広大な地域が開発され、戦時でなくとも生態系を滅ぼす。のみならず資源の浪費が資源の奪い合いにつながり、国際関係の緊張を高め、軍拡競争に拍車を掛け、最悪の場合には予防戦争（敵国がまだ弱い内に潰しておこうとして起こす戦争）を招く。さらにジェット戦闘機一機が自動車六〇〇〇台分の二酸化炭素を排出するという試算（稲生他、二〇〇三）からも分かるように、軍事部門は地球温暖化にも計り知れない影響をもたらす。自衛隊が広報でいかに友好的な印象を振り撒こうと、戦争遂行組織は地球の害毒に他ならない。

本書は Anthony J. Nocella II, Colin Salter, Judy K.C. Bentley ed., *Animals and War: Confronting the Military-Animal Industrial Complex*, Lexington Books, 2014 の全訳である。新しい学際的視点から人間以外の動物と人間社会の関わりを捉え直す叢書『批判的動物研究、理論、教育、方法論』の第一巻として、軍事活

動による人間以外の生きものの被害を多角的に検証した書であり、執筆には第一線で活躍する海外気鋭の平和研究者、反戦活動家、動物福祉活動家らが当たっている。これまでに数々の戦争被害が報告されてきたが、人間以外の生きものに焦点が当てられることは殆どなかった。その点で我々の戦争理解、軍事理解には大きな欠落があったといわざるを得ない。無論、真の犠牲を正しく把握するのは困難ないし不可能ではあろうが、たとえごく一部でも彼等、人間以外の生きものに及ぶ害悪の実態を知れば、同じ反戦の意を貫くにしても、求める「平和」の意味、重みが変わってくるに違いない。あるいは歴史と文化の考察から、あるいは丹念に蒐集した断片的資料の分析から、あるいは実地の反戦活動に関わってきた経験から、軍事に害され毒される人間以外の生きものの死苦に迫った本書は、我々の抱く戦争概念、そして平和概念に、一大変革をもたらす可能性を秘めている。

参考文献

稲生勝・大日方聡夫・岩佐茂・吉埜和雄編『環境リテラシー――市民と教師の環境読本単行本』リベルタ出版、二〇〇三年。
奥田英雄「訳者あとがき」アメリカ合衆国戦略爆撃調査団著／奥田英雄・橋本啓子訳編『日本における戦争と石油――アメリカ合衆国戦略爆撃調査団・石油・化学部報告』石油評論社、一九八六年。

叢書『批判的動物研究、理論、教育、方法論』

監修者のことば

ダン・フェザートン
アントニー・J・ノチェッラ二世

レキシントン・ブックス刊行の叢書『批判的動物研究、理論、教育、方法論』は、人間と他の動物との関わりを社会政治的な関係性および経済的権力構造を見据え考察する試みである。本叢書では解放を単一の主題としてではなく、人権、平和と正義、環境問題と環境活動に関連するものとして捉える。抽象論に重きを置くのでなく、理論を実践と結び付け、動物擁護が人道的、民主的、平和的かつ持続可能な世界を追求する上でも計り知れない重要性を持つことに注目したい。学際的視点から社会変革、道徳的進歩、環境の持続可能性をめぐる問題群に迫る中で、本叢書は哲学、科学、経済学、歴史学、人類学、政治学、社会学、環境学、環境教育学、グローバリゼーション研究、メディア研究、文化研究、障害者研究、フェミニズム、ジェンダー論、批判的人種論、教育、芸術、文芸、宗教といった諸学の統合を図り、最も発展いちじるしく、最も興味深い学術新分野の一つ、批判的動物研究の礎となることを目指す。批判理論と動物擁護運動を根底に据え、人間と人間以外の動物との関係を理解する学際研究の意義を説く。また、人間以外の動物が声を持たないという考えを拒み、彼等が力を持つことを強調して、一動物目線になる意義をも説く。批判的動物研究の原理にもとづき、現実と係り合う進歩的学術研究をうながすと同時に、動物実験や従来型の動物研究のような人間以外の動物の搾取を、他の抑圧、すなわち階級差別、性差別、人種差別、等々と通底するものと考える。更に、政治に関心を示さない研究、人間動物関係学などに対し、本叢書が唱道するのは批判的実践活動であり、もって全ての動物の解放を進め、全ての支配構造への対抗をなしたい。

叢書既刊目録

『動物と戦争』書評

いつか、こうした文献の力も追い風に加わり、人々は「互いに敬おう、我々はみな人間なのだから」と言うのをやめて「互いに敬おう、我々はみな生きものなのだから」と言うようになるだろう。平和は朝食のひとときから、その皿に載る食べ物から始まる。

イングリッド・ニューカーク
（PETA代表、『動物を解き放て』著者）

この画期的著作の中で、世を牽引する動物の権利活動家と平和・反戦活動家は、批判的動物研究と平和研究との重要な関連性に大きな光を投げかける。執筆に加わる先駆的な学術活動家は、軍による人間以外の動物の搾取に抗する奮闘の最前線を行く。社会正義に携わる教育者、活動家の全てに勧めたい。

ピーター・マクラーレン博士
（カリフォルニア大学ロサンゼルス校教育・情報学大学院教授）

『動物と戦争』は市民活動、社会正義、平和研究の世界に独自の素晴らしい貢献をした。万人のための啓蒙書だ。

ジェイソン・デル・ガンディオ博士
（『急進派のためのレトリック──二一世紀の活動家に向けた手引書』著者）

『動物と戦争──《軍事－動物産業》複合体に立ち向かう』は戦争に抗する者、動物解放のために戦う者、あるいはその両方に携わる者に指針を与える作品といえよう。人間が互いに相争う戦の中で、動物たちがそれと意識もされず道具にされ巻き添えになる事実、それをこの論考集は力強い言葉で曝露する。動物解放を「単一の問題」と片付ける不当な区分を一テキストが正せるとしたら、本書がまさにそれだ。『動物と戦争』は虐待、搾取、暴力の表出が戦時に絡み合うその仕組みに人々が目を向けるよう呼び掛け、《軍事－動物産業》複合体という機械を喰い止めるべく、切に待ち望まれていたメッセージを発する。

キム・ソハ博士
（『女性、破壊、前衛──動物解放のパラダイム』著者）

命や人よりもモノを愛でるかにみえる世界にあって、本書が人々に届けるのは往々にして耳を素通りする動物たちの声──戦争機械の存続という、ただそれだけのために非人道的な扱いを受ける動物たちの声である。ここから我々は、前途遥かな研究領域を知るための必要不可欠な洞察を得られる。『動物と戦争』を、動物と暴力の研究に際し第一に紐解くべき文献と位置付けたい。

ダニエル・ホワイト・ホッジ博士
（ノースパーク大学若年・大衆文化学助教、若年聖職者研究センター理事）

❀『動物と戦争』の読者は批判理論お定まりの戦争憂慮を超え、人間の苦しみに対する理解――と懸念――を拡充した上で、この最も人間的かつ最も破壊的な営為が他の動物にもたらす害悪をも推し量れるようになるだろう。

トビー・ミラー博士（『改築国家――新合衆国』著者）

❀その恐ろしい破壊的性格ゆえに、戦争の恐怖は人間のみを襲うものと考えたくなる。本書は切望されていた議論を展開し、動物もまた、戦争の「道具」にされ犠牲になってきたと説くのであるが、この傾向は高度に技術化の進んだ我々の時代においても、なお存続することが危惧される。『動物と戦争』はこれまで顧みられなかった領域での重要な貢献を成し遂げた。

デビッド・P・バラシュ博士
（『平和へのアプローチ――平和研究読本』編者）

❀従来の反軍事論が宿していた人間中心主義を棄て去り、『動物と戦争』は現代軍国主義の存立基盤を暴き出す。寄稿者一同が詳細に示すように、「劣った」種の命は戦術汎用の名のもと完膚なきまでに貶められてきたが、それは究極的に、「劣った」とされる種や国家や民族を超え、全生命を貶める帰結へと至ることを免れない。現在の我々が対峙する、社会原動力の死に至る性向を解したいと願う全ての人々にとって、本書の一連の議論は計り知れない重要性を持つ。

ワード・チャーチル（『日の上の集団殺害』著者）

❀『動物と戦争』は人間至上主義が人間以外の集団、いな全地球に及ぼす、甚大な破壊的影響を究明した驚くべき著作だ。理論的な広がりと奥行きにおいて優れ、体系化された殺しと苦しみの形而下的現実分析において群を抜き、しかもなお希望と行動を喚起することに成功している。

デビッド・ナギーブ・ペロー博士（ミネソタ大学社会学教授）

❀人間の苦しみだけでは戦争を悪というには足らぬかのごとく、この論考集は隠された真実を衆目に曝す――《軍事‐動物産業》複合体による、身の毛もよだつ大々的な動物の強制徴集、そして拷問を。

クリス・ハンナ（バンド集団「プロパガンディー」）

❀ 素晴らしい！『動物と戦争』の枢要をなす議論は赤々と燃え盛り、その照らし出す真実は読了の後も人々の内に長く留まるだろう。貴重にして挑戦的な、時代の求める作品だ。

リチャード・J・ホワイト博士（『批判的動物研究ジャーナル』編集者）

❀ 名著現る！『動物と戦争』は我々人間がいかに恐ろしい仕方で戦時に、平時に、ほか全ての生命を支配し、搾取し、おぞましくも虐待するかを書き留め、ここに独自の貢献を果たした。

ピアズ・ビアン

（『動物虐待に向き合う』および他の法学・犯罪学文献の著者）

❀ 『動物と戦争――《軍事－動物産業》複合体に立ち向かう』は、人類が他の動物を搾取する、その最も恐ろしい形態を暴露し、批判した。著者、編者に賛辞を贈りたい。

ロニー・リー（動物解放運動のベテラン活動家）

❀ 『動物と戦争』が示すのは人間以外の動物が社会と軍事に果たしてきた重要な貢献、あまりにも多くの血と搾取から生み出されてきた貢献である。本書は新興学術領域の文献としてその最高峰を行き、批判的動物研究と平和研究の新たな進化をうながす。

ジェイソン・J・キャンベル博士

（ジェノサイド啓蒙・応用研究協会の創設者兼代表）

動物と戦争／目次

凡例

一　本邦訳書副題の文頭語「真の非暴力へ」は、原書権利者の同意を得て訳者が付け加えた。

二　各章扉部および前付・後付部の写真、キャプションは訳者が付け加えた。

三　新聞、雑誌、施設等については、適宜発行国名、所在地名を訳者が補った。

四　本文中の［　］および注番号は著者のもの、〔　〕および＊印は訳者のもの。

動物と戦争

真の非暴力へ、《軍事－動物産業》複合体に立ち向かう

Edited by Anthony J.Nocella II, Colin Salter, Judy K.C.Bentley

ANIMALS AND WAR

Confronting the Military-Animal Industrial Complex

First published in the United States
by Lexington Books, Lanham, Maryland U.S.A.

This translation published by arrangement with Rowman & Littlefield
through Tuttle-Mori Agency, Inc., Tokyo.

第一次世界大戦「ピルケム高地の戦い」（ベルギー西部イーペル）のさなか、長途の荷運びを課されたロバたち。1917年7月31日、John Warwick Brooke 撮影。

献辞

歴史を通じ戦われてきた軍事的暴力紛争、
その災禍に苦しめられる全ての存在に本書を捧げ、ここに
姿なき戦争犠牲者たちの声を録したい。

緒言

コルマン・マッカーシー

　動物が人間の犠牲になっている様々な例を挙げよ――高校、大学、法学校で担当している平和研究の授業で議論を行なうに際し、私は生徒にそう尋ねることにしている。答えが出るまで長くはかからない。わずか一分の内に長大なリストができる――食料、衣服、娯楽、宝飾品、ロデオ、競馬やドッグレース、闘牛や闘鶏、サーカス、動物園、狩猟や捕獲、見世物、製品試験、科学研究、その他もろもろ。しかし思い出してみても、誰ひとり軍事に触れたことはなく、また国を守るためという大義名分のもと、アメリカ国防総省《DOD》――かつてはより正しく、戦争省と呼ばれていた――が動物を傷めつけ殺している実態について言及した生徒もいない。

　意識にのぼらないのは驚くことではない。動物に対する軍の暴力をメディアが報道する価値ありとする例は、紙面媒体であれ電子媒体であれ、滅多にないのだから。報道するとしたら軍に味方する論調になることが多い。ＣＢＳの報道番組「60ミニッツ」は一九九〇年の初め、軍後援のもと約七〇〇匹の猫が万力に固定され頭を銃で撃ち抜かるといった医学実験が進行していると報じた。司会のマイク・ウォレスは絶えず自分のことをミスター豪傑インタビュアーと称していたが、この時は二〇〇万ドルの研究計画が絡む論争を伝えている立場とあって、一三分のコマの中しどろもどろに取り乱した。そこで不正確な引用と当てこすり、インチキの編集が功を奏する。ルイジアナ州立大学医学部のマイケル・キャリー、神経外科学教授を務める彼は、戦闘中に脳を損傷した兵士を処置するための情報を提供する目的から、麻酔のかかった猫に銃撃を浴びせ、軍からの給金を得ていた男であるが、ウォレスと「60ミニッツ」は露骨にその肩を持った。この実験が医学的にみて表層ばかり尤もらしいものに過ぎず、類を見ないほど残忍であるとして抗議した動物保護団体はウォレスに罵られ、画期的科学研究に反対する「熱狂者」、過激派であると断じられた。番組ではキャリーが英雄とされる一方、「責任ある医療のための医師会《PCRM》」（本拠ワシントン）代表ニール・バーナード博士は悪役に回された。しかし最終的にはバーナード博士と一人のルイジアナ州議員の辛抱強い追及のおかげで、一般会計局《GAO》が実験に問題があることを認める。ついに実験は中止となった。軍が得た最大の知見は、頭を撃たれると猫は痛みを覚える、ということだったらしい。

　本書『動物と戦争――《軍事－動物産業》複合体に立ち向かう』は、ペンタゴン（アメリカ国防総省）および巨額を投資する防衛ロビイスト、そしてその資金を頂戴している議会の下僕《しもべ》が行なっていることと、市民、メディアが知るべきこととの間にある不均衡を正す試みとして貴重である。確かな調査、確かな事実から導き出されるその結論は十全なものといってよい。本書は力強い追い風となって道徳に根差した運動を前へ進め、動物の虐待と殺害に代わる人道的な方途の提示を約束する手助けとなるだろう。

　アメリカの軍事政策は多くの人々に法外な過重負担を強いている――兵士や退役軍人の頻繁な自殺、絶えず報告される性的暴行や嫌がらせ、軍事契約者の浪費や不正行為、イラクやアフガニスタンにおける数え切れない市民の殺害、世界中に拡がる七〇〇以上の米軍基地の維持、そして一九九一年からこのかた議会が行なってきた信じがたい巨額投資、その資金が流れ着く先のイラク、アフガニスタン侵略は説明できるものでも勝利をもたらすものでもなく、私たちに負担できるものでもない。最近あらたに加わった重荷は、軍事と安全に割かれる年間九〇〇〇億ドル以上の費用で、これは一日二五億ドル以上、一秒につき三万ドル近くの負担になる。マーティン・ルーサー・キング・ジュニアが一九六七年四月四日、ニューヨークのリバーサイド教会で行なった演説が思い出されよう――「毎年、社会向上の計画に割くよりも一層多くの資金を軍事防衛に注ぎ込む国家は、精神的な死へと向かっていくのです」。

軍によるものと企業によるものとを問わず動物搾取をなくしていく、という段になると、はたして無罪潔白といえる人物が一人でもいるだろうか。私たちの住む家、働く職場は、動物を追放した土地に造られている。私たちの支払う税金は利益や快楽のための動物殺害を合法化している。私たちは本革シートの張られた車に乗り、動物交通事故を防ぐフェンスの張られていない道路を走る。学校では生物学の授業で動物実験を行なう。製薬は動物実験を経たものを服用する。肉、卵、乳、毛皮産業の広告が載った新聞を買う。動物福祉や動物の権利について一言も触れていない憲法を解釈する裁判官に給料を支払う。そして私たちは、動物に対する支配権を人間に付与する宗教を擁護する――動物の神性を唱える説教は、滅多に聞かれない。

本書は読者に、立ち止まり、一歩ひいて、私たちの共犯を検討する機会を与えてくれる。それはそれ相応の困難を伴う筈であるが、もし前途に何の困難も現れないというのなら、その道は恐らく誤りで、何処にも通じてはいないだろう。

はじめに

アンドルー・タイラー（アニマル・エイド代表）

「戦争は地獄だ」――南北戦争の北軍将軍ウィリアム・シャーマンはそう言った。長年のあいだ私はこの言葉を陳腐この上ない表現だと思い、なぜそれがこうも支持を得つつ、こうも頻繁に引用されるのか解せずにいた。しかし後になって、戦争は現に人間の内に悪魔（あるいは何であれ呼びたい名で呼べばいいが）を解き放つのだと悟った。シャーマンはまたこうも語っている。「戦争はよくて蛮行である。その栄光は痴れ言《ごと》に過ぎない」。その通りだ。

「低水準」戦争〔戦闘の規模、程度が小さい戦争〕においてさえ、人間は互いの身に極めて野蛮な仕打ちの数々を加えており、人々の多くはそれらについてよく知っている――計画的な性的暴行や四肢切断も行なえば、村を焼き払いもし、親に我が子の惨殺を見せつけ更には親みずからの手に掛けさせる…。

近年まで、人間の紛争から生じる動物の苦しみには殆ど目が向けられず、本書に見られる類いの体系的な分析もなされてこなかった。

動物に降りかかる戦争関連の害について、私たちは少なくとも五つのカテゴリーを挙げることができる。

巻き添え　一九九一年の湾岸戦争が残した何よりも忘れがたい光景の一つに、黒焦げになり膨れ上がったラクダの屍骸が、燃え上がる油井《ゆせい》の影のそこかしこに打ち捨てられた姿があった。写真家スティーブ・マッカリーは記している――「交戦が終わった後、数週間かけて油田地帯を走行している最中、ゾンビのように彷徨《さまよ》う牛やラクダ、馬に［出くわすことが］たびたびあった。生き残った者は殆どいないだろう――泉も草木も全て、石油に覆われていたのだから」（*Guardian*, 2003 February 1, para. 2）。

意図的な攻撃　同じく一九九〇年代初頭に勃発したセルビア紛争の最中、退屈した兵士や興奮した兵士は野生動物に発砲して楽しんだ。動物園に収監された動物は餌を奪われ、殴打され、火に焼かれ、挙句の果てには擲弾《グレネード》で攻撃された。

見捨てられた者たち　銃撃戦が始まったとき畜舎や牧場に置き捨てにされた家畜のほか、人間が騒乱から逃れたあと飼い主の家に置き去りにされた犬、猫、魚、鳥、モルモットなどがここに含まれる。砲撃や爆発の恐ろしい騒音が鳴り響く中、彼等は飢えに苦しみ、水を求めて叫び続ける。

前線の犠牲者　古代ギリシャにさかのぼり、当時の会戦に利用されていたインド象のことを考えてもいいだろう。あるいは近年のこと、アフガニスタンのタリバンの拠点にパラシュート降下し、建物内の敵を探索する任務を負わされたジャーマン・シェパードの戦闘配備を思ってもいい。新世代の動物徴集兵には過去に例をみない専門的統制、操作が行なわれる。例えばイルカは極度の精神的、身体的拘束状況下で訓練される。ネズミは脳内に装置を埋め込まれ、キーボードの操作一つで誘導され賞罰を加えられる身となっている。

兵器研究に利用される者たち　イギリスでは、戦争関連の解剖の殆どはウィルトシャー州ポートダウンにある国防省の施設が行なっていた。動物は化学兵器に曝され、爆傷を与えられ、感覚刺激剤を飲まされ、故意に傷付けられ、細菌毒素によって殺された。当施設の研究者は、神経ガスのソマンに冒された猿が地に打ち伏して激しい痙攣を起こし、ケージの前を這いずり回り意識を失う過程を記録している。

人々を戦争へと駆り立てる衝動は心の奥深くに隠されている。それは弱さであり、欲であり、野心、恐怖、蒙昧、感情と想像力の欠如、その他さまざまな要素の産物である。しかし衝動が赤裸々な反面、戦争の計画は「巧妙な」思想《イデオロギー》によって推し進められることが多い。私たちはその渦中にあって、敵と英雄を求める教義、必要ゆえの任務というものを見出す。この枠組みの中、動物のあり方は百態を演じる。彼等は消耗品でありかつ英雄である。罪もなく殺されるか勲章を与えられる。あるいはその両方。全く顧みられず単に視界から消し去られることも珍しくない。

先進工業国の国民は個人の高い自律を主張しているため、戦争を企てる者にとって大勢の合意を得ることは難しくなりつつある。多くの人間はもはや行軍に加わりたいとは思わない。自国の戦士を長期化する作戦で大勢失うことはなおのこと可《よ》しとしない。しかし真の進歩は、丘の向こうの敵兵そして同朋の種という「他者」への危害を人々が否定した時、はじめて訪れることだろう。

人間でない動物については、希望の持てる兆《きざし》も顕れている。私たち「アニマル・エイド」はおよそ一五年にわたり、戦争に関わる動物の苦しみをより多くの人々に知ってもらおうと尽力してきた。二〇〇五年、私たちは紫芥子《ムラサキケシ》の花（purple poppy）をつくり、第一次世界大戦休戦記念日の一一月一一日にこれを着けるよう人々に呼び掛けることとした。反響のほどが予想できず、最初の年には一〇〇〇輪をつくった。二〇一一年、配った数は五万輪にのぼった。フランス、ベルギーでは、両大戦の戦場跡地に紫芥子の花輪《リース》ともども花を飾った人々の姿が見られる。カナダ、アメリカ、他の国々にも同じ姿がある。多くの人々は今や、戦時の動物の苦しみを認識している。ロンドンの高級目抜き通りパーク・レーンにあるポートランド石と銅でできた戦争記念碑「戦時の動物（Animals in War）」は、その事実の証《あかし》といえよう。

私たちはしかし、動物を殉死した英雄とみる発想を断固認めない。

イギリスのある全国紙が二〇一一年に掲載した記事に、かの第一次大戦という狂気を帯びた大量殺戮の中、八〇〇万頭の馬が堪えていた苦しみについての報告があった。わずかイギリス一国から一〇〇万頭が西部戦線に送られた。生き残ったのは六万頭のみ――しかもその彼等でさえ、同情的な人々が本国へ帰そうと奮闘しなければ、フランスとベルギーの屠殺場で息の根を止められる手筈だった。

同紙に載った写真の一枚に、戦死した騎兵を見下ろす馬の姿が映っている。説明文には「死んだ主人のため寝ずの番をする痛々しい姿」とある。が、それは番などではなかった。騎兵は手綱を握ったまま戦死した。馬は動けなかったのである。動物たちは忍耐強く辛抱強かったが、私たちは彼等が進んで死地に赴いたという偽りを口にしてはならない。彼等は徴集兵だった。進んで命を捧げたのではなく、命を奪われたのである。そして、いくら勲章を貫おうと、彼等は英雄ではなく、犠牲者に他ならない。

動物と無防備な人々の苦しみを断ち切るには、戦争の賛美と正当化に終止符を打つしかないだろう。その時は来るだろうか。人間の歴史を振り返ってみるに、すぐというわけにはいかなさそうだ。しかしどうあれ、その目標へ向け出来るかぎりのことをしていかなければならない。良心があるなら戦争に反対すべきであるし、私たちは戦争の賛美者たることを拒否しなければならない。最低でもそれだけの義務は負っている。犠牲となる動物たちのため…そして私たち自身のためにも。

謝辞

本書の校閲者、およびこの企画に賛意を表し、完成に向け大変な熱意を注いでくださった批判的動物研究機構に心からの謝意を述べたい。表紙への作品転載〔本書序章の扉部参照〕を許可してくださったスティーブ・ハットン氏（およびアニマル・エイドUK）、「緒言」を寄稿してくださったコルマン・マッカーシー氏、「はじめに」を寄稿してくださったアンドルー・タイラー氏にも厚く御礼申し上げる。いうまでもなく、本書『動物と戦争』はジョン・ソレンソン氏、ジャスティン・R・グッドマン氏、シェイリン・G・ガラ氏、イアン・E・スミス氏、アナ・パウリナ・モロン氏、ジュリー・アンジェイェフスキ氏、ラジモハン・ラマナタピッライ氏、ビル・ハミルトン氏、およびエリオット・M・カッツ氏、各氏の貴重な御協力がなければ完成し得なかった。また、本書の作成に御助力いただいたイングリッド・ニューカーク氏、ピーター・マクラーレン氏、ジェイソン・デル・ガンディオ氏、キム・ソハ氏、トビー・ミラー氏、ダニエル・ホワイト・ホッジ氏、デビッド・P・バラシュ氏、ワード・チャーチル氏、デビッド・ペロー氏、クリス・ハンナ氏、リチャード・ホワイト氏、ロニー・リー氏、ピアズ・ビアン氏、ジェイソン・キャンベル氏にも、この場を借り改めて深謝致したい。我々編者一同の大学の学部、同僚、多くの友人、そしてもちろん、我々の家族の支えは何物にも代えがたく、またもし彼等がいなかったら、我々は今日いるところに至れなかったろうと思っている。最後になったが、本書の批評を載せ、宣伝をしてくださった『批判的動物研究ジャーナル』、LibNow.org、『平和研究ジャーナル』、『改革的正義ジャーナル』、『社会先導、体制変革』、セントラル・ニューヨーク平和研究協会、『緑の理論と実践ジャーナル』にも、ここに感謝の意を表する。

『動物と戦争』原書表紙の図版。この一幅の絵には、軍事活動に伴う動物の苦しみが凝縮されている。全編を読み終えられた後、もう一度つぶさに見てみてほしい。スティーブ・ハットン作。© Steve Hutton

序章

《軍事－動物産業》複合体

コリン・ソルター

二一世紀の戦争に起こっている奇妙な変化の中でも最も不可思議に思われるのは、戦場に動物が戻ってきた、という現象に他ならないだろう。戦争に関わるのはハードウェアとソフトウェアだけではない、そこには一部の研究者がいうところの「生体ウェア」も組み込まれている。

P・W・シンガー

中核、ということでいえば、本書の主題は平和、それも消極的平和と積極的平和の双方にある。簡単にいうと、消極的平和とは戦争や暴力的紛争が無い状態を指す。積極的平和は私たちの望む世界とそれへ向かう上での人々の暮らしに関する、より広い、進歩的な、異議のない展望のことをいう（Galtung & Jacobson, 2000）。積極的平和の展望は紛争を内に包み込む。紛争は何らかの理由があって生じるもの、という発想がその根底にある。〝平和こそ正義〟という理解にもとづく包括的な変革――紛争にはそれをうながす可能性が秘められているのである。紛争変革は長期にわたる継続的な取り組みであり、そこでは紛争当事者が合意を形成し、健全な関係と共同体の創出に向かう。解決ではない。もとより終点は存在しない。紛争変革の中心は、紛争当事者に対し第三者機関の押し付ける限定的かつ殆どは表面的な「解決案」を拒否することにある。

人間以外の動物は人間の目的のため、人間の勝手次第に、そして人間中心主義や種差別主義や人間至上主義の気まぐれにより、戦争の道具として搾取される。そこに本書は光を当て、戦争の言説に疑問符を差し挟む。したがってこれは従来とは別の切り口からの批判的介入、単なる反戦論を超える別の声だと考えていただきたい。以下に展開される批判では、《軍事－産業》複合体と動物産業複合体との関連が焦点となる――後者の概念は初め一九八九年にバーバラ・ノスケが用いたものであり、そこに《軍事－動物産業》複合体の存在が示唆されていた。人間以外の動物を便益のために利用する手口手立ては、社会と影響し合いながら変化を続ける――その境界《くぎり》を見定めたノスケの概念を本書は援用し、またその意味を拡大改良するが、その中でこれを批判的言説に用いられる一枚岩の「殆ど修辞的ともいうべき」概念の次元から脱却させ、「複合体を構成すると考えられる多様な関係、立役者、技術、個性の限りない複雑さ」(Twine, 2012, p. 15)についての特定側面を明るみに出す。ノスケの概念を詳しく吟味していく中でリチャード・トワインは動物産業複合体の「第一の簡潔な基本定義」を次のように示している(ここで法人部門を農畜産業に限定しているのは彼独自の関心を示す意図による)。

> 法人(農畜産業)部門、政府、公共および民間の科学研究機関からなる、部分的に不明瞭な複数のネットワークと関係の総体。経済的、文化的、社会的、感情的次元を有し、広く慣習、技術、形象、個性、市場を包含する。(Twine, 2012, p. 23)

《軍事－産業》複合体と動物産業複合体、両者の交わりを糾弾する本書の議論は、戦争肯定論や消極的平和論に批判的なのは当然として、同時にまた、一種の積極的平和を呼び掛けているととれる議論であっても、人間以外の動物を顧みないもの[1][2]に対してはやはり批判の目を向ける。多くの方面から本書は様々な戦略的平和構築の手段を提供し、より正義に適った社会を目指す個人的、社会的変革の核心課題を提示する。

人間が中心となる活動のほぼ全てにいえることだが、戦争においてもまた、人間以外の動物は無理強いに一定の役目を負わされており、その境遇は何千年ものあいだ変わらない。その人間以外の動物に注目するということで、本書は多くの戦争研究とは趣を異にしており、戦争の原因などについては直接に扱ってはいない。取り上げるのは人類史におけるいくつかの惨劇、および一未来像——消極的平和を築き上げ、もって積極的平和の礎にせんとする未来の姿——である。ここでの根本的な前提は、平和な世界はただ完全な自由の存するところにおいてのみ展望され得る、ということであり、それは個の社会的性別、生物学的性別、身体的特徴、能力、知性、そして生物種が、各々の立ち位置を規定するのに利用されることがない世界、と言い換えてもよい。人間と動物を隔てる存在論的二元論は白日のもとに曝され、誤りとして棄て去られる。その世界は構造的暴力[3](Schirch, 2004)、すなわち社会の構造に埋め込まれた搾取や暴力からも袂を分かち、また、そのシステムや機関、政策、文化的思考は、一部の者の必要と権利を充たすために他を犠牲にすることなく、それを可能にすることもない。

人間以外の動物に組織的(構造的ないし直接的)な暴力を行使し、人間の利益のため他一切の存在を犠牲にする——こうしたことを可能たらしめる支配主義(種差別主義、人間至上主義)の思想から暗黙の内に形成され今なお聳《そび》え立つ〝種の壁〟、これを本書は読者諸氏に示したい。尤も、「利益」という言葉は些か綾があるかも知れない。というのも、戦争は通常、殆どないし全く利益を生み出さないからである——《軍事－産業》複合体のそれ以外には。戦争は人間性の剝奪、すなわち特定の者を〝他者〟とみなす関係構築を、その本質的側面として持つ。他者化には長い歴史があり、伝統的な戦争の概念を超え、植民地帝国主義、あるいはより一般に帝国主義の全て、一部の宗教教義、資本主義経済の枠組み、そしてそれらが様々な仕方で生政治的につくり上げた社会（Foucault, 1988）等の核をなしている。ここでは生政治という用語を、身体の統治と社会の統治、すなわち、生物物理学的な個を社会が構築する、その過程と結果を指すのに用いる。〝他者〟と位置付けられることは、人間以下の存在、空虚な対象として周縁へ追いやられることを意味し、その原因は肌の色から階級、文化、宗派、道徳的価値観、あるいはより単純に住む場所の違いにまで及ぶ[4]。これは〝他者〟を自然に近い者と位置付ける姿勢に一脈通じており、現に植民地主義や、また一様ではないが家父長制にも（Plumwood, 1993）そうした態度がみられた。自然に近付けられることで、人は侮蔑的な意味で「動物に近い存在」と目されるようになる。この二元論的な位置付けが待遇の差別、人道の差別を可能としており、互いに益をもたらす関係すなわち積極的平和に真っ向から反している。

　人間には物事を（取捨選択し）秩序立てようとする性質があり、自らつくり出した種の序列という発想をもとに、他者化にみられたような言葉にされない負の意味付けを行なうのであるが、差異を受け入れることは、それを誤りであるとして暗に明に斥《しりぞ》けることへとつながる。本書の寄稿者は、人はみな動物であり自然界の一部をなす、たとえ生態学的全体性に背く振る舞いをしていても生態系から切り離された存在ではない、という考えに立つ。積極的平和とその実現に向けた方策を形にする上で、このつくられた序列を排し多様性《ひろがり》と連続性《つながり》を擁することは、完全な自由を生ぜしめる土台となろう。積極的平和にもとづく生の礎石として、その重要性は計り知れない。

私たちは《軍事－産業》複合体の批判を発展させる中で、過去、現在、未来の戦争に関わる人間以外の動物の搾取に立ち向かい異を唱えるための枠組みを設定する。結果としてそこに含まれる対象は広範囲におよび、今日の社会に根を下ろした構造的暴力の屋台骨にも切り込むこととなる。人間の目的のため人間以外の動物を利用する営為は種差別であり、その源は人間至上主義にある。多岐にわたる人間以外の動物の搾取は、動物産業複合体の本質的特徴といっていい。

産業複合体

時の大統領ドワイト・D・アイゼンハワーが一九六一年一月一七日の退任演説で言及したのが切っ掛けとなり広く知られるようになった《軍事－産業》複合体と、一九八九年にバーバラ・ノスケが紹介した動物産業複合体(5)（Noske, 1997）、本書はこの両者の繫がりを探究する。私たちが《軍事－動物産業》複合体と呼ぶものを厳密に定義するためには、まずは《軍事－産業》複合体と動物産業複合体の概略を示し、仔細に見ていかなくてはならない。

カール・ボッグスはC・ライト・ミルズの著作（Mills, 1999）を評し、「立ち現れつつある《軍事－産業》複合体の影響をいち早く捉えた最も体系的な批評書であり、後に現れた関連書籍も、多くはその微に入り細を穿つ詳しい叙述に及ばない」と述べている（Boggs, 2005, p.xxii）。単に戦争経済と述べられるものは永久的な準備態勢を指し、多くの国々にみられるものとなったが、アメリカ合衆国ほどのものは他にない。国内の軍事施設と技術や兵器を供給する軍需企業は、経済的、政治的原動力となって直接に国内外の政策を形成している。ミルズは他より一足二足先にこうした影響を洞察し予見することができた。例えば国の発表している数値によると、合衆国の国内総生産（GDP）の二〇%は国防総省《DOD》（ペンタゴン）に向けられる。本当の数値はそれより遥かに高いとされている。[6] ストックホルム国際平和研究所が二〇一〇年に公表した数値をみると、世界の軍事費一兆六三〇〇億ドルのうち合衆国は四三%を占め、合衆国をのぞく上位一〇ヶ国の支出合計を遥かに上回り、第二位の中国の六倍にもなることが分かる（Stockholm International Peace Research Institute［SIPRI］, 2010）。

ボッグスは一般に流布している恒久的戦争経済という語よりも〝ペンタゴン・システム〟という表現の方がより実情に即しているとした上で、それを「政治、経済、官僚機構、社会および国際社会に関わる、組織とプロセスの複雑広大な網の目」と説明する（Boggs, 2005, p. 23）。しかし、合衆国の《軍事－産業》複合体ないしペンタゴン・システムが軍事をめぐる（多くは西欧中心的な）議論と批評の殆どを支配する一方、その影響をみればこれは広く世界に達し、各国の経済に絡み付いている。そこで私たちは《軍事－産業》複合体、あるいはその実態に沿った《軍事－動物産業》複合体という用語を適切なものと判断する。

《軍事－動物産業》複合体（と《軍事－産業》複合体）の広がりを示す一例として、学界に流れ込むペンタゴン資金の増加が挙げられよう。研究費用および学部と学者とその生計に継続的な支援が行なわれるが、これは往々にして研究の軍事化と直接に結び付いている。例えば合衆国国防高等研究事業局《DARPA》の資金は他に比べ最も獲得が容易である。科学者の中には消極的平和から積極的平和までの様々な原則に従いそのような研究支援を拒否している者も多い。が、自身考えるところの政治不干渉の立場をとり、研究の持つ意味に敢えて目をつぶることで、事実上いまの状況を存続させ、間接的にであれ戦争を後押ししている者もいる(7)（Singer, 2007）。

軍事への傾倒、それはつまるところ《軍事－産業》複合体の中心たる戦争を指すのであるが、唯一それをも些少に思わせるのが肉食主義の認識論的、存在論的規範性、すなわち、人間以外の動物を搾取することが摂理にも倫理にも道理にも適うと考える思想、信念体系である（Joy, 2010）。肉食主義は自然界の完全なる商品化とともに現代産業システムの中核をなす（Boggs, 2011）。人間以外の動物の搾取は、しばしば人種差別を受ける〝他者〟なる人間の搾取と並行して行なわれる――オーストラリアの養牛場において「劣った者」とみなされたアボリジニーが（基本的に無給で）労働搾取されていた歴史もあれば、屠殺場という極度に危険な、人間性を否定する現場において流れ者の不法就労者がこき使われている現状もある（Broome, 1994; Gouveia & Juska, 2002）。資本主義経済において最大限の効率を達成するための科学的労働管理、これをテイラー主義というが、ノスケはその拡大に動物産業複合体の起源を見出す（Noske, 1997）。その帰結が（工場式）畜産業界〔動物を畜舎に密飼いし、工場経営の手法で管理する畜産業〕の企業による、更なる動物の商品化であった。テイラー主義の基本理念は労働業務を最も単純な形態に還元すること、そして経済的に不必要な要素を一掃することにあり、それが生政治の領域にまで入り込む。度を超えたこの還元主義が直接もたらしたものは、機械化の進む工程と表裏をなす労働の単純化であり、従業員はどこまでも交換可能な存在となった。結果、労働環境の危険は日常と化し、それに関連して個人は競争的であることを強いられるようになった。

テイラー主義の浸透とその結果を追う中でノスケはマルクス主義にもとづく分析を行ない、機械化され日常化された人間以外の動物の屠殺に従事する人間の労働者、および人間以外の動物自身が味わう“切り離し”について検証している。人間以外の動物になされる切り離しは、長い飼い馴らしの歴史、あるいは、デビッド・ナイバートの言葉を借りるなら、飼い貶《おと》し (Nibert, 2011) の歴史に端を発する。労働者も、商品化された人間以外の動物も、その産み出す商品から切り離される。労働者にとってそれは人間以外の動物の身体片でしかない。人間以外の動物にとってそれは自身の子、乳、卵、およびその他、魂の入った「畜産物」ということになる。彼等は生産活動からも切り離される――労働者は技能と創造力から、人間以外の動物は“商品”を生産すること以外の一切の活動から。生と仲間（関係）、個と集団の可能性《ちから》、延いては生を喜び生を満たす本質からも切り離される。そして自然界から切り離される、機械化された（工場式）畜産場に収監されて[8] (Noske, 1997)。

切り離しは動物産業複合体の本質をなすが、そこには遥かに多くの要素が含まれる。切り離しは、ジャック・エリュールいうところの「人間の活動の全領域に存する、理性が辿り着いた［…］絶対的な効率を誇る方法の総体」(Ellul, 1990, p. 1) に根差している。そうした方法は企業と政府の立役者および機関の関係がつくり出す、幾重にも交錯した連絡網（複合体）の至る所に内在する。そしてそこから立ち現れるもの――しかもなお殆ど注目もされず、考慮にものぼらず、疑問にも付されないもの――は、人間中心主義により正当化された思想であり、その基盤、その核は、人間至上主義に求められよう。リチャード・ルートリー (Routley, 1973, later Sylvan) とヴァル・ルートリー (Routley, 1979, later Plumwood) の言葉を借りて言い換えるなら、人間至上主義は「現代経済産業の上部構造」を支える思想的土台となっており、動物産業複合体はその主要部をなす、ということである（Routley & Routley, 1979, p. 57）。《軍事－産業》複合体が《軍事－動物産業》複合体であるという結論は、ここから直接に導き出せる。ただしそれは《軍事－産業》複合体が動物産業複合体なしに存立し得ないという意味ではなく、むしろ両者の癒着が現今の《軍事－産業》複合体の本質的、中核的特徴になっていることを意味する。人間以外の動物の搾取は戦争の枢要をなし、その形態は直接、間接を問わない。

人間至上主義

戦争に関わる人間以外の動物の利用と搾取は、長い人間至上主義の歴史と結び付いている。人間至上主義に定義を下す前に、人間以外の動物を廃棄、交換の可能な兵器として搾取する伝統的、世界的な慣習の重大性について探っていくことが重要だろう。本書は読者に、戦時の動物利用に関する重要な研究、取り組み、および事実にもとづいた批判を紹介する——と同時に、マイケル・ハートやアントニオ・ネグリら急進的ポスト構造主義者のいう、今日の私たちがおかれている永久的、「普遍的戦争状態」（Hardt & Negri, 2004, p. 5）にも目を向けたい。つまり、ここで扱うものは《軍事－産業》複合体と絡み合った恒久的戦争経済ということになる。

人間以外の動物を苦しめている恐ろしい実験について、欧米文化圏の人間の多くは組織立って自らを戦略的無知の状態においているが、その犠牲の規模は毎年およそ一〇〇億という数にのぼる。解りやすくいうと、一分に一万九〇〇〇匹以上である。(9) 戦略的無知という語については、批判的人種理論や多数の学者が著した無知の認識論に関する名著（Sullivan & Tuana, 2007）から借用した。「無知」と「戦略的」、語の組み合わせから分かるように、大多数の人間は何十億という個々の人間以外の動物を苛《さいな》む苦痛や殺害に対し、戦略的に、故意に、無知のままでいようとする。人間にとっては明らかに都合がよく、その都合こそが無知の根元にある。他でもないその搾取の規模を知ろうものなら、たとえ人間至上主義に凝り固まっている者であっても、どの程度の加虐と殺害なら正当化を試みられるのか、またもしあるならどのような条件のもとでならそれが可能となるのか、といったことについて、大なり小なり考えざるを得なくなるに違いない。ノーム・チョムスキーはこの認識論的無知をオーウェルの問題と名付け、「なぜ私たちは非常に多くを経験しながら非常に限られた知しか得られないのかを説明する問題」と説いている（Chomsky, 1987, p.xxv）。

毎年痛ましい実験に供せられる何十億もの人間以外の動物たちは、苦しみ、死んでいくことで企業資本主義関係者の懐を潤し、その資金が《軍事－動物産業》複合体に注がれる。利潤と痛苦を産み出すこの拡大産業は実に長い歴史を持つ。そして生憎《あいにく》それは現在、未来を通しなおも増大の一途を辿るもののように思われる。搾取と暴力に満ち満ちた戦争という社会的破壊力に対し正当な抵抗を続けていくには、全ての動物利用の全ての形態に対し、同じ程度に執念深く容赦なく、独創的な行動を起こしていく必要があるだろう。本書が人間以外の動物に主眼を置くということは、戦争がより広く人間の心身と人間社会に及ぼす影響から目を逸らすという意味では決してない。あらゆる戦争に向けられた堅固な批判は今も拡大を続けているが、本書が示す取り組みはそこに別の層を付け加える――それはいわば支柱であり、積極的平和はその上にこそ築かれ得る、そして、事実そうあらねばならない。多くの先人が見抜いていたように、人間以外の動物を搾取し続ける限り、人間自身の間に起こる暴力も已《や》むことはなく、全ての種はいつまでも苦しみに付き纏《まと》われるだろう。

以上のことを踏まえ、ここで人間至上主義の露呈するもの、規定するものについて探ってみよう。問題となっているのは人間中心主義の一形態であり、それは種差別主義よりも一層巧妙なものである。人間中心主義（anthropocentrism）の語源は古代ギリシャ語のanthropos（ανθρωπος「人間」）にあり、それが人間関連の語に付ける接頭辞の形（anthropo-）で用いられている。人間中心主義とは人間が中心に位置付けられる思想、人間の利益が思考の中心におかれ、人間の選好《このみ》が他の全て（人間以外の動物および自然界を取り巻く一切）の上、その犠牲の上におかれる思想を指す。人間中心主義の影響から完全に逃れることは実に難しく、不可能だと論じる者もいる。しかし逃れられないのを承知の上で私たちはなお、人間の利益をあらゆる種と生態系にとってのあらゆる利益の中に位置付けることができる。できるばかりでなく、そうしなければならない。そのためには人間中心主義の枠組みを変え、人間は人間以外の動物より優れてはいないということ、むしろ人間は全ての種が混在する生態系の一部に過ぎないということを認める必要があるだろう。と同時に、人間至上主義が人間を頂点とした種の序列を社会に築こうとして用いた基準について、その恣意的な性格を認識することも求められる。これらは何も、全ての種は同一《おなじ》、ということではない。再び批判的人種研究の言葉を借りれば、それは差異を差異としたまま、共に同じ世界にある状態を受け入れることを意味する（Haggis, 2004）。

種差別主義はイギリスの心理学者リチャード・ライダーが一九七〇年に発案した造語であり、ピーター・シンガーの画期的著作『動物の解放』（Singer, 1975）によって有名になった一つの思想、社会的に構築された一つの信念体系である。人間以外の種を犠牲に人間の行為を正当化するそのあり方は、白人という（社会的）地位にある者が人種差別主義を機能させていたのと何ら変わらない。シンガーの唱える種差別主義は、選好功利主義、結果主義の枠組みにもとづく。最も単純にいうと、功利主義は最大多数の最大幸福を目指す。幸福を最大化するのに資する行為は好ましい。そうした行為には結果が伴い、その結果に着目することで初めて幸福の最大化が測定できる、ということで、この枠組みは結果主義になる。ここで極めて重要なのは、人間や人間以外の動物に対する危害は、それを埋め合わせる以上の幸福が得られる場合、正当化されるという点である。ライダーの概念を拡張したシンガーの発想は革新的であり、人間以外の動物に解放をもたらすかと思われたが、その枠組みの帰結、すなわち危害を許し得る可能性は多くの者から問題視され、利益と権利に基礎を据えた動物関連問題へのアプローチとは相容れないものと目されている。＊問題は、「一般的幸福」ないし「幸福の最大化」という基準に沿ってある種の危害を正当化する、その線をどこに引くのか、というところにある。他の論者は、幸福の最大化と苦痛の最小化を計算するという考えに人間中心的な科学還元主義が潜んでいると指摘する（Noske, 1997; Routley & Routley, 1979）。こうした懸念もあることから、人間以外の動物を人間の気まぐれな欲望で搾取してきた長い破壊的な歴史を記述する言葉として「人間至上主義（human chauvinism）」が特に応用の効く語

＊　シンガーは動物も苦痛を感じる能力があるので道徳的配慮に値すると指摘した。その意味では「人間以外の動物に解放をもたらすかと思われた」のだが、功利主義は結果主義になるので、多くの人間に幸福をもたらす場合は少数の人間以外の動物に危害を加えてもよいという結論になってしまう。ゆえに動物実験などは部分的に正当化され、人間以外の動物にも不可侵の権利があると主張する立場の側から問題視された。

彙として浮上してくる。

「人間（human）」と「至上主義（chauvinism）」、二つの語を組み合わせ特殊な意味を付与したのはリチャード・ルートリーで、初出は一九七三年、その後ヴァル・ルートリーとの共同による画期的論文「人間至上主義の不可避性に抗して」の中で更に中身が掘り下げられる（Routley, 1973; Routley & Routley, 1979; 1980）。この概念が発展を遂げたのは環境問題に関する重要な省察が広く行なわれていた時期にあたり、世の趨勢は社会的、政治的に確立された自然界に対する人間の優位性、自然界からの人間の乖離《かいり》を再解釈し、それらに疑問を呈する方向へと向かっていた。現在の環境倫理が現れたのもこの頃であり、今日でもそれが環境論や社会正義の理論、実践に影響を与えている。人間至上主義それ自体は人間中心主義を基本としてそこから派生した変種、拡大版の思想であり、「人間が第一に来て、残り全てが劣等の最後尾におかれる」。種を基準にしたこの原理主義的な偏向のもとでは人間の利益が最優先され、人間以外の動物（および生態系）に害を及ぼす行為は、人間自身の利益が害されないかぎり倫理的に許容可能とされる。功利主義のもとでは、人間以外の動物が配慮されるのはその利益が人間の利益と合致する時のみに限られるが、人間至上主義はその原則の向こうを行く。両者の違いは重要であり、特に地産地消運動や意識的な雑食習慣などが脚光を浴びている今日では無視できない――というのも、それらはつまるところ人間中心的な運動に他ならず、そこでは人間の消費用に育てられる動物に関心が払われるのは、罪を和らげるため（時には消費する人間の健康のため）か、あるいは倫理的に許容しがたい動物利用が広く認知され出したのを受け、ある行為を社会的に受け入れられるものとするためかに過ぎないからである（Sanbonmatsu, 2011a, 2011b）。言葉を換えれば、こうした運動は人間至上主義の種の区分を再構成し、戦略的無知のレベルを修正する試みとも考えられよう。** 新しい区分は再び恣意的な基準を設け、人間の優位を築き線引きをするための起点にしようと目論む。

　戦争に関わる人間以外の動物の利用、その源泉はここに見出せる。人間以外の動物は人員を補い、時には人員に置き換える目的で利用されることが多く、その大半は使い捨て同然に扱われる——下賤な仕事、危険な仕事、その他ともかく避けられたがる仕事がその身に負わされる。本書の中で、読者は人間以外の動物がどれほど使い捨てのモノとみなされ、またそう扱われているかについて、数々の真実を知ることになるだろう。餌を断ち、戦車その他の車両の下に潜り込むよう訓練した挙句、同意など無しに遠隔操作で爆発させられる自爆犯に仕立て上げた「戦車爆破犬」の戦闘配備にはじまり、暴力紛争の終結後、本国に送還するよりも安上がりとの理由から、戦時に搾取した動物（その多くは無数の人命を救った）を大量虐殺する後始末まで、その例に暇《いとま》はない。

　戦車爆破犬の例に匹敵し、多くの面でそれ以上に恐ろしかったといえるのは、第二次世界大戦中にアメリカ中央情報局《CIA》の前身、戦略任務局《OSS》が兵器試験の拠り所とした「空想」アイデアだろう。彼等は、猫が常に足で着地し、また水を避けるには何でもする、という「思い付き」をもとに仮説を立てた——猫に爆弾を巻き付け敵艦の上から投下すれば、確実に標的を仕留められるのではないか。必死になった猫は海に落ちるのを避けようとして甲板に爆弾を誘導するだろう、と。しかし試験では思ったような成果が得られず、猫は「高性能爆薬を取り付けていない場合でも［…］ナチスの戦艦を好適な着陸場所と思

** 大企業による工場式畜産などを「倫理的に許容しがたい」とする代わり、「地産地消」ならいい、「人道的に」育てられた動物の肉なら食べてもいい、などといって、動物食そのものの種差別性に目をつむる、ということ。

うより遥か前に意識を失う傾向がある」ことが判明した（Harris & Paxman, 1983, p. 206）。

　恒久的戦争経済、広く《軍事－産業》複合体と称されるもの、そしてこれまで深く探究されてこなかった《軍事－動物産業》複合体、その根源は人間至上主義にある。人間である「飼育者」は戦争で利用する人間以外の動物との間に深い絆をつくる、という説明が昔からなされているが、そういいながら人間以外の存在を混成させる試みは瞬く間に広まった。動物への機器搭載（フェレットに始まりイルカやアザラシも対象となる）、離れた操作主と兵器にされた人間以外の動物とを結び付ける触覚再現技術〔本書二一四頁参照〕、そして――これは新デカルト主義***に根差す混成体開発というのが当たっていようが――かつてはSFでしかなかった脳内電子機器との神経接続。利益を追求する《軍事－産業》複合体の動きは一層勢いを増し、一層露骨になっているが、それがこのように人間至上主義を暴走へと駆り立て、様々な仕方でそれに形を与える。惨事活用資本主義に深く根を下ろした民間軍事会社《PMC》の浮上現象に目を向ければ、痛みと苦しみを経済資本に変える営為が見えてこよう。これが人間の搾取と人間以外の者の搾取との双方を支える（Klein, 2008; Schahill, 2008）。軍事会社は戦争の民営化を象徴する顔となったが、私たちはそこで立ち止まってはいけない。現代の戦争に数億ドル、数十億ドルの兵器を供給している企業は、国内および国家間の政治、経済に数十年にわたり計り知れない影響を及ぼしてきた。そうした企業は《軍事－産業》複合体の土台でもあり、科学研究機関とともに《軍事－動物産業》複合体の生政治――規範として、また（前）形成因として機能する混成型の生政治――において大きな役割を演じている。

人間以外の動物と戦争

以降の章では、歴史上の大動員からより厚い秘密のベールに覆われた現代の戦争における軍事作戦に至るまで、戦争に関わる人間以外の動物の利用について詳しく見ていく。彼等は物資の運搬や部隊の移動にも使われれば、伝言も任され兵器にも変えられ、医療「訓練」や兵器テストの実験材料にもされる。歴史的な動物利用の形態に関しては、少数の珍しい例を除き、よく知られていることが多い。今日の軍事利用は、既に実施されているものにせよ検討中のものにせよ、人間至上主義と《軍事－動物産業》複合体の広がりを示し、また変化する戦争の性格を多面的に映し出す。第一次大戦の後、戦争の機械化が人間以外の動物の広汎な利用に取って代わり、かたや人間以外の動物の利用は特殊性を増した。例えば一九八〇年代には米海軍が機雷探査のためイルカを捕獲して訓練するといったことが行なわれ、米海軍海洋哺乳類計画のもとその利用範囲はシロイルカ、シャチ、ゴンドウクジラにまで及んだ。人間に代えてイルカを危険地帯へ送り込むこの計画を『ナショナルジオグラフィック・ニュース』（米）の記事は正当化し、人間至上主義を露呈した――「比類なき水中探知能力と抜群の知性を持つイルカは、軍の電子機器が事実上役に立たない濁った浅水域の環境で機雷を見付け出すのにうってつけの存在だ」（Pickrell, 2003, March 28, para.3)。

＊＊＊　人間以外の動物を道徳的配慮に値しない無意識の存在とみる一方、「動物は機械である」とするデカルトの機械論にもとづき、身体改造によって文字通り動物を機械化しようとする思想。

犬の利用は大昔にさかのぼり、自然の活動から懸け離れた任務をなお多く強いられながら現在に至る。米軍がイラク、アフガニスタンで使用した犬（軍用犬《MWD》と呼ばれる）は二〇一〇年の段階で二八〇〇頭を超えていた。彼等は航空機やヘリコプターから「配備」することができ、一列縦隊でパラシュート降下することもあれば飼育者によって海へ投げ込まれることもある。米海軍は犬用防弾ベストの開発を手掛け、兵器としての利用を更にうながそうとしている（Frankel, 2011）。一方、米海兵隊は二〇一二年後期までに爆弾探知犬を六〇〇頭に増やすことを計画、これは二〇〇六年につくられた訓練計画の二倍の規模に相当する（Kovach, 2010）。第二次大戦において布告も同意の取り付けも要らない自爆犯（戦車爆破犬）として利用していた彼等を、今度は爆弾の探知に利用する——新形態の搾取に潜むこの皮肉は、明らかに見過ごされている（Boggs, 2008）。

《軍事－動物産業》複合体は遺伝子組み換え技術も更に多く取り入れる傾向にあり、利益を増大させるとともに人間以外の混成動物の開発に勤《いそ》しんでいる。K－9蒸気反応探知計画（**K-9 Vapor Wake Detection Program**）〔アラバマ州の犬訓練施設AMK9アカデミーが実施するプログラム〕はその一例で、犬に爆発物の「臭気流」を探知させるべく遺伝子改変が行なわれる。これは拡大の一途にある技術を人間以外の動物に用いた新デカルト主義的混合に他ならない。小規模なものでは、昆虫サイボーグの製造に取り組む国防高等研究事業局《DARPA》の混成昆虫微小電子機械システム計画がある。「近年の古典『指輪物語』に出てくる善い魔法使いのガンダルフが、空の援軍に蛾を使っていたのを思い出すでしょう」——二〇〇七年のシンポジウムにて同局の計画指揮者アミット・ラルはそう述べた。後にこうも語っている。「このSF構想は現実の領域に入っているのです」（*Weiss*, 2007, Octpber 9）。

フランケンシュタインの怪物めいた新デカルト主義的な新動物を人間の目的のために造り出そうとする研究が進む傍ら、戦争が人間以外の動物に及ぼす影響――「任務」を強いる場合と、その他の形で直接間接に影響する場合とを問わず――にも目が向けられるようになってきた。ベトナムに配備された犬は、戦死を免れても大部分は米軍撤退時に置き去りにされた。イラクでも同じような状況になったが、国際動物虐待防止協会《SPCA》が募金運動を立ち上げ、七頭の「退役」犬を合衆国に移送するだけの資金調達に成功した（SPCA International, 2011, March 12）。また別の例では、ガンナーと名付けられた海兵隊の爆弾探知犬に心的外傷後ストレス障害（ＰＴＳＤ）の症状が顕れ、診断で「不摂生と告げられた」。そこで亡き青年兵士（二人の海兵隊員を助けるため落命し、名誉勲章を与えられた）の家族が引き取った。後、ガンナーの障害の程度が明らかになる――「カメラが目に入っただけで彼はソファの後ろに隠れてしまった」（Phillips, 2010, October 6, para.8）。

イギリス軍によりアフガニスタンに配備されたテオという名の若いスプリンガー・スパニエル犬の話も同様に紙面を賑わした。二〇一一年二月、テオとその「飼い主」、下級伍長のライアム・タスカーは、武器と即席爆発装置《IED》を誰よりも多く探し出したとの記録に輝く。結果、勤務が延長されることとなった。三月一日、同じくアフガニスタンのヘルマンド州ナフレサラジ地区でタスカーが銃殺される。数時間後にはテオが、アフガニスタン、イラクに配備され死亡した六番目の「イギリス軍用犬」となった。一部の報告はテオの死因を心臓麻痺、発作、ストレス、絶望によるとしている[10]（Drury, 2011, March 5）。犬のＰＴＳＤは初め二〇一〇年に存在が知られ今もなお認知度が高まっている病気であり、原因の大部分は現代の戦争が犬を利用することにある。獣医師は現在その発見の仕方を教えられるが、目的は犬を治療して再び戦地に配備することに向けられている場合が多い（Dao, 2011; Mendoza, 2010）。底なしの泥沼である。

医療その他の試験（生体実験）における人間以外の動物の利用は議論の的となって久しい（Twine, 2010）。同じく、軍医や医学生、衛生兵、歩兵の教わる戦闘外傷訓練教程における人間以外の動物の利用も、国内外から激しい抗議を受けてきた。実験内容は、化学兵器による攻撃を再現するためミドリザルを対象として繰り返し強制的に化学物質に曝露させる実験、大量の出血を起こさせるため山羊の四肢を一本ずつ切断する実験、豚を銃で撃つ、焼く、ないしその他の方法で負傷させる実験などに及ぶ。『ニューヨーク・タイムズ』紙（米）が報じた例では、一頭の豚の顔面に九ミリ拳銃で二発、カラシニコフ（AK－47）自動小銃で六発、一二ゲージ散弾銃で二発の銃弾を浴びせる実験が詳述されている。豚は一五時間、生かされていた（Chivers, 2006）。

二〇一一年の一一月一一日、アメリカでは復員軍人の日として知られる英霊記念日のこの日に、「責任ある医療のための医師会《PCRM》」（米）は合衆国議会に公開書簡を送り、「前線での処置を改善し、毎年繰り返される何千という動物の残忍かつ不必要な殺害を廃止する法律」（PCRM, n.d., para.2）の起草と発効を要請した。実験に反対する理由は、それが元来残忍であること、そして人間以外の動物よりも人間ないし人間の模型を多く用いる方が有効であることによる。が、本書はそのような訓練の「有効性」に異を唱える代わりに、人間以外の動物を利用する戦闘訓練――それも《軍事－動物産業》複合体の一部をなす――が人間至上主義から派生したものであることを明らかにしたい。

戦闘訓練での利用に対する抗議は多少の成果を上げている。例えば「動物実験に反対するドイツ医師団《DAAE》」は、米軍が二〇一〇年中頃、ドイツ国内のグラーフェンヴェーア訓練地区における外傷訓練で生体の人間以外の動物を使用したいとの要請を出したことを知る（Robson & Kloeckner, 2010）。抗議行動を呼び掛けた後「ドイツ駐留米軍本部には市民からの手紙とＥメールが殺到し」、翌日、軍の計画は撤回された。続く計画も以下の理由で却下された。「［人間以外の動物の利用を］武器、弾薬、軍装備品の開発ないし試験のために行なうことは禁じられている。また、動物を使わない方法で目的が達せられる場合、教育や訓練においても動物を利用することは禁止されている」（Doctors Against Animal Experiments, 2010）。アメリカでも法的な動きがある。二〇一一年一一月に下院に付託されたＢＥＳＴ実践法こと「戦場での優秀対応を達成する優れた訓練実践法（Battlefield Excellence through Superior Training Practices Act）」の法案は、国防総省の出資により戦闘外傷訓練を改め、人体に基礎をおく訓練法を段階的に導入していき全てをそれで置き換えるよう要求している。段階的導入は、生物兵器および化学兵器の模擬実験についてはただちに、そして他の損傷模擬実験については二〇一三年一〇月までに行なうこととされた（Lovley, 2010）〔結局この法案は議会を通過せず、二〇一五年二月に改訂版が提出された〕。

　多くは全く注目されないが、人間以外の動物はたとえ戦争機械にされないとしても、より直接に戦争の影響を受ける。二〇一〇年のドキュメンタリー映画『消された戦争（The War You Don't See）』の中で、著名なジャーナリストにして従軍記者でもある監督のジョン・ピルジャーは、フリーの報道写真家ガイ・スモールマンにインタビューを行なっている（Pilger & Lowery, 2010）。スモールマンが述懐したのは二〇〇九年三月四日にアフガニスタンのファラー州グラナイを襲った惨劇、故意に夜の祈禱《きとう》の時を狙って米軍の二億八三〇〇万ドルの爆撃機Ｂ１ランサーが行なった空爆の後の様子だった。インタビューでは重要な証言がなされた――普通、産業的な理由で決定される軍事攻撃が人間以外の動物に及ぼす影響は殆ど気付かれることも報じられることもないが、スモールマンの言葉がそれを鮮烈に描き出したのである。空爆後の殺戮現場を訪れた最初の西洋人である彼は、その時の情景をこう語る。「訪れてまず沈黙に衝撃を覚えました。普通でしたらアフガニスタンの田舎は鳥の歌声に満ち溢れています。それが全く、死んだように静まり返っていて——」[11]。戦場の写真、例えば両大戦における無人地帯などを見ても、私たちは景観の完全なる破壊について知り、生態系に加えられる無差別的影響を察することができるだろう。

皮肉にも、紛争跡地に動物が栄えている例がある。キプロス島に引かれた全長一八〇キロメートル、面積三四六平方キロメートルの国連緩衝地帯グリーンラインや、朝鮮半島を横切る四×二五〇キロメートルの細長い緩衝地帯（DMZ）は野生生物にとっての安全な隠れ家になっている。「このような線状の包領〔二つ以上の領土に囲まれた小領土〕では戦争と分離の負の影響が、却って自然に元の領土を取り戻す力を与えており、景観に正の次元を差し挟むことでそこを多様な野生生物にとっての避難所へと変えている」(Grichting, 2007, p. 4)。フォークランド諸島は（より現在に近い）戦争の影響が（少なくとも間接的に）見て取れ、景観回復の面では良好性に劣る。イギリス軍の落とした数知れぬクラスター爆弾のほか、少なくとも八三の地帯に一万五〇〇〇以上もの地雷が散らばっていると見積もられている。二〇〇九年から二〇一〇年にかけてポート・スタンリー、ポート・ハワード、フォックス・ベイ、グース・グリーンの近郊で行なわれた試験事業では手作業で六七八個の地雷が撤去されたが、先に挙げた数はその残りに相当する[12]。しかし他方、地雷の存在がジェンツーペンギン、イワトビペンギン、マゼランペンギン、キングペンギンらの生息地保護に一役買っている。ペンギンが軽いおかげで地雷が発動しないらしく、彼等は現在、人間や他の動物から離れ、フェンスに仕切られた地雷原で集団生活を送っている（Pearl, 2006）。

困難に立ち向かう

少なくともペンギンの暮らす地雷原のフォークランド諸島や回復しゆく非武装地帯といった例は、戦争が人間以外の動物に及ぼす多様な影響、それに広い意味での人間至上主義を明瞭に描き出す。本書に収録された諸編は重要不可欠な批判のモザイク模様となって、搾取に関する強固な領域横断的分析と、戦争（ないし消極的平和）を脱し積極的平和を擁する社会への移行という、二つの地盤づくりに貢献することだろう。今日からすると、爆弾猫や戦車爆破犬などの例はとても現実とは思えない、バカげたものと映る――そしていうまでもなく、おぞましい。が、現代の《軍事－動物産業》複合体の中心にある研究、思想、実践も、殆どはそう遠くない未来において、同じようにみられるに違いない。空想科学が現実の科学になった例は歴史上にいくらでも転がっている。そして様々な形態の遺伝子組み換え動物、混成動物は既に現実存在と化しているのである。

以後の章には批判的動物研究に従事する哲学者や動物活動家、反戦学術活動家といった面々の声が収録されている。ジョン・ソレンソン（第一章）は戦時の乗り物として利用される人間以外の動物に光を当て、それを可能とする支配の政治学と商品化の過程について論じる。多様にして邪道なる人間至上主義の策謀を顕わすのは、搾取と「切り離し」を追求する人間の想像力であり、それは予期せぬところ、更には意図せぬところにまで裾野を広げずにはおかない。《軍事－動物産業》複合体が人間以外の動物を空虚な対象として取り込む、その実態を現実にもとづき脱構築するソレンソンの方法は後の章にも共通する要素といえる。輸送機関としての利用とは対照に、ジャスティン・R・グッドマン、シェイリン・G・ガラ、イアン・E・スミスの三名（第二章）は米軍の医療訓練実習における人間以外の動物の搾取を取り上げ、経験知に立脚した深い議論を展開する。いまだに医療訓練で動物利用を続ける極度に男性的な人間至上の伝統固執主義は「命を救うため」という名目を掲げるが、国内政策との矛盾の数々によりその意義は失われている。精緻を極めるこの章の議論は、軍による訓練実践の奔放な種差別主義に対抗する継続的な運動参加を経ることによってのみ発展させ得るものといえ、《軍事－動物産業》複合体の矛盾はここに浮き彫りにされるだろう。その矛盾は《技術－産業》複合体を覆い尽くし、人間至上主義の中心要素を露わにする。

医療訓練実習の搾取という（より）現代的な事例に続き、アナ・パウリナ・モロン（第三章）は兵器としての利用という歴史的事例の探究へと視点を移す。人間以外の動物と、劣った者とされた一部の人間、いわゆる「僕《しもべ》」と「犬」に行使される抑圧は互いに絡み合い、そこに種を超える搾取の性質がはっきりと顕れている。ソレンソンは人間以外の動物を他者と規定する行為の内にそれをみるが、モロンは同様に、一部の人間以外の動物が地位の象徴として社会に認知されていく過程、および変貌する社会構造の中で人間以外の動物が果たしてきた役割について叙述する。戦争における動物利用には常にそれと知られた（人間中心的な）実益に加え、脅威となり得る要素が付き纏う。分かりやすい例は怯えて逃げ出した象の群れで、護衛に当たるよう訓練された彼等はしばしばその護るべき人間を殺していく。これはその瞬間の闘争・逃走反応とも解釈できようが、同時にまた私たちは、そのような行動を人間に対す

る人間以外の動物の戦略的抵抗とも考える必要がある。(13)

ジュリー・アンジェイェフスキ（第四章）は（人間による）戦争行為の余波を調べ、植民地主義および帝国主義の表れとの共通性を突き止める。人間以外の動物を空虚の対象と位置付け、更に見えざる存在へと追いやる隠蔽の過程、それを透かして私たちは、戦争による彼等への影響を窺い知ることができよう――人間以外の動物の生命や懸念事項は殆どないし全く顧みられず、その犠牲は意識にのぼらない完全な意味での「巻き添え」でしかない。アンジェイェフスキは戦争が人間以外の動物に及ぼす長期的にして日常では注意すら向けられない影響に焦点を当て、戦争遂行の核にある人間至上主義を暴き出す。

ラジモハン・ラマナタピッライ（第五章）は隠蔽と対をなす例を取り上げるが、そこでもやはり人間以外の動物は多くの面で空虚の対象とみなされる。多くの文化圏が人間以外の動物を崇拝の対象として、武勇を象徴する道具として、また特別な商品として位置付ける、その現象を並置するラマナタピッライの議論はソレンソンのアプローチと相通ずるところがあるといえよう。この章では人間と人間以外の生きものとの関わりにみられる五つの段階について考察し、聖なる地位（これ自体、矛盾を孕む種差別的な人間至上主義の構築物に他ならない）から搾取される者としての生命（にあらざる存在）、空虚の対象へと至るまでの推移を追う。各段階の意味を総合した上でラマナタピッライは、積極的平和の理念をもって紛争とその変革に迫ることが、人間至上主義とそれに関連する全生物種への無配慮を克服する上で不可欠なのだと結論する。

＊＊＊＊ 国王、女王陛下に謁見する折の「あなたの僕であり犬であるこの私め」といった決まり文句を想定。

最後の第六章ではビル・ハミルトン、エリオット・M・カッツの両名が、戦争に関する人間以外の動物の利用という観点から、科学（空想科学と現実のそれと）の役割について、過去と、現実になり得る未来とを通観し、時に寒気を覚える実態を報告する。

注

（1）たとえばデビッド・バラシュは著書の中で「戦争という特異で複雑な巨象」という表現を用いている（Barash, 2010）。戦争を批判し積極的平和の追求を訴えてはいるものの、象を戦禍になぞらえるバラシュの侮蔑的な比喩の用い方は、人間以外の動物をめぐる問題が事実上顧慮されていないことを物語っている。

（2）私たちの社会では人間と人間以外の動物を分ける誤まった線引きの習慣が確立されているため、それを露呈し疑問を投げかける目的から、本書では一貫して「人間以外の動物」という言葉を用い、単に「動物」という場合もその意味を含めるものとする。この線引きは植民地主義や資本主義の鍵にして、時に自家撞着のもとにもなる要素といえる。すなわちそれらは搾取を可能とし正当化するため、階級や「人種」により差別化された様々な人間を、人間以外の存在に近い者として一律に並置するのである。

（3）ヨハン・ガルトゥングの唱えた構造的暴力の概念の代わりに、ブライアン・マーティンは構造的搾取という用語を提唱している――「『構造的暴力』という表現は、暴力という語の意味を著しく拡大する点で大きな問題があるといえる。暴力というと大抵の人々は身体に直接加えられるそれを思い浮かべるだろう。多くの文脈では搾取や抑圧などの語を用いる方が『構造的暴力』というよりも分かりやすいのではないか」（Martin, 1993）。マーティンの分析が該当する場面は多いが、こと人間以外の動物に行使される暴力（と搾取）が規範化され社会の構造に組み込まれている状況では、敢えて構造的暴力という語を用いることに特別な意味がある。

（4）動物産業複合体は人間以外の動物を空虚な対象として扱う。この現象を分析したものとしては Adams（1997）を、より広範囲にわたる詳細な分析については Adams（2000）を参照されたい。

（5）ノスケは動物研究産業を動物産業複合体に含めなかった。執筆当時、動物研究産業の形態は自存し得る複合体になるほどの儲けを出さないものと考えられていたからである（Noske, 1997）。本書ではしかし、動物研究産業も《軍事－動物産業》複合体の重要な一部をなすものと捉える。

（6）戦争抵抗者同盟（本拠ニューヨーク）は政府公表の数値をデタラメであるとし、連邦準備預金の四八％が連邦予算の軍事費に充てられた（退役軍人の手当てや軍の負債の利子といった過去の活動に対する支払い分一八％を含む）と指摘している（War Resisters League, 'Where Your Income Tax Money Really Goes: U.S. Federal Budget 2012 Fiscal Year,' 2011）。軍縮・不拡散センター（本拠ワシントンDC）は二〇一二年予算案を分析し、政府の数値は「エネルギー省（DOE）の核兵器関連の支出や他の防衛関連資金提供を含んでいない」と記している（Olson, 2011a; Olson, 2011b）。

（7）研究資金の確保が困難の度を増した一方で、軍事目的の研究や計画に関わろうとしない者やその支援を拒む者には様々な制裁が加えられることとなった。Rupert（2010）等を参照されたい。

（8）ルルド・グーベアとアルナス・ジャスカは、屠殺場——とはいわず、「食肉加工産業」という陳腐化した社会的呼称を用いているが——の「生産と消費を隔てる偽りの距離」による影響を検証している（Gouveia & Juska, 2002）。不法就労者への影響もさることながら、動物産業複合体に組み込まれた分断の原理は、肉食主義の規範性と支配を疑問の余地なきものとして更に強固にする。

（9）驚くべき数値だが、毎年人間の食用に殺される人間以外の動物の数に比べればこれも微々たるものといえる。すなわち、後者は（控えめに見積もって）五六〇億、つまり一分につき一〇万六〇〇〇匹が屠殺されているのである。

（10）Celia Haddon（2011）も参照されたい——「驚くべきは、犬が——哀れなテオのように——絶望で死ぬ、ということではなく、動物が感情を示すという考えをいまだ相当数の人間が感傷的、擬人的な妄想だとして認めずにいることだろう」。

（11）地元民はスモールマンに、この「誤報」による攻撃で一四七名が死亡したと訴えた。スモールマンは七〇の新しい墓を町で確認し、なかには家族全員が共に埋葬されたものもあった。直径三〇メートルほどの共同墓地には五五名の亡骸が葬られていたが、その身体は損傷が激しく、身元の同定はできなかった。北大西洋条約機構（ＮＡＴＯ）は犠牲者を二五名としている。

（12）イギリスが二〇一一年、オタワ条約（対人地雷の使用、貯蔵、生産及び移譲の禁止並びに廃棄に関する条約）にもとづき国連に提出した第七条報告書も参照のこと（Casey-Maslen, 2009）。二〇〇八年にイギリスが地雷完全撤去の期限（二〇〇九年三月一日）を一〇年先延ばしにすべく奮闘し、それに成功したことは議論を呼ぶ出来事だった。

（13）戦争における人間以外の動物の利用とは関連しないが、Jason Hribral, *Fear of the Animal Planet: The Hidden History of Animal Resistance*, 2010 の詳細な実証データと考察は、戦略的抵抗の例を多数示している。

『ダキア人、サルマティア人と戦うマケドニアの戦象』。アレクサンドロス大王の死後、新たな為政者たちはこぞって戦象を利用した。川に追い詰められた軍勢の中には、鎖かたびらをまとった軍馬の姿もある。ハインリッヒ・ロイテマンの作（1865年）。

第一章

戦の乗り物と化した動物たち

ジョン・ソレンソン

純粋に数だけに着目しても、人間が食や衣服、娯楽、実験のための搾取を遂行する中で他の動物に加えてきた好き放題の蛮行に勝るものはない。しかし、ヒトという同じ種に属する他者を相手に戦争を行なう中で、人間が他の動物に強いる「巻き添え」の苦しみもまた、やはり相当に甚だしい。種差別主義と支配主義の思想、それに商品化の過程の全てが人間以外の動物を〝他者〟と規定してきた。自然への父権的姿勢を特徴付ける二元論の思考が動物を貶め（Plumwood, 1993）、人間が他の動物を単なる利用すべきモノとして扱うことを容認してきたという事情があり、それは日常に行なわれる人間以外の動物の利用に目を向けても、また戦争という状況に目を向けても、はっきり見て取ることができる。これら全ての状況において、私たちは人間以外の動物を私たち自身の目的を達成するための乗り物とみなしている。戦争についてみると、人間以外の動物は文字通り輸送機関という意味での乗り物にされてきたばかりでなく、より一般的に、人間が自らを戦争へと駆り立てる手段としても使われてきた。自身の目的に合わせ他の動物を徴集する手口にかけては、人間の工夫の才に限界など存さぬかに思われ、そこでは当の他の動物に対し、殆ど何の考慮も払われない。歴史を通して私たちは私たちの暴力的営為に奉仕するよう他の動物に強い、戦の乗り物へと変じた彼等を駆って自身をより偉大なる破壊の業績へと導いてきた。

バッファロー、ラクダ、ロバ、ラバ、馬、犬、象、牛――何千年もの間、人間は他の動物を隷従させ、戦地に物資を運ぶために使役することを自らの「権利」だと考えてきた（Curry, 2003）。機械の輸送機関が発達する以前、動物は戦争の遂行に欠かせない存在だった。他の動物を利用せずとも人間は限定された局地戦を行なうことができたが、より大々的な破壊活動を実施するには兵士や食料、活動に要する備品を運ぶ動物がいなくてはならなかった。大きく力の強い動物は速力と移動力を高め、他の人間を攻撃し殺害するためのより洗練された技術の発展をうながした。実際のところ、歴史を通して他の動物を強制動員することなしには、人間が今日の私たちの知るような戦争を繰り広げることはできなかったろうと思われる（Kristler, 2011）。

戦時に他の動物を搾取する段になると人間は底知れぬ想像力を働かせるらしい。第一次大戦のさなか、兵士たちは信号を送るのに、あるいは塹壕の中で地図を見るのに発光虫《グローワーム》の光を使った（CNN, 2004）。鳩は伝言の任務を負わされた。イギリスだけでも両大戦の間に数十万羽の鳩を使い、うち三二羽は多くの人命を救った功績を讃えられディッキン勲章を与えられた（BBC News, 2009; Daily Mail, 2010）。勲章を授与する「苦しむ動物を救う国民診療所《PDSA》」はマリア・ディッキンにより一九一七年に創設された慈善団体で、ロンドンのイーストエンドに暮らす貧困者のため、その飼育動物に無料の医療を施すところから始まり、現在では国内最大の組織となっている（PDSA, n.d.）。数多くの犬や馬が兵士の手助けをした働きから勲章を授けられた。より近年の例では二〇一〇年、イギリス陸軍に仕えたラブラドール犬のトレオが、アフガニスタンにて隠された爆弾を探し出した貢献から受章している（BBC News, 2010）。

犬よりも大きなラクダ、象、馬などは乗り物として広く利用されてきた。優れた筋力と持久力に目を付け、人間は彼等に荷を負わせたのみならず恐ろしい戦場での働きも強要したので、まさにその利便性から動物たちは敵軍の抹殺対象とされ攻撃の的になった。古代ローマが象の虐待を大衆向けの見世物としたのも同根で、それが特に愛されたのは象が自然界の力を体現していたこと、そして象を威圧的な恐ろしい動物として使役する敵軍の姿と象自身とが同一視されていたことによる。ゆえに象の虐待と支配は、ローマによる自然界と政治界の統治を意味することとなった（Shelton, 2006）。

古代の頃から人間は、象や馬などの動物に乗った戦士が走力と身のこなしに秀で、攻める、退く、敵を出し抜く等、あらゆる面で圧倒的優位に立てることを知っていた。大型動物の背に跨《また》がった兵士は高さとスピードにおいて優越し、敵陣に突撃して兵を打倒し、逃げようとする者を追撃することが可能となった。地を轟かし向かってくる大型動物の軍勢が圧倒的な衝撃と畏怖を与えたことは想像に難くないだろう（Growers, 1947; Rance, 2003; Schafer, 1957）。

象は敵を攻撃し恐怖させるため長きにわたり戦争で使われてきた（Charles, 2008）。敵の防衛線や要塞を突破するには装甲をまとった象が利用され、背に載せられた駕籠《かご》や櫓《やぐら》から射手が矢の雨を降らせることもあった。古来、櫓を背負った象は力の象徴とされ、そこから派生した象と城の表象はヨーロッパにおいて長いあいだ図像の主題として扱われてきた――といっても、かの国々が実際の戦争で広く象を使っていたわけではない。対して古代インド、スリランカ、ビルマ、カンボジア、タイ、ペルシャ、エジプトでは、戦時に象が使われたことが知られている。軍にとってその重要性は明白であり、象を得ることが最優先課題とされてきたのに加えその影響も計り知れないものとなった。例えば紀元前二八四年から二四六年に在位したエジプト王プトレマイオス二世は多大な出費によりアフリカの角一帯を探索する象捕獲隊を組織し、多数の兵士を派遣するとともに港や造船所も整備して、捕えた動物の移送を図った。象牙目当ての狩猟と並び、これもまた当該地域の象の数を枯渇させ、更にアフリカ北東部ヌビアでの軍事行動、および食料のために象を狩っていた集団との衝突をも引き起こした。存命中にプトレマイオス二世が結成した強力な象の軍は数度の作戦に用いられ（Burstein, 2008; Casson, 1993）、動員数が数千頭にのぼったこともある。従えられた象にとってもそうだったろうが、標的とされる人間にとってもこうした攻撃が脅威だったことは疑えない。しかし軍はすぐに抵抗戦略を発達させ、通常は動物に対する害意と殺意に満ちた暴力を手段とした。大砲と砲兵隊が現れると象の利用は減少する。が、アジアでは一九世紀まで戦場に動員され、更には機械の車両が通れない所にも入っていけるとあって二〇世紀にもなお物資輸送や軍の建築作業に利用された（Kistler, 2007）。軍の活動に供するため多くの野生象が狙われ、捕獲の際には子を守ろうとする家族を殺して若い象を攫《さら》うという手口が多く用いられた（Begley, 2006）。囚われの身となった象は情け容赦ない訓練によって軍と命令への隷従を叩き込まれた。

第一次大戦中、ドイツ軍はハンブルクのハーゲンベック動物園に収監されているジェニーという名の象を駆り立て、フランスでの強制労働に当たらせた（Wylie, 2008）。第二次大戦中には『エレファント・ビル』の異名で知れ渡っていたJ・H・ウィリアムズ中佐の指揮下、イギリス軍がビルマに七〇〇頭の群れを囲った。ウィリアムズは一九五四年の著書『バンドーラ（Bandoola）』の中で、自身の経験と有名なビルマ公路の建設における象の利用について書き残した。報告によるとバンドーラは飼育下で生まれ育った最初の労働用ビルマ象であるとのことで、ウィリアムズの著書には森から何万トンものチーク材を運び出した輝かしい事績が記されている。一九四四年四月一〇日、アメリカの写真週刊誌『ライフ』は「エレファント・ビル」ならびに英日の軍によるビルマでの象の利用について特集し、象が橋や排水路の建設に当たった様子、さらに機械の車両はおろか馬やラバでさえ立ち入れない地帯に駐屯する部隊のため物資の運搬をも任された様子を叙述している。なお、かつて象に強制労働をさせていたのは木材産業だった。イギリスの紅茶農園主ジャイルズ・マックレルは一九四二年、日本軍から逃亡中の数百人にのぼる病人や飢餓状態の人々を象に乗せ、ジャングルの向こう、季節風に氾濫するインド国境付近のダパ川を渡るまでの一六〇キロメートル以上を運ばせた（Hui, 2010）。

軍による象の利用、および軍とビルマの木材産業との癒着は現代まで受け継がれている。二〇一〇年に『インデペンデント』紙（英）が報じた記事には、ビルマ軍事独裁政権が「血眼になって」野生の白象狩りを行なっているとあり、標的は木材会社所属の象使いが二〇〇八年に国の西部で目撃した一頭だったという（Kennedy, 2010）。仏教の神話学は、ブッダの誕生に先立ち白い象が現れ、母マーヤに聖なる蓮の花を渡したと説く。東南アジア全域にわたって白象は力と幸運のしるしであり、目にすれば栄光が訪れ、国家が賢明な仁君に治められることを暗示すると伝えられている。象徴の力を信じたビルマの軍事指導者、上級大将タン・シュエは兵士、象使い、獣医からなる一隊を結成し、象の捕獲を命じた。軍はまた地域村民にも数ヶ月におよぶ無給の象探索を強いた。二〇〇〇年から二〇〇二年の間に更に三頭の白象が捕えられ、国家平和発展評議会第一書記にして前指導者にあたる大将キン・ニュンの指示により、軍服を着せられラングーンの私有寺院に置かれた。キン・ニュンが政権を握っている間は何百という軍の高官や政府官僚、裕福な実業家が日々寺院を訪れたが、彼の失脚後は人足も途絶え、最早めでたいものでもなくなった象は殆どがそのままに捨て置かれた。キン・ニュンを讃える石の銘板があった所には新たな指導者タン・シュエの妻が象を愛でている大きな写真が掲げられ、銘にはこう刻まれた――「白象は名王の世にのみ現れる。それは国の栄光を告げる吉兆である」（Aung Thet Wine, 2010, p. 7）。

ラクダは起伏に富む乾燥地帯での軍事活動に利用されてきた。第一次大戦中に連合軍は帝国ラクダ部隊を結成し、パレスチナ、シナイ半島での任務に用いた。馬に比べ水無しで移動できる距離が長いため、ラクダは砂漠での作戦に勝手のよい動物とされた。またオスマン・トルコの支配に対し一九一六年に起こったアラブ反乱では移動手段として大きな役割を果たし、特にアウダ・アブ・タイとイギリス軍将校T・E・ロレンスに率いられたラクダ部隊によるヒジャーズ作戦および一九一七年のアカバ攻略での活躍が知られる。「アラビアのロレンス」となったT・E・ロレンスは軍事作戦の功績から有名人になり、ラクダに乗ったアラブ服の姿でたびたび映画や写真に登場した。アフリカの角では「狂気のムッラー」こと反帝国主義指導者サイイド・ムハンマド・アブドゥッラー・ハッサンに対し、また第二次大戦中にはイタリアに対し、イギリスがソマリランド・ラクダ保安隊を使った(Katagiri, 2010; Lawrence, 1997)。第二次大戦が終わると、元イタリア領だったエリトリアは他のヨーロッパ植民地のように独立を果たすことなくエチオピアに吸収される。続いて勃発したエリトリアの独立闘争は二〇世紀最長の戦争の一つへと発展したが、その中でもラクダとロバは物資輸送の要《かなめ》となり、闘いの最中アフリカの角を飢饉が襲った際には凹凸の激しい土地を渡り食料支援を行なうのに活躍した(Last, 2000)。ラクダはその体力、持久力、それにエリトリアの独立運動で果たした重要な役割が一九九三年の独立後にはっきりと認知され、独立闘争の象徴に選ばれて、平和達成を表すオリーブの輪とともに国の紋章になった(Ghebrehiwet, 1998)。こうした象徴化はラクダの優れた特性や国の歴史への大きな貢献を認めるからこそ行なわれるのであるが、一方でエリトリアの運搬動物は極度に過酷な生活を送っており、ロバなどは虐待され放置され、医療は殆ど受けられず、役立たずとなれば棄てられてしまう。

古代エジプト、ギリシャ、ペルシャ、ローマは、犬に様々な戦時の役割を負わせ、偵察や見張りや伝言に多用する一方、物資を積んだ荷車を牽《ひ》かせることもあった（Lemish, 1996）。犬はまた兵器に変えられることもあり、軍用犬にはトゲの付いた首輪が嵌《は》められ、攻撃と殺傷の訓練が施される。一六世紀以降に行なわれたスペイン人によるアメリカ侵略の蛮行、土着文化への掃討攻撃もその一例に他ならない（Varner & Varner, 1983）。人々を生きながら火にかけ、死ぬまで鞭打ち、腕や脚を切り落としたのみならず、スペイン人は犬をけしかけ五体を八つ裂きにした。人肉で育て、先住民の内臓を引きずり出すよう訓練した大型猟犬やマスチフ犬の、鎧《よろい》を着せた一隊を引き連れ、スペイン人は奴隷を脅し隊を興じさせるのに彼等を使った（Stannard, 1992）。

第二次大戦の最中、ソ連はドイツ軍の戦車を爆破しようと犬に爆弾を運ばせた。まず軍用車両の下に餌を置き、探して食べるよう訓練する。それから敢えて空腹にし、爆弾を背負わせて戦闘中に放つ。すると犬は餌を探してドイツ軍の戦車に向かっていき、潜ったところで爆発する、という寸法である（Benedictus, 2011）。ドイツ軍が即座に戦略を知り、見付けた犬を射殺したであろうことは疑えない。

イラクでも武装勢力が犬に爆発物を取り付け、狙いの標的に近付けて起爆するといったことが行なわれたほか、アフガニスタンではムジャーヒディーンがロシア軍に対し、またタリバンが米軍に対し、ロバやラクダを使って同じ攻撃を試みた（Telegraph, 2005, May 27; Fox News, 2006）。米軍は一〇〇〇頭以上もの犬をイラクに配備し、武装勢力の埋めた爆発物の探索に当たらせた。ベトナム戦争では米軍が使った犬は数千頭にのぼる。こうした動物は多くが戦闘中に殺され、生き延びても残酷な運命が待ち構えている（Ravitz, 2010）。恐らくは戦争で使った犬が危険である、ないし病気を運ぶと想定してのことであろうが、米軍は彼等を国に連れ帰ってはならないと定めており、ベトナムから米軍が撤退した折には多くの犬が惨殺された（Lemish, 1996; O'Donnell, 2001）。貢献に比してひどい褒賞に思われるが、これは珍しいことではない――軍の多くは、遠い任地から動物を連れ帰るのはあまりに不経済だと考える。所有物とみなされた動物たちは、殺すなり屠殺場に売り飛ばすなりといった方法で廃棄されてきた。

ジョン・リリーは米軍がサンディア社〔軍事技術の研究開発機関サンディア国立研究所を運営する請負契約会社〕に資金を提供し、ロバが運べる携帯型核爆弾の開発を要請していると伝える（Lilly, 1996）。脳に操作用の電極を埋め込み、痛覚と快感を司る部位を刺戟しつつ人工衛星を使って敵の領域にロバを誘導し、軍の望むところに爆弾を送り届けるのがその狙いである。更にリリーよれば、ＣＩＡと海軍はイルカやシャチをも訓練し、敵艦や敵の使う港に爆発物――核弾頭も含む――を運ばせようと目論んでいる。海軍は一九六〇年代からイルカの訓練を行なっており、一九七〇年代初頭にはベトナムで、一九八〇年代にはペルシャ湾で、敵の潜水夫を攻撃するため「イルカ戦士」を使い、二〇〇三年にもイラクで機雷探査に当たらせた。

馬は最も広く戦争で利用されてきた動物に数えられる（Hyland & Skipper, 2010）。飼い馴らしを始めて間もなく、人間は敵の抹殺を企てる上で馬が使えることに気付いた。馬の牽く戦車はアッシリア、バビロニア、エジプトなどの古代王国が戦時に用いた。アレクサンドロス大王はペルシャ、北インドの攻略に騎馬隊を動員し、古代ギリシャ、および歩兵に頼っていたローマもまた、小規模の騎馬隊を有した（Greenhalgh, 2010）。中国は出くわした夷狄《いてき》の遊牧民が使っていた騎馬戦略を取り入れ、数千人からなる騎馬部隊を配備した（Creel, 1965）。アラブの軍も征服活動の際には軽騎兵を動員した。モンゴル軍は一三世紀、遠距離を高速移動しヨーロッパの軍を圧倒するのに馬を使い、重騎兵も整えた（Piggott, 1974; Saunders, 2001）。

少人数のスペイン兵がアメリカ大陸のアステカ、インカ、両帝国を滅ぼし得たのも馬がいればこそのことだった（Diamond, 1997）。

ヨーロッパの重騎兵は一六世紀に隆盛を迎え、後に火薬兵器が発明されると歩兵の重要性が増したといわれるが、モリーヨは両者の価値に影響したのは技術の変化ではなく政治の変化、および裕福な戦士階級を司る中央政府の権力であると説く。歩兵隊は維持費用もかからず人員の取り換えも容易である一方、重装備と訓練を要する騎兵隊を維持するのは高くついた。実際、軍において騎兵隊や馬の背に跨った戦士が高位の者とみられたのも、馬の養育と維持に莫大な費用が要されたからに他ならない。封建時代には馬上の貴族が農民軍を率いることもあった。騎馬将校は上流階級の出身であるのが普通で、時にはエリートの地位を保つため費用を支出する必要があった（Morillo, 1999）。例外は一九世紀に結成された米軍の「バッファロー兵団」である（Kenner, 1999; Leckie, 1985; Texas Parks and Wildlife, n.d.; Texas State Historical Association, n.d.）。その騎兵連隊を構成したのは黒人兵士であり、彼等自身が人種差別の標的でもありながら広く利用され、一八六六年から一八九一年にかけての「インディアン戦争」の大量虐殺、キューバ支配をめぐる米西戦争、フィリピンの植民地支配（米比戦争）、メキシコ遠征にも加わった。バッファロー兵団は人種差別社会の中で認められようと奮闘する一方、土着の人々への抑圧にも手を貸した。この矛盾は今でも問題となっており、兵団を讃える意図をもって作られたテキサス州の特別ナンバープレートが近年議論の的となったのはその一例といえる。ヒューストンのアメリカ先住民虐殺博物館館長スティーブ・メレンデスは、南部連合旗の柄が入った当のナンバープレートに対し多くのアフリカ系アメリカ人が「合法化された強制的奴隷化や人間性の剝奪、性的暴行、大量虐殺のシステム」を想起させるとの理由から反対してきたことに触れつつ、次のように続けた。「バッファロー兵団についても同じように感じます。合衆国騎兵隊の制服を見ればアメリカを襲った大虐殺《ホロコースト》を連想せずにはいられません」(Sharrer, 2011, November 26, para.6)。騎兵隊に反対しつつもベトナム戦争の際には米兵となったメレンデスであるが、虐殺と結び付いた騎兵隊の性質を指摘した点で彼は正しく、現に悪名高い暴虐の実例として、猛り狂った軍人ジョン・チヴィントン大佐率いる第一、第三コロラド騎兵連隊が遂行した一八六四年のサンドクリークの虐殺――シャイアン族とアラパホ族を標的としたこの蛮行はセオドア・ルーズベルト大統領から「正当にして有益な行為」と賞賛された(Stannard, 1992, p. 134)――、あるいはラコタ・スー族に対し合衆国第七騎兵連隊が遂行した一八九〇年のウンデッド・ニーの虐殺が挙げられる。

騎兵隊は一九世紀末まで重宝され、海外の土着民を殺害するのみならず国内の反体制派を鎮圧するのにも利用された。一八一九年にマンチェスターで起こったピータールーの虐殺では、議会の改革を訴えていた市民を第一五騎兵連隊が襲撃し、一五人を殺害、数百人に傷を負わせた(Poole, 2006; Read, 1958; Walmsley, 1969)。二〇世紀に入っても軍にとって馬は欠かせない存在のままだった。第一次大戦の参加国は牽引動物と騎馬隊を動員した。軍事に革命が起き騎馬兵がもはや時代遅れになったのは、初めから分かり切っていたことだろう。クリミア戦争の最中の一八五四年に激戦地バラクラヴァで発生した忌まわしい「軽騎兵旅団の突撃」は、特に衝撃的な判断材料となっていた――計画の誤りからイギリスの騎兵連隊は敵を木端微塵にするロシア軍の砲撃に真っ向から突撃し、兵士の大半と数百頭の馬を手負い、ないし亡き者にしたのである。にも拘らず独英両国は第一次大戦に先立ち騎兵隊を編成した。軍内の頑《かたく》なな伝統主義者はなおも騎兵隊が重要であると主張し、大戦中に騎兵隊は数回の突撃を実施したが、進歩したライフルやマシンガンといった新殺傷技術に加え、塹壕戦のシステムや有刺鉄線の応用も導入されたこの戦争において、時代遅れの戦略に固執する者は破滅せざるを得なかった（Bethune, 1906）。トルコ軍に対抗するイギリス陸軍元帥《げんすい》アレンビー指揮下のパレスチナ作戦では馬の利用が多少の成果を残しており、例えば一九一七年のベエルシェバの戦いでオーストラリア第四軽騎兵連隊が大勝を治めた様子などはオーストラリア映画『砂漠の勇者』（Wincer, 1987）にも描かれている。戦争が終わるまでに騎兵隊は歩兵その他に変わっていくが、一部は終戦間近になってもなお戦場に配備された。例えば一九一八年三月三〇日にフランスで起こったモレイユの森の戦いでは、カナダのストラスコーナ卿騎兵連隊がマシンガンを配備したドイツ軍陣地への突撃を命じられた。空爆、砲撃、肉弾戦をまじえた野蛮な連携により最終的にドイツ軍は後退したものの、一歩誤ればこれは「軽騎兵旅団の突撃」の再現に等しく、カナダ軍の大量死につながるところだった（Dube, 2010）。

騎兵の役割は減少したが、牽引動物は第一次大戦を通して中核的な役割を担った（Singleton, 1993）。機械の車両が開発されてはいたが、広大なぬかるみを前にしては全くの役立たずとなることが少なくない。そこで司令官は動物の利用が欠かせないと考えた（Baillie, 1872; Phillips, 2011）。役目によって馬は細分化された。軽荷牽引動物は傷病兵の運搬車や荷車を牽《ひ》き、重荷牽引動物は火砲を牽いた。戦場にいる時や輸送中にどれだけの馬が命を落としたかは定かでないものの、戦争により膨大な数の動物が想像も及ばぬ責め苦を味わったことは明らかだろう。多くは戦場に辿り着くよりも前に力尽きた。軍務のため即座に駆り集められた馬たちは粗暴な扱いと負傷によって死亡した。数週間に及ぶ戦地への輸送の最中、狭い不衛生な船内に押し込められ、食料も水も与えられずにいた馬たちは病気と体調悪化により死んでいった。

軍務に就くと死ぬまで働かされる。戦場では馬に食料と避難場所を与えることは難しい。過酷な環境下、彼等は堪えがたい重労働を負わされた。ぬかるみに足をとられ溺れる馬、撃ち殺される馬も多かった。人間の兵士を襲うあらゆる危険、地雷や砲撃、毒ガス、狙撃等々は、馬その他の動物も襲った。両陣営とも、馬が軍事作戦の要《かなめ》であり一般の兵士より遥かに重要な存在であると認識した上で、敢えて敵方の動物を狙い相手の移動力を削ごうとした。結果、軍馬の寿命は甚だしく縮められた。

ここに例外はない。動物は食料のためばかりでなく、脅威とみなされるがために的となることも多いのである。例えば一九三五年一一月、エチオピア侵略を進めていたイタリア軍はキャラバンの要所マカレを占領し、ラクダのキャラバン――ベルベラ港から当時のイギリス領ソマリランドを通りハラールまで、弾薬その他の物資を輸送していた――に向け、爆撃とマシンガンの銃撃を加えた。その後に勃発したエリトリア独立戦争ではエチオピア空軍が山羊やラクダの群れを殺害し、飢えに追いやられた民間人の降伏と敵軍の食料輸送手段の奪取を狙った（Human Rights Watch, 1990）。同様の例が米軍によるベトナムでの象殺しで、これもやはり敵が物資輸送に象を利用するかも知れないとの想定から行なった意図的な空爆だった（Kistler, 2007）。なお、爆撃や生息地の破壊によって数え切れない無数の動物が「巻き添え」の形で殺されてきたことはいうまでもない。一九六一年から一九六九年の間に、米軍はベトナムで広範囲にわたり化学兵器、生物兵器を使用し、同国一帯およびラオス、カンボジアの広域に一〇万トン以上もの濃縮枯葉剤、除草剤を散布、更にはナパーム弾やクラスター爆弾を投下しており、これによって人間と人間以外とを問わず数多《あまた》の命を奪い、その環境を破壊した（Mydans, 2003; Wilcox, 2011）。これと重なるものに世界自然保護基金《WWF》の報告した事例があり、それによれば、二〇〇一年以降つづく米軍のアフガニスタン空爆により、シベリアや中央アジアからアフガニスタンを経由し、パキスタン、インドへと移動する渡り鳥の数は激減した（Benham, 2010; Resources News, n.d.）。影響を受けた渡り鳥にはフラミンゴ、カモ、ツルなど、極めて感覚が鋭く、進路に危険を感じればそこは通らないという種も含まれる。アフガニスタンでの戦争は鳥の狩猟や密輸出の増加にもつながり、鳥が減って虫やネズミが増えた結果、作物が食い荒らされることとなった（Benham, 2010）。国際ユキヒョウ基金もまた、生息地で行なわれる爆撃を動物が耐え抜くことはできないだろうとの懸念を表明している（Snow Leopard Trust, n.d.）。かつて豊かな動植物の繁栄していたアフガニスタンの環境は、森を失い、いまや動物に与えられるものを殆ど残していない。

多くの兵士は戦闘中に耐えねばならなかった悪夢のような状況について語ってきた。多くの面でその状況は馬にとってなお酷であったに違いない。彼等は敏感でその逃避反応はよく知られており、戦場の騒音、臭気、爆発が言い表せない恐怖となったことは確実だろう。無論、人間もその状況に大いに苦しめられたには相違なかろうが、少なくとも周囲で起こっていることは理解でき、愛国主義に耽《ふけ》るなり英雄を気取るなり、栄誉を想うなり国のため命を投ずる覚悟を決めるなりして心を落ち着かせることもできた。馬にそのような慰めはなく、逃げることを許されぬまま、ただ己が身に降りかかる理解もできない恐怖を忍ぶしかなかった。

人間によって運搬を担わされた動物の中には平時以上の更なる危険に曝される者たちもいる。あらゆる戦において、動物の生は直接的な暴力、過労、困憊《こんぱい》、疾病、飢餓により縮められる。より多くが殺される中、その戦争機械としての重要性はより明白になり、戦争参加国の軍は死亡した動物の補填に躍起になる。

南北戦争の際、一〇〇万頭以上の馬が殺されたことで大規模な補塡が必要となり、他の目的に利用していた馬が連れて行かれたなどという例もあれば、第一次大戦の際に八〇〇万頭の馬、ロバ、ラバが殺された例もある（Battersby, 2012）。

馬は人間同様、軍によって徴集されたのに加え、戦争が更なる商品化を推し進めたことで、長きにわたり人間の所有物とみなされてきたその身には一層の高値が付けられた。第一次大戦では戦争に使う馬の需要が高まり、農業や輸送といった重要な平時の活動を担う馬が深刻なまでに不足した。国内の供給が枯渇すると、ヨーロッパの軍は他国から馬を買い始めた。目を付けたのはアルゼンチン、オーストラリア、および北アメリカである。政府と企業と動物取引業者とが馬をめぐり競合する一方、北米では数ヶ所の土地がヨーロッパの特定政府向け購入ゾーンに指定された。マーガレット・デリーは戦争が馬の国際市場を形成していった推移を記している（Derry, 2006）。結果として他の目的に役立てる馬が不足したことを受け、合衆国では戦争省と農務省が法整備を進めて繁殖施設の増加、改善を図った。巨大な軍需市場が国際産業へと発展するにつれ、馬の繁殖、販売、貿易、訓練は、時に意図の食い違いを生じたものの一大事業に成長した。農家は軍への販売を、不要になった馬を廃棄する手段と考えた。繁殖業者、取引業者は多大な利益を得る機会と捉えたが、政府が馬の種類を選び過ぎる、しかも充分な費用を支払わない、などと不平を並べた。繁殖業者は受け取る額について不満を漏らしてばかりいたが、戦争は確かに馬の繁殖をうながし、一グローバル市場を活性化した。ボーア戦争の最中、オーストラリアの繁殖業者が問題にしたのは、自社の馬がイギリス軍の欲しがる騎兵隊用、乗馬歩兵用、大砲牽引用の馬種として適切であるかどうか、であった。

大英帝国が戦時中、オーストラリアの馬に少なくとも一〇万ポンドを割いたことを鑑みるに、自分たちは正しい動物の繁殖によってこの大きな需要に応えることができたのだ、と考える充分な根拠が当時のオーストラリア人にはあったといえよう──他の方法では我々の馬を換金するこのような機会は得られそうにない。インド市場は安定している。が、大きな取引となると軍が一番の得意先、となれば軍の欲しそうな動物を生産すべきではないか。と、かく考えた末に立てられた第一の問いはすなわち、どんな馬が求められるのか、だった（Australian Light Horse Association, n.d.）。

軍の特殊な目的に沿わない馬は役立たずとされ、馬の需要が高まり繁殖業者が利益獲得に奔り出すと、不適格不必要な馬の余剰をめぐる問題が首をもたげ、特に戦争の終わり頃には深刻化した。例えば、多くの兵が戦争に用いた馬を手放したくないと希望したにも拘らず、オーストラリア政府は検疫規則によって第一次大戦に徴用した数万頭の帰還を不可能とし、続く指示によって状態の悪い馬を射殺し、販売に供するべく皮を剝ぐよう命じたという（Australian Light Horse Association, n.d.）。無用の馬の問題は屠殺産業を応援することで解決され、馬肉のおいしさを賞賛する宣伝活動もそれに加わった。政府が馬の繁殖事業をうながしたことはまた一方で娯楽的な乗馬産業の成長にも一役買った。ここに動物産業複合体の柔軟性と徹底した無慈悲が明確な形で現れている──生きていようと死んでいようと、馬は他の動物同様、商品に過ぎない。ものを感じる一個の生命とみられることはまずあり得ない。例外といえば、一部の兵士が特定の動物と感情のつながりを持ったという程度のことだった（Daily Mail, 2007）。

馬の繁殖と供給は長いあいだ国家の軍事計画の一部をなしていた。一七七五年、米軍は馬の提供と訓練を受け持つ需品補給部（Quartermaster Department）を創設した。ヨーロッパでは軍の需要が政府操業の繁殖施設を生む。ただしイギリスは民間企業に繁殖を任せておくことを好み、一八八七年には業者から固定価格で馬を購入し安定供給を図るため軍馬補充部（Remount Department）を創設、さらに供給業者の生産施設改善のため同年、軍馬繁殖委員会（Commission on Horse Breeding）も立ち上げた。一八九九年、第二次ボーア戦争に臨んだイギリス軍はまるで準備が整っておらず、馬の質も悪ければ供給も頼りないといった状況に悩まされ、敵の成功を前にしたことで、良質の馬を得るためのシステム改善が必要であると痛感する。しかし軍馬補充部は無能であり、何千という馬が移送中に飢餓と不衛生な環境により死亡した。目的地に到達した馬も多くは衰弱し切って程なく息絶え、訓練を受けていない兵士は手の施しようもなく、獣医医療も行き届かなかった（Swart, 2010a）。この戦争によって何十万頭もの馬が病と飢え、粗末な扱いに倒れ、戦闘中に負った傷で命を落とした。大英帝国は六九％、南アフリカのトランスバール共和国は七五％の馬を失い（Swart, 2010b）、目の当たりにした者たちは馬の死を「大虐殺《ホロコースト》」と形容した（Swart, 2010a, p. 349）。

オスマン帝国の君主《スルタン》が騎兵隊の必要を充たすためアラブ種の繁殖をうながすと、まもなく他国の軍がこの馬に目を付け、輸入して繁殖計画に導入した（Derry, 2006）。政府は好ましい馬種をつくり出す意図から繁殖施設のネットワークと繁殖に関する特別計画を整備する。そうした計画は国防と軍備の重要な要素とみなされた。戦争を好む人間の欲望が馬の身体を形づくってきた、となれば、特定の馬種を生み出そうという軍の関心が、世代を超える馬の身体発達に影響を及ぼしたことは疑う余地がない。

戦争には馬が欠かせず、多くの目的から無数に駆り集められるにも拘らず、戦いが終わると生き残りは負担とみなされた。数々の軍事記念碑は馬の果たした重要な役割を認め、彼等が人間と同じく国益のため、自らの利益を「なげうつ」覚悟に出たと考え、それを讃えるようだが、軍が馬を人間以上に捨て駒になる、使い捨てにできる存在とみていたのは誰の目にも明らかだろう。イギリス軍は軍事のためインドに馬を運んだが、戦争で死を免れた馬の多くは、健康状態の悪い者を中心に銃殺された。他はヨーロッパの屠殺場に売られていった。合衆国はヨーロッパに数百万頭もの馬を売り、戦争へ加わった際には自ら数百万頭を駆ったが、終戦後に帰還したのはそのうち僅か二〇〇頭に過ぎない（Daily Mail, 2007）。

第一次大戦が終わるまでに動物は機械の車両に完全に置き換えられたと想像したくなるが、実際にはその後もなお大きな役目を果たす。第二次大戦では戦争参加国の軍務に多くの馬が徴用され、なかんずくドイツとロシアの両国は各々数百万頭を動員するという有様だった。ドイツは石油不足に頭を悩ませ、物資輸送や砲撃作戦に広く馬を利用した。機械の輸送機関が入れない地帯への侵入、非正規軍やゲリラの任務遂行にも馬は用いられた。二一世紀に入ってもこれが続く。アメリカ特殊部隊は二〇〇一年のアフガニスタン侵攻にて、攻撃を仕掛けるのに馬を使った（Quade, 2001; Stanton, 2009）。スーダンの民兵組織ジャンジャウィードは多くが遊牧民の出身で、敵に対し馬やラクダの背から攻撃を仕掛け、虐殺によって数十万の人命を奪ってきたことから、しばしば「馬上の悪魔」の異名で呼ばれる。ロバも現代の紛争の中で重要な役回りを演じる。二〇〇〇年五月、エチオピア軍は数千頭のロバを動員してエリトリア西部に徹底攻撃を仕掛け、塹壕に潜む完全武装したエリトリア兵を包囲して山岳ルートから奇襲、エリトリア領内奥部への侵攻を達成した（Last, 2000）。

広汎な軍事利用はなくなったものの、馬はなお多くの国の軍によって儀式的な目的から利用されており、観兵式《パレード》で力の誇示を表現する手段として使われるのはその一例にあたる。馬に乗るという行為自体が自然界に君臨する者の支配と力を暗示する（何といおうと、馬に乗るには馬を「服従」させねばならないのだから）。馬は多くの者から力と貴さの象徴と目され、その背に跨る行為はその属性の略奪、跨った者によるその属性の吸収を意味せずにはおかない。馬上の人、という力強い表象は軍事記念碑の一般的な題材とされるが、それはあたかも戦争が卑劣で野蛮なものという代わりに、高貴で誇り高き行ないであると訴えるかのようである。力の象徴が馬から乗り手へと摩り替わるこの移行現象は絵画作品、例えばアントニー・ヴァン・ダイクの『カール五世騎馬像』（一六二〇年）や、愛馬マレンゴに乗るナポレオンを描いたとされるジャック・ルイ・ダヴィドの作品『ナポレオンのアルプス越え』（一八〇一年）などに見られる。なお、マレンゴはイギリス人の手によって捕まり、自然死した後もその身体は軍から魔力を秘める呪物とみられた。骨は現在ロンドンの国立軍事博物館に展示されており、蹄《ひづめ》の一つは嗅ぎ煙草入れになって近衛旅団のエリート士官に記念品として贈呈された（Hamilton, 200[illegible]; National Army Museum, 2011）。

南北戦争の際に連合国指揮官ロバート・E・リーが乗っていた有名な馬、トラベラーの骨も、同じように様々な場所で人前に展示された。もう一頭の有名な軍馬、米軍指揮官マイルズ・キーオが乗ったコマンチェは、一八七六年のリトルビッグホーンの戦いを耐え抜き、死後はやはり死体を保管されカンザス大学自然史博物館に展示された（University of Kansas Natural History Museum, n.d.）。

絵画、彫刻、記念碑は、戦の乗り物とされた動物を題材に取り上げ、人間の戦士が立てた手柄を礼讃し国民意識を鼓舞するための装置として彼等を利用する傾向にあった。

一例がオーストラリアにある数点の彫像で、本や詩作品、絵画、切手、それに現在ではフェースブックやユーチューブとともに、「シンプソンとロバ」の努力を讃えている。ジョン・シンプソン・カークパトリックは、一九一五年、トルコ北西部のガリポリ（ゲリボル）に上陸したオーストラリア・ニュージーランド軍団（ＡＮＺＡＣ）医療部隊の一員で、ロバのダフィを使って三週間、前線から負傷兵を運び出す任務に携わり、その後殺害された。シンプソンとダフィはいわゆるＡＮＺＡＣ《アンザック》神話の一齣《こま》をなす重要な偶像となり、オーストラリア人の国民意識を規定したといわれる独立、勇気、機知、友情の価値を祝福している（Australian War Memorial, n.d.; Pearn & Gardner-Medwin, 2003; Tsolidis, 2010）。

カンザス州レブンワース砦にあるバッファロー兵団の記念碑も同じく馬上の兵士をかたどり、そうと思えばまたテキサス州ヒューストンの国立バッファロー兵団博物館もその帝国主義的な征服と殺害の歴史を雄々しい勇ましい足跡として提示しつつ、一方でバッファロー兵団バーベキュー・ソースなどを販売して、他の動物の骸《むくろ》である肉料理にそれを塗りたくりアメリカの愛国主義と軍国主義に賀意を表するよう勧めている。カナダのカントリー歌手コーブ・ルンドのアルバム『騎兵よ、騎兵よ！（Horse Soldier! Horse Soldier!）』は、霊となった一人の兵士がチンギス・ハンやナポレオン、反ボルシェビキ白ロシア軍、リトルビッグホーンのカスター軍、アフガニスタンの米軍とともに馬に乗って活躍するさまを歌ったもので、病的なまでに軍隊を美化している。

戦時の動物の英霊記念は軍事肯定の感情を喚起するために動物を用いる。カナダ政府の復員軍人省は二〇〇六年の復員軍人週間に五歳から一〇歳の子供を対象としたウェブページ「戦争に行った動物たちのおはなし（Tales of Animals in War）」を制作し、愉快そうな動物たちの漫画絵を添えて、カナダ軍の利用した様々な動物が果敢に命を投げ出した逸話の数々を紹介した。第一次大戦の際に従軍し、カナダ人医師ジョン・マックレーを背に乗せて運んだボンファイアーという名の馬の話をはじめとして、それらの逸話は表面上は動物の語り、それも戦争に利用された者の身内による語りという形式をとるが、狙いは恐らく、子供に軍への興味を抱かせ、愛国心を染み込ませることにあるのだろう。しかし近年になって、動物自身の経験もないがしろにできないという認識が芽生え始めた。チェコ共和国は一八〇五年にアウステルリッツの戦いの舞台となった地に、二〇一〇年、動物の戦争記念碑を建てた。そこには人を乗せていない馬の像の、今まさに銃弾を浴び、よろめいている姿がある。このような記念碑は人を乗せていない馬という表象を使って人間以外の動物の苦しみを語らんとするかにみえるが、一方で乗り手のない馬は（しばしば一足のブーツを前後反対に鐙《あぶみ》に乗せて）＊葬儀に連れ出され、一般に高位の軍人や合衆国大統領への敬意を表するしるしとされる（Kovach, 2008）。

二〇〇四年、イギリスの彫刻家デビッド・バックハウスにより、ロンドンのハイドパーク近郊に戦争記念碑「戦時の動物」が創られた。物資を運ぶ二頭のロバが実寸大の青銅の像となっているほか、一頭の馬、一頭の犬の像が立ち、戦争で利用された他の動物たち、ラクダや象や鳥などが浅浮き彫りに描かれている。銘にいわく、「戦時の動物。歴史を通し、英軍や連合軍とともに戦争と軍事作戦に従事し、世を去っていった動物たち、その全ての魂に、この記念碑を捧げたい。彼等に選択肢は無かった」と。ジョナサン・バートは記念碑に抗議し、銘の文句は戦時の動物がおかれた状況を記述するものとして「全

＊　第一六代アメリカ大統領エイブラハム・リンカーンの葬儀に始まる慣行。ブーツは「履く者がいない」ところから転じて、もはや靴を履くことのない他界した兵士を象徴し、前後を逆にすることで、その兵が世を去る前に家族と自分の率いた隊をもう一度振り返る様子を暗示する。

くもって不適切」と評し、その理由について「選択肢という、個人主義と消費活動を暗示するあまりに人間的な言葉は、たとえ動物が自由に振る舞える場合でも彼等に対して用いるべきではない。しかもこの言葉は、ある者が別の者より一層同情に値するのかといった厄介な問いを生ぜしめる」（Burt, 2006, pp. 70–71）と述べる。しかしこの批難は明らかにおかしい。動物は個であり、選択肢は消費活動の決定のみに関わるものではない。認知行動学の新しい知見（例えば Balcombe, 2010; Beckoff & pierce, 2010; Peterson, 2011）に従うなら、他の動物の意識に関するバートの見方は狭小に過ぎるといわざるを得ないだろう。なぜ自由に振る舞える場合でも動物は選択をしているといえないのか、という点について彼は明確にしないが、明らかなのは記念碑の動物たちが戦争への参加を強いられたということであり、それこそが「選択肢は無かった」という辞《ことば》に込められた意味に他ならない。なるほど多くの人間も、特に貧しい者、力無き者を筆頭に、戦争の犠牲となったには相違ないが、他の大勢は享楽のため、名誉のため、金品のために流血を欲し、望んで戦に加わり、あるいは抗議を怠ったのである。この記念碑は「ある者が別の者より一層同情に値する」ことを仄めかす可能性がある、というバートの履き違えた警告には、彼の抱く懸念が反映されているようにも思える――戦場に倒れた人間に対し我々は同情を抱くというが、それを他の動物の苦しみに向けてしまうのではないか、と。スティーブン・スピルバーグの映画『戦火の馬』（二〇一一年）は、二〇一〇年に出たマイケル・モーパーゴの同名小説を下敷きにした作品で、第一次大戦のさなかに馬が経験した恐怖を描くが、その発表時にも似たような不満の声が聞かれた。例えば批評家ケビン・マルティネスは二〇一二年の映画評にて「目を注ぐべきもっと酷い悲劇は世界にないのか」と漏らしている。実際のところ、多くの人々を悩ますであろうこうした他の動物への同情は、その場その時の必要次第でどうとでも左右されるのが普通といってよい。『戦火の馬』のモデルとなったウォリアーという馬は一九一四年、所有者のイギリス将軍ジャック・シーリーとともに戦地へ送られた。両名とも生き残り、ウォリアーは英雄とみなされたが、一九四一年に死を迎えた時、彼は人々の心に記憶される代わり、第二次大戦中の食料とされたのだった（Battersby, 2012）。

実のところこれは基本的な種差別主義の反応の同類にも思われる。「人間よりも動物の方を重んじるのか」――動物擁護論を糾弾するこうした主張の裏には、その手の問題を互いの蚊帳《かや》の外におかねばならないとする考えが見え隠れする。碑の言葉が正確に捉えたのは、動物が常に人間の戦の乗り物として使役を課されてきたという現実、そして私たちはその苦境を心から憐れむばかりでなくその救済に努めねばならないという真実である。

何千年にもわたり人間以外の動物は人間の兵士を運び、物資を届け、建築を整える労務を強いられてきたが、彼等が戦の乗り物だというのは文字通りの意味だけではない。機械化と技術の洗練が長距離殺戮を可能としたことで輸送と労働に他の動物を頼る必要が減った一方、私たちはいまだに、私たち自身を戦争へと向かわせ暴力的な目的を達するため、様々に彼等を利用している。

兵器を試すため、殺しに慣れるため、私たちは動物を利用する。米軍だけでも毎年何百という動物を医療訓練プログラムに用い、撃つ、刺す、焼く、あるいは放射線を浴びせる、毒に冒すといった実験を行なう。それが途轍もない苦痛となるにも拘らず、軍は通常、痛み止めを処方することはない。軍の研究には生物兵器の開発も含まれ、無数の動物が寄生虫や病原菌、様々な致死性のウイルスに感染させられる。そういった直接の身体的虐待に加え、他の形態の研究として睡眠妨害実験、極度の騒音への曝露、低体温実験なども行なわれる（Department of Defense, 2003）。これら全ての実験において、動物は他の人間の殺害に向けたより効率的な方法を確立するための犠牲となるが、かたや軍は国防のため、敵の開発する武器に対抗するためと称し、その正当化を図っている。しかし軍の興味がより効果的な兵器をつくり出すことにあるのは明らかであり、その多くは民間人に対して使用される。例えば全米生体実験反対学会（ＡＡＶＳ）の二〇〇三年報告は、米海軍委員会が動物に波動エネルギー弾を使用し、それが標的に激痛と一時麻痺を与える点でどの程度の効果があるかを実験していたと述べ、さらに加えて、このような兵器は群衆管理（暴徒鎮圧など）を目的に開発される、と記している。

　生体実験産業が代替案の模索に尽力しているなどと巧言を弄する傍ら、動物実験は軍の研究も含めいやましに盛んになっている。二〇〇六年、『インデペンデント』紙（英）はイギリス軍の動物実験が過去五年の間に倍増したと報じ（Woolf,2006）、『デイリー・メール』紙（英）はイギリスで年間三七〇万件の動物実験が行なわれるなど「生体実験の激増」が起こっていると報じた（2011, July 14）。企業の生体実験と同じく、軍の実験も既に行なった試験の繰り返し、反復であることが多い。幾千万の動物が生物兵器、化学兵器の実験材料にされる。『インデペンデント』紙（Woolf,2006）は報じる――「ウィルトシャー州の機密軍事研究所では猿が炭疽菌に曝される。豚は血液の四〇％を抜き取られ大腸菌を注射される。他の動物は毒ガスや致死性の神経剤に曝露される。ポートダウン〔英軍の化学兵器研究機関〕は過去、防護服を開発するため、麻酔もかけず豚を射殺していた」。イギリス生体実験廃止連合の報告は「化学薬品で体を焼き数日間放置する、毒ガスを試験する、動物の皮膚へ致死量の神経剤を注入する、猿をサリンや炭疽菌に曝露する」といった実験内容を示し、詳細の公開を求めている（Woolf,2006）。当然ながら政府と軍の代表者は情報公開を拒み、実験は治療法確立のために行なっていると主張した。

他種の動物実験も軍に貢献する。心理学者マーティン・セリグマンは一九六〇年代、逃げる手段を奪ったケージ内の犬に繰り返し電気ショックを与え、精神崩壊を引き起こすという実験を行なったことで悪名高い。ショックに曝された犬はセリグマンいうところの「学習性無力感」（Seligman, 1972, p. 407）を抱き、後にケージの扉が開けられても痛みから逃れようとする努力すらみせなくなった。ブッシュ二世の大統領時代、セリグマンの研究はいわゆる「テロとの戦い」における捕虜の尋問、拷問に応用できるということでCIAと軍の目に留まる（Allen & Raymond, 2010）。司法省職務責任局の二〇〇九年報告書によれば「CIA尋問プログラムは『学習性無力感』の状態へ対象者を誘導することを明確な目標としていた」（Benjamin, 2010, para.8）。セリグマンは拷問を容認してはいないと述べたが、米兵に拷問への耐久力を付けさせる生存・回避・抵抗・脱出プログラムの創設に関わり、またこの訓練法を裏返して尋問法を案出しようとしている他の心理学者集団とも手を組んだ。二〇一〇年、米陸軍はセリグマンと三一〇〇万ドルの非競合契約を交わし、兵士が戦争ストレスに対処するための助けとなる訓練の指揮を依頼した（Physicians for Human Rights, 2010）。

新兵器を開発し、兵士の任務遂行に役立つ処置方法を案出するのに加え、士気を高めるのにも動物が利用される。動物への残虐行為をうながすことで、他の人間を攻撃することに躊躇《ためら》いを感じない、より効率的な殺人者を育て上げることができる。ナチス・ドイツでは親衛隊《SS》の精鋭兵に訓練中、各人一頭ずつジャーマン・シェパードがあてがわれ、共に仕事に当たり一二週間を過ごした後、必要とされる規律と服従心を身に付けた証として、司令官の前で犬の首をへし折るよう要求された（Arluke & Hafferty, 1996）。

また、世界動物保護協会はペルー陸軍士官候補生に課された「勇敢度」試験のビデオを入手し、二〇〇二年に公表したが、これはオトロンゴ一二五司令部を撮ったもので、二本の棒の間に動けないよう結い付けられた犬に候補生各々が突進し、ナイフでその身体を（時に複数回）突き刺すさまが映し出されていた。『サンデー・タイムズ』紙（英）は述べる。

「犬が死ぬと、それ〔原文ママ〕の肉が引き裂かれ、兵士はそれ〔原文ママ〕の心臓を引き抜き、それ〔原文ママ〕の血をすする」。最後に兵士の一人が選ばれ、犬の骸《むくろ》をメダルのように首に巻き付け、「ウィニング・ラン」と称して訓練場を一周する。同紙はこの演習の目的が人間を「流血に舌なめずりする無慈悲な殺戮機械」へ転じることにあると付け加えた（Kirkham, 2002, December 15）。このような見るに堪えない惨劇は現実を余すところなく伝えている──人間以外の動物は、人間を堕落へと駆り立てる乗り物として利用されるのである。

他の動物に直接危害を加える行為が人間をより野蛮にする手段とされる一方、動物の象徴を利用することもまた軍人精神を植え込む手段となる。兵士に殺人を実行させるには、敵を人間に非《あら》ざるもの、動物とみなすのが手っ取り早い。人種差別の言説で一貫して動物の表象が用いられるのと同様、軍でも侮蔑的な動物表象が好んで用いられる（しかも軍では通例、人種差別の言説も振りかざされる）──敵への憎しみを醸造し、敵を倫理的配慮に値せぬ存在と規定するため、奴らは犬だ、害虫だ、虱《しらみ》だ、鼠《ねずみ》だ、猿だ、などという表現が用いられる。自然界に対する軽侮が露呈されているのもさることながら、ここには支配主義と種差別主義の思想が他の動物のみならず人間に対しても負の効果を及ぼしている様子がはっきりと見て取れる。他の生命を貶め序列を造る、それによって他の人間を序列中の「劣った」枠に入れ、劣った者に相応な扱いをする用意が整うのである。

人間以外の動物は所有物としてのみ存在する、という想定から、私たちは彼等を数え切れない搾取の犠牲としてきた。種差別主義と軍国主義の思想から、私たちは人間以外の動物を戦の乗り物へと変えてきた。彼等には何をやってもいい、という「権利」を設けることで、私たちは数知れぬ他の動物を終わりなき恐怖に陥れ、同朋の人間をより多く殺す手段に磨きをかけてきた。近年になって僅かながら私たちは私たちの戦争における他の動物の苦しみを認識し、公共の記念碑にて「彼等に選択肢は無かった」との理解を示したが、将来同様の苦しみが生じるのを防ごうと願うならば、動物の権利を真に追求していく、反軍事、反種差別、双方一体の姿勢が貫かれなければならないだろう。

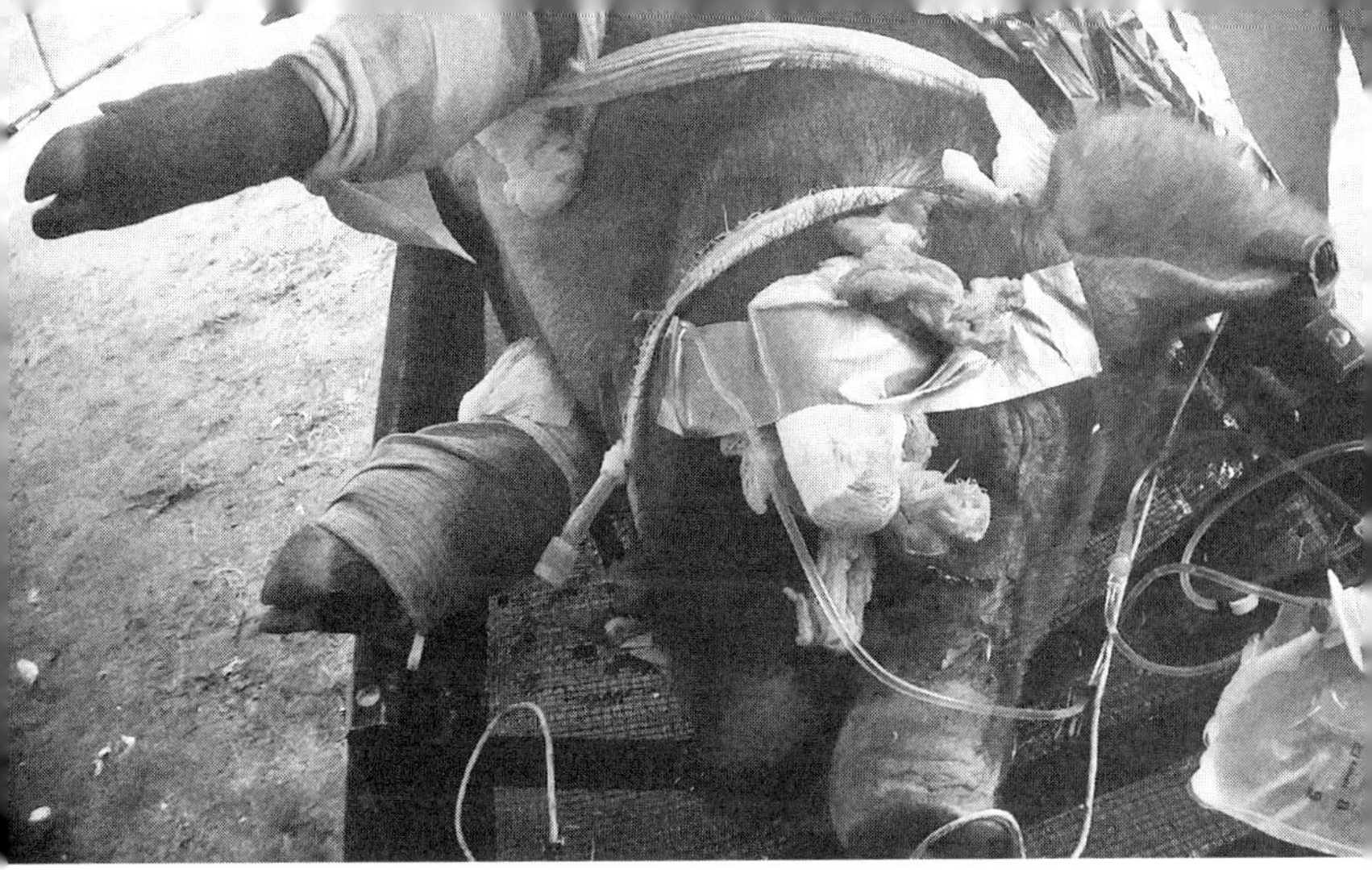

軍の契約会社 DMI による、豚を使った兵士の医療実習。外傷手当の訓練と称して、銃弾を浴びせ、ナイフで切り刻み、鉄棒を突き刺し、内臓を引きずり出す。兵士も指導員も始終ジョークを飛ばしていた。2015 年 6 月撮影。Photo courtesy of PETA

第二章

動物たちの前線

米軍医療訓練実習の動物搾取

ジャスティン・R・グッドマン
シェイリン・G・ガラ
イアン・E・スミス

ベトナムからの帰還後、軍曹ジョー・バンガートは「戦争に反対するベトナム帰還兵の会」の聴聞会で従軍時の経験について証言した。「冬の兵士」聴聞会と名付けられた当の集会では、ベトナムの人々に対し米軍の犯した残虐行為、戦争犯罪が話題の中心となった。そのベトナム人に対する犯罪の話に続き、バンガートは海を渡る前に味わった驚くべき経験について語った——ウサギ講座である。

バンガートによれば、ウサギ講座は脱出作戦やジャングルでの生存術に関する講義から始まるという。話の最中、講師の士官は生きたウサギを抱き、戦場経験のない兵士の聴衆は徐々にウサギに惹かれていく。話が終わると士官はウサギを摑み「そいつを殺して皮を剝いで、内臓をゴミ屑か何かみたく弄《もてあそ》んで辺りに撒き散らすんです」(Winterfilm Collective & Lesser, 2008)。翌日、バンガートはキャンプ・ペンドルトン(カリフォルニア州)からベトナムに送られ、他の人間に同じような残虐行為が行なわれているのを目撃することとなった。嘆かわしいことに、この恥ずべきウサギ講座の遺産は現代まで生き続けていた。

イヌ講座、とでも称すべきものは近年も近年、二〇〇八年にボリビア軍が行なった実習であり、完全に意識のある叫ぶ犬がナイフで切開され、心臓を摘出されるという内容だった。インターネットに載ったこの訓練教程のビデオには、笑い声を上げて喝采を送る兵士の姿があり、気の乗らない兵士がバカにされる様子が映っている(People for the Ethical Treatment of Animals [PETA], n.d.)。映像の中で司令官は切り取ったばかりの心臓を摑み、兵士たちの顔に血を塗りたくりながらそれに文字通り嚙み付くよう命じている。

ボリビア兵の一人によれば、イヌ講座はボリビア軍コンドル士官学校が一九八〇年代初頭の学校創設時に始めたもので、当時の講師数人は「アメリカ特殊部隊の最も権威ある課程で奨学金を受けた」人物だったとのことである（個別取材、Ducovsky, February 23, 2009）。この訓練協力を確証するものとして、一九六七年に調印された両国の覚書もある（Bolivian Army, 1967, April 28）。「動物の倫理的扱いを求める人々の会（PETA）」〔世界最大の動物の権利団体〕が二〇〇九年にビデオを公開したのに続いて国際批難が殺到し、ボリビア国防相は決議案二一七を承認、軍の訓練実習にて人間以外の動物を傷害ないし殺害する行為を禁じた（La Prensa, 2009, March 31）。

　ボリビアがこの正当化できないと判断された残虐行為を断固たる迅速な対応によって廃止したのに対し、合衆国は残念ながらそれに習おうとはしなかった。ウサギ講座はもう実施されていない（これは合法的機能と称され得るものに含まれない不必要な暴力、軍の行き過ぎとして記録されるべきだろう）が、米軍は今もなお「医療」訓練を装いながら人間以外の動物を刺し、撃ち、焼き、手足を切り落とし、障害を負わせ、殺害している――それも、これから論じるように当の訓練が実際の負傷兵の手当てにおいて限定的な効用しか示さないことが既に明らかとなっており、また実物さながらの人間患者の模型など、明らかにより優れた動物不使用の訓練手段が使えるにも拘らずである。現に近年の調査から判明したところでは、北大西洋条約機構《NATO》加盟国二八ヶ国のうち二二ヶ国は、軍の医療訓練目的で人間以外の動物を使用することが一切ないという（Gala et al., 2012）。

　いまだ医療訓練目的に人間以外の動物を用いるのは、次のように述べる国防総省の動物福祉規則にも反していると思われる。

「動物不使用の代替法が研究、教育、訓練、試験の目的を達成する上で科学的に妥当な、あるいは動物を使用する方法と同等の成果を産み出すのであれば、それを検討、使用せねばならない［傍点は引用者］」(U.S. Department of the Army, Navy, Air Force, Defense Advanced Research Projects Agency, & Uniformed Services University of the Health Sciences, 2005, p. 2)。ところが、退役軍人、医師、動物保護団体、一般市民、議員らの要請すらも退け、米軍はこの規則の履行を拒み続けている。

医療訓練が極めて重要なのは明白なので、多くの人々は人間以外の動物に対する残虐行為もその状況下では「必要悪」なのだろうと考え、そのせいでボリビアのイヌ講座に向けられたような憤りがここには向けられずにいる。現実には、医療訓練という口実のもと人間以外の動物に加えられる危害と、ウサギ講座やイヌ講座に見られる心無き暴虐との間には、表面的な違いしかない。ウサギ講座、イヌ講座と同様、合衆国で医療訓練として通っている人間以外の動物の虐待は、主として兵士を暴力と無情と過度な男性原理の文化へ引き込むことを企図しており、大切な医療技術を伝える最も効果的な方法を提供するものではない。

軍にとっての利点が想定されるにせよ、その人間以外の動物の搾取を廃止させる正当な理由としては倫理的懸念を挙げるだけで明らかに充分過ぎる筈ではあるが、本章ではこの訓練が科学的、教育的観点から「必要」であるとする主張に反駁を試み、残虐行為を弁護する米軍の不充分な正当化議論の数々の内、数点を選び出し脱構築を行ないたい。更にここでは、軍と民間契約企業、一般大衆、メディア、動物の権利活動家が織りなす複雑な関係の網の目を示し、その多様な関わりがいかにして動物搾取に関する軍事政策と軍の慣行を形づくるか、あるいはそれを揺るがすかを述べる。

「生体組織訓練」

一九五〇年代からこのかた、国防総省は「負傷実験室（wound lab）」の名で知られる研究室を使って、医学生や兵士に人間の外傷の処置方法を教育してきた（Barnard, 1986, p. 5）。その実習では覚醒状態ないし半覚醒状態の人間以外の動物――一時は犬が好まれた――に重篤な外傷が加えられ、続いて実習生が戦場で負傷した兵士に立ち会ったつもりでその傷を治すよう命じられる。一九八三年に起こった市民の声に圧《お》されAP通信が伝えた内容（1984, January 24）によると、当時の国防長官キャスパー・ワインバーガーは人間以外の動物が「負傷処置の研究ないし訓練に関する実験において射撃」される手続きの一切を廃止するよう命じたという（para. 4）が、八四年に入ると時の厚生担当国防次官補ウィリアム・メイヤーがこれに代えて水割り版の指令を発し、犬と猫の使用のみを除外して、山羊と豚は引き続き、軍が現在いうところの「生体組織訓練」にて銃撃、点火、切断、殺害の対象として扱うことを認めた。

二〇〇八年には最低でも八種の動物種に属する七五〇〇の人間以外の動物が国防総省の様々な米軍医療訓練実習に利用されている（Foster, Embrey & Smith, 2009, p. 4）。「責任ある医療のための医師会」（ＰＣＲＭ）は独自に調査を行なった（［PCRM］, n.d.）結果、少なくとも一五の米軍基地と三社の民間訓練契約会社が毎年九〇〇〇近くの豚、山羊を生体組織訓練実習のためだけに利用、殺害していることを突き止め、犠牲となっている動物の数を遥かに多く見積もっている（なお、この実習は現在すべての米軍医療提供者が配備前に受講すべき必須科目とされている）。

内部告発および合衆国情報公開法《FOIA》にもとづき軍と民間訓練契約会社から得た資料によると、生体組織訓練では人間以外の動物が体を焼かれ、銃で撃たれ、刃物で刺され、ボルトカッターで骨を砕かれ、更には剪定鋏《せんていばさみ》で四肢を切り落とされることすらあるという。二〇〇六年一一月二日、『ニューヨーク・タイムズ』紙は米海軍衛生兵の外傷医ダスティン・カービーの経験した外傷訓練を紹介したが、それは一頭の豚にこの上ない重傷を負わせるものだった――「彼等は豚の顔面に九ミリ拳銃で二発、AK－47で六発、一二ゲージ散弾銃で二発の銃弾を浴びせ、続いて体に火を点けた」(Chivers, 2006, para. 35)。カービーはこの豚が負傷後一五時間生きていたと述べている。

サーベラス・キャピタル・マネジメント社は元財務長官ジョン・スノーや元副大統領ダン・クエールを社員に抱え、防衛契約会社ダインコープ・インターナショナルを所有、フリーダム・グループを結成してレミントン・アームズ社等の軍需企業を吸収した国際投資会社であるが、その傘下にあるアーカンソー州の会社ティアワングループは元軍関係者らにより運営され、米軍のために実習を行なっている。ここで作成、使用される生体組織訓練計画書(Tier One Group, 2008)によれば、豚および山羊は軍の医療訓練実習にて以下のような暴力に耐えねばならない(山羊が選ばれるのは「おとなしさ、扱いや移動の容易さ、知性、友好性、清潔さ、忍耐力」(p. 4)を買われてのことらしい)――「四肢、顔、胸、腹に銃撃が浴びせられる」「鈍器、銃、爆発物により四肢が破壊される」「鋭利な刃物や爆発物により四肢が切断される」「動物モデルは体表の二〇％近くないし気道をプロパンバーナーで焼かれる」「串刺し傷を再現するため腹や筋肉に一般的な物体(棒や鉄竿など)を差し込まれる」「皮膚の任意の箇所に裂傷が刻まれる」あるいは「大きな脈が[…]切り裂かれ[…]大出血が引き起こされる」(pp. 11–16)。

そして皮肉の含みもなしに、ティア1グループはこの傷害リストを大文字で強調した次の文で締めくくる――「動物モデルと傷を負わせる人間、双方の安全を保証するため最大限の注意が払われなければならない」(p. 16)。

二〇一二年、PETAは内部告発者のビデオを公開し、ティア1グループがアメリカ沿岸警備隊向けに実施した生体組織訓練教程の様子を明るみに出したが、それは生きた山羊がメスで何度も突き刺され、手足を伐採機で切り落とされ、銃で撃たれるという正視に耐えない光景だった(Aegerter & Bolack, 2012, April 19)。切り刻まれながら山羊が呻き、蹄を蹴っていることから、充分な麻酔を施されていないことが知られる。指導員の一人は脚を切断しながら陽気に口笛を吹き、沿岸警備隊の参加者の一人は平然とした顔で動物の切断作業を歌にしようなどとジョークを飛ばしていた。PETAが正式に不服申し立てを行ない、農務省はティア1グループが当の山羊に必要な麻酔を施さなかったとして連邦動物福祉法違反の判断を下した(Kimberlin, 2012, June 30)。

多くの米軍施設と同様、ティア1グループも生体組織訓練計画書にて「[動物実験の]完全な置き換えは不可能である」(2008, p. 6)と述べている。しかし実際には軍の施設や契約会社の中にも、人間以外の動物を人体模型や人間の死体など、動物不使用の方法に完全に置き換えて外傷訓練を行なっている所が複数存在する。

フォートキャンベル〔ケンタッキー州とテネシー州の境〕に位置する陸軍のアルフレッド・V・ラスコン戦闘医療学校は動物不使用の訓練法のみを用い、基地の広報担当キャシー・グランブリングの公式声明を引用してこう述べる――「人間の治療を行なう観点からは、模型を使った訓練の方が動物を使ったそれよりも現実に沿っているといえます」（Hogsed, 2010, January 20, para.5)。海軍省（個別取材、December 19, 2008）と空軍省（FOIA 08–0051-HS, August 28, 2008）もまた、海軍外傷訓練センターおよび空軍派遣医療技術局の外傷救命準備技術センター《C-STARS》では外傷訓練プログラムで人間以外の動物を使用していないと言明した。更に合衆国農務省の伝えるところ（メモ、July 29, 2010）では、キャンプ・ルジューン——東海岸に存するアメリカ最大の海兵隊基地——で生体組織訓練を行なう民間契約会社タクティカル・メディックス・インターナショナルも、軍で最も広く実施されている外傷訓練教程の戦術的戦傷救護《TCCC》教程においては、もはや人間以外の動物を使用していない。にも拘らずそれ以外の米軍基地や契約会社はいまだに人間以外の動物を使おうとする。

医療訓練に統一性がない理由を軍は次のように説明した。

> 動物使用の決定は任意であり、訓練を実施する指導員や医師の方針によることが多い。[…] 何を訓練しているのか、どのような訓練を行なっているのかを上層部が把握していないケースは珍しくない。（Foster, Embrey & Smith, 2009, p. 6)

こうした矛盾を背負いながら軍は理屈を並べ立てているものの、いくつもの基地や同盟国の圧倒的多数が現代的な動物不使用の方法を使う中、米軍が動物を使った時代遅れの医療訓練方法を採用しているこの現状を考えてみれば、医療技術を教えるのに人間以外の動物を使用することが「必要」である、という言い分は一も二もなく嘘であることがはっきりするだろう。

事実いくつもの査読済み研究が繰り返し示していることであるが、救命処置を行なう医療の専門家を育てるという点で、ハイテク人体模型や人間の死体といった動物不使用の手段は、生体の人間以外の動物を使用する方法に比べ遜色がないばかりか優れており、それは現在衛生兵に教えられている重要な外傷手当ても例外ではない（Aboud et al., 2011; Bowyer, Liu & Bonar, 2005; Block, Lottenberg, Flint, Jakobsen & Liebnitzky, 2002; Hall, 2011）。なぜというに、再現モデルは動物と違い、解剖学的にも正確、繰り返し作業も可能な上、客観的な評価採点にも適しているからである（Ritter & Bowyer, 2005）。そして何より、模型の使用によって得られる技術は、人間の患者を治療する手技に直接転用できることが証明されている。

アメリカ外科学会は二〇〇一年以降、民間人の外傷訓練教程として最も広く用いられている外傷二次救命処置（ＡＴＬＳ）――米軍の戦術的戦傷救護教程の中心となる多くの外科手技もここに含まれる――において、人間以外の動物を人体模型に置き換えることを認めている（Cherry & Ali, 2008, p. 1189）。「責任ある医療のための医師会」（ＰＣＲＭ）は調査を行ない、ＡＴＬＳを教えるアメリカ、カナダの施設の九五％以上が動物不使用の方法のみ（主に人間患者の模型や人間の死体）を用い、医師や救急班等の教育に当たっていることを明らかにした（Physicians Committee for Responsible Medicine, 2011a）。米軍は多くの基地でＡＴＬＳの教育に模型を用いていながら、別の教程では同じ技能を教育するため人間以外の動物に危害を加えている。

動物不使用のモデルが外傷訓練に有用であるとの議論に対し、米軍はしばしば、何年もの期間を割いて医学生その他の専門家を育てるような課程を設ける余裕はないと主張しており、このゆえに人間以外の動物を使用することが必要ということになるらしい。現実にはしかし、医学校と同等の教育を受けねばならない軍の医療担当者はごく少数に限られ、殆どの者は治療が施されるまで負傷兵を安定させるだけの役目しか負わない。また、身体の構造も生理機能も根本的に人間と異なる動物を使用するのは技能習得の早道とはいえず、それが短期間で医学校級の効果をもたらすこともない。高度な医療教育を必要とする軍人にとって臨床経験に勝るものはなく、戦場で急を要する準備に取り掛かる者にとっては、動物を切り刻み、撃ち、爆破するよりも効果的かつ倫理的な訓練法がある。イスラエル国防軍は配備に回す予備医療班を即時結成する目的から現場再現とシナリオ設定にもとづいた教科課程を組み、参加者はこれを実に生々しいと評価、更に配備後には、実際の状況下で患者を扱うための技能向上に役立ったと証言している（Lin et al., 2003）。イスラエルの研究者はこの訓練に人間以外の動物を使用するのは「診断と意思決定を行なう上で」ふさわしくないと明言する（Lin et al., p. 52）。

米軍の医療訓練専門家も人間以外の動物の使用は「戦闘訓練として不充分」と記している（Allen, 2010, p. 15）。合衆国健康研究医療局は二〇〇二年、数多くの米軍医療訓練の専門家が参加したフォーラムの記録を刊行したが、その中で首都圏医療シミュレーション・センターのアラン・リウ博士はこう述べる。

［動物実験は医療訓練として］それほど優れた方法ではありません。いうまでもなく動物は体のつくりが違います［…］一日中動物を使って訓練したとすると、日の終わりには山羊や豚の救助は上手くなるでしょう。けれどもその時点で人間は一人も救っていないのです。（U.S. Medicine Institute for Health Studies, 2002, December 3, p. 32）

他の軍事医療専門家も似たような批判を行なっている。

〔出血処置の訓練に動物を使う〕問題は様々で、例えば体のつくりが違う、止血帯を押さえる強さの加減が違う、動物倫理上の懸念がある、誤りがあると動物が死亡することが多いため反復練習ができない、といった点が挙げられる。（Ritter & Bowyer, 2005, p. 230）

退役陸軍軍医にして軍保健科学大学軍事・救急医学部の前学部長でもあるクレイグ・ルウェリン博士は、戦場での負傷に対処する適切な医療処置についての公開討論の場で、彼のいう軍事医療訓練に関する「神話」を批判した――「医療訓練で山羊を使った練習をしておけば、手術室へ運ぶ暇がないとき自分の手で負傷隊員の腹を切開することもできるようになるなんて、そんなことを考えているのだとしたら全くどうかしています」（Butler, Hagmann & Richards, 2000, p. 37）。

それとは対照に、動物不使用の方法は出血処理を教え処置時間を縮めるのに有効であるということは模型を使った軍の研究によって明らかになっている（Mabry, 2005）。シミュレーションけよりストレスの少ない学習環境をつくり、実習者は動物を傷付ける危険を冒すことなく精神運動スキル〔知識や思考が要される運動技巧〕を磨くことができる。基本技能を体得した暁には懸念や緊張を生じさせる現実的な状況再現を行ない、実際に近いストレス反応を引き起こして、戦場でうまく対応するのに求められる意思決定力やストレス対処の能力を鍛えることも可能となる（Lin et al., 2003）。おかしなことに、訓練では戦場さながらの音響や臭いまで用いて実際に近い状況を綿密に模すというのに、それでいて人間以外の動物の使用はいまだ全廃されていない。戦場さながらの心理効果を与えたいのであれば豚や山羊を使うよりも人の形をした模型を使う方が都合が好い筈である（人間以外の動物がそこにいると、その状況があくまで拵《こしら》えものであることが、いやでも意識にのぼってしまうのだから）。

生体組織訓練は合衆国その他の市民の怒り、政府役員の批判の的であり続けるだろう。PETAとPCRMを筆頭に、動物保護団体と医療倫理団体は米軍の医療訓練プログラムに含まれる人間以外の動物の使用を廃止させるべく、現在も活動を展開している。

二〇〇九年と二〇一一年に、三〇人以上の合衆国議員が「戦場での優秀対応を達成する優れた訓練（BEST）実践法」の法案を導入、共同提案し、二〇一六年までに国防総省の戦闘外傷訓練から人間以外の動物の使用を無くしていく段階的廃止を図った（Filner, 2011, April 8; Lovley, 2010, February 3）。

海外でも批判が起こっている。PETAドイツ支部と「動物実験に反対する医師連盟」の大々的な運動を経て二〇一〇年、ドイツ政府は一部の在欧合衆国陸軍（USAREUR）による人間以外の動物を使う生体組織訓練の実施を否認し、「動物に代わる有効な代替法を用いることができる」以上、当の訓練は「受入国の動物保護法に反する」ことになろうと述べた（Vandiver & Kloecker, 2010, August 17, para. 1–2）。ドイツ軍はPETAに対し告げている――「ドイツ軍では訓練目的の動物実験は一切行なっておりません。訓練実習では精巧な模型を用い、医師が動物実験を求められることもありません」（個別取材、German Armed Forces, June 18, 2010）。

更に、「USAREURには戦闘外傷訓練教程を実施する用意、経験が揃っている。生体組織は不要」という掛け声のもと、ヨーロッパでは激しい抗議運動によって生体組織を用いる陸軍軍医向け旅団戦闘団外傷訓練が一時見合わせに追い込まれ、PETAが情報公開法を通して二〇一〇年に得た記録（U.S.

Army Europe Command Surgeon, internal memo, 2010）によれば、在欧合衆国陸軍医務官オフィスはこれを受けて陸軍命令〇九六－〇九を発効、海外基地での生体組織訓練では動物を使う実習を省略できるものとした（U.S. Army Medical Department, Office of the Surgeon General, 2009, para. 3B［7］［U］）。この方策と決定から一層明らかになったのは、外傷訓練の目標が実のところ人間以外の動物を使用することなしに達せられるという事実である。

化学負傷訓練

合衆国の動物福祉規則は特に人間以外の霊長類を対象として「外科的ないし他の医療処置手続きの訓練で何らかの兵器により損傷を加える」ことを禁じている（U.S. Department of the Army, Navy, Air Force, Defense Advanced Research Projects Agency, and Uniformed Services University of the Health Sciences, 2005, p. 3）が、それにも拘らず米陸軍化学防衛医学研究所は近年まで、軍の医療スタッフを養成するアバディーン性能試験場（メリーランド州）の化学負傷訓練施設にて数十のミドリザルを一匹につき年四回、計三年間、毒物に曝す実験を行なっていた（U.S. Army Medical Research Institute of Chemical Defense, 2005a）。ミドリザルに注射されていた有毒量のフィゾスチグミンは、どの観点からみても化学兵器として使用されていたと考えるよりなく、実習の意図は神経剤による攻撃を受けた際の人間の症状を再現することにあったとみるのが妥当である。薬剤を投与されたミドリザルは抑えることのできない筋肉の痙攣《けいれん》、呼吸困難、不整脈、激しい発作などの症状を来たす。嘔吐をしようとするが、一日前から食事を抜かれているため絶え間なく吐く動作を繰り返すことしかできない。情報公開法を通してＰＥＴＡが入手した観察記録簿によると、実習生の一人は苦しみ悶えるミドリザルの反応を「神経尖《とが》らしてるチワワ」に譬《たと》えていた（U.S. Army Medical Research Institute of Chemical Defense, 2005b）。

情報公開法にもとづくＰＣＲＭの働きにより、この化学負傷訓練の手順を追った国防総省のビデオが公開され、オンライン上で閲覧できるようになった（Physicians Committee for Responsible Medicine, 2009）。実習生は観察、確認すべき臨床徴候について指導され、その詳細がナレーションによって語られる中、腹部の毛を剃られ体側に番号の入れ墨を付されたミドリザルが卓上に縛られている姿が映し出される。ここで尾の硬直具合を確認するよう指示があるが、これこそまさにサルで学んだ知識が人間の患者を想定した訓練とは何ら関係のないことを示す最大の証拠に他ならない。さらに実習生は発汗を調べるよう指示されるが、サルの場合は足裏を拭うことでこれを行なう。生徒はただ解毒剤を投与して症状が退いていくのを観察するだけであり、ここからも実験に全く意義のないことが知られる。一切は「見せて説明」の域を一歩も出るものではなく、アバディーンがそれに固執する傍ら、世界中のあらゆる米軍訓練施設は既に人間の患者模型や人間の演者、コンピュータ・プログラムなど、動物不使用の方法のみを使って同じ訓練をこなしている。

二〇一一年秋、一二匹のサルがセントクリストファー島からアバディーン性能試験場へ輸送され、使用期間の三年が過ぎたサルと交換されたという情報が浮上した。ＰＥＴＡやＰＣＲＭといった団体が五年以上にわたりこの実験に積極的に抗議してきた折も折、当のサル輸送が発覚し、反対運動の取り組みは新たな緊急性を帯びることとなった。数々の訴えが国防総省に寄せられる傍らメディアによる糾弾キャンペーンが始まり、陸軍事務所には活動家の電話が殺到、更には国中の陸軍行事、士官の家の前、新兵募集センターにて抗議活動が行なわれた（People for the Ethical Treatment of Animals, 2011）。ＰＥＴＡのホームページに限っても、わずか数週間の内にそこから一〇万人以上が連邦議会議員や軍当局者に問い合わせをしている。自身も軍で霊長類実験を行なったことのあるメリーランド州の下院議員ロスコー・バーレットは、抗議運動が大きな議論を巻き起こしているとして軍に教程の変更をうながした（Vastag, 2011, October 13）。

取り組みは成功した。六週間に及ぶ集中的な抗議運動の後、陸軍はサルを使うアバディーンの化学負傷訓練を二〇一一年末までに模型など動物不使用の方法に代えていくことを約束した（Vastag, 2011, October 13）。

気管内挿管訓練

気管内挿管は負傷した人間の気管にプラスチック・チューブを挿入して気道を確保し、患者の呼吸を可能とするための重要な技能といえる。応急処置として、遅れの許されない状況のなか無駄なく行なうことが往々にして求められるが、この技能の教育に人間以外の動物を使用するのは実習者の能力向上にはつながらない。民間の小児救急医療の世界では挿管を教える際に模型を用いるのが圧倒的主流となっており、米軍基地や軍の病院にも動物を使わない所がいくつかあるが、他の国内施設は相も変わらず人間以外の動物、特にフェレットを、この痛みの伴う処置の教材にしている。

軍の記録文書によると、多くの施設ではフェレットの敏感な喉に硬いチューブが何度も出し入れされ、一度のセッションで実に一〇回、年間六セッション、それが行なわれるという。挿管の繰り返し、特に手技の身に付いていない生徒のそれが原因で、喉には腫れや出血、痛みや傷が生じ、肺の虚脱、更には死に至ることもある（Hofmeister, Trim, Kley & Cornell, 2007, p. 213; Tait, 2010, p. 80）。また挿管訓練計画書の定める動物使用の監督規約がいい加減なものであるため、アメリカの軍事施設の中には人間以外の動物の死亡事故を起こしている所が複数存在し、ポーツマス海軍医療センターの実験動物医学科長はメモの中で「『解ったつもり』が今のところ［…］挿管訓練実習の大きな問題になっている」とつぶやいている（Naval Medical Center Portsmouth, 2009, February 23）。

残忍性もさることながら、フェレットと人間の解剖学的差異も訓練過程を無意味なものにする。人間以外の動物の使用を正当化しようという向きからは種の間に解剖学的な類似性があるとの主張がなされるが、実際には違いが甚だしく、人間以外の動物で得た技能が人間の幼児の処置に転用できない理由もそこにあるということは何十年も前から認識されていた（Katzman, 1982）。『救急看護ジャーナル』（米）に載せられた記事が、解剖学的差異ゆえにフェレットが人間の患者の代用として頼りない旨を記している。

> フェレットの舌は人間の幼児のそれと比較して長く、口の長さの一・五倍ある。更なる違いとして、唾液の分泌がより活発である、披裂軟骨がドーム状をしている、喉頭蓋が大きい、喉頭前部が小さい、といったことが挙げられる。［…］動物と人間の顎顔面、中咽頭の特徴を結び付ける共通の解剖学的特異性はない（Tait 2010, p. 78）。

同誌は「以上のように、〔挿管を〕教育するため動物に外傷ないし危害を加える必要けなく、特に大変効果的な動物不使用の方法が実践基準として受け入れられ、指導員によって利用できる場合はなおさらである」（p. 80）と結論する。

実際、模型が効果的な訓練教材になることは軍や民間の研究が示しており（cf. Arnold, Lowmaster, Fiedor-Hamilton, Kloesz, Hofkosh, Kochanek & Clark, 2008; Sawyer, Sierocka-Castaneda, Chan, Berg & Thompson, 2010）、小児挿管の技能を比べると、模型で訓練した生徒は動物を使う訓練を受けた生徒よりも進歩が著しい（Adams, Scott, Perkin & Langga, 2000）。アダムスらは述べる――「模型による訓練は生徒をより技術の方へ集中させることにつながる。〔…〕生徒は動物や人間を用いる時に感じるような焦りから解放され、指示や訂正を遥かにしっかり受け取れるようになる」（Adams et al., 2000, p. 7）。動物を使用する挿管訓練に参加者が不快感を抱く旨も医療教育の論文に記されている（Waisman, Amir, Mor & Mimouni, 2005）。

人間以外の動物の利用が挿管訓練において効果を発揮するということは実質いかなる科学研究によっても示されていないが、米軍の訓練プログラムにはなおもそれが残っている。批判に応える回答はどれも同じ文面であり、動物利用が優れていると思われる点や代替の難しさについて事実無根の信頼できない主張が述べられているだけで、一般にそこから伝わってくるのは、この問題が真剣な注意、吟味の対象から外されているという実情である。マディガン健康管理システム〔ワシントン州タコマのマディガン陸軍医療センターを中心に展開する同州およびカリフォルニア州の陸軍医療施設ネットワーク〕（個別取材、June 6, 2011）、ポーツマス海軍医療センター（個別取材、March 25, 2011）および空軍省（個別取材、July 18, 2011）のレターヘッドで送られてきた返信もさしたる違いはなく、挿管訓練において人間以外の動物の利用を継続せねばならない理由として安易にもただ一つの研究（Falck, Escobedo, Baillargeon, Villard & Gunkel, 2003）を引用し、そうした訓練を経た小児科研修医が挿管技能の進歩を示した例としているが、報告されているその進歩は微々たるものに過ぎない。

医学的観点からみて、米軍の幼児気道確保訓練プログラムが人間以外の動物を使用する必要はない。そう考えられる何より決定的な証拠は恐らく、一部の軍事施設が既に代替法を用いているという事実だろう。

ウィリアム・ボーモント陸軍医療センターは、フェレットを中心とする人間以外の動物を二〇〇七年以降、挿管訓練で用いてはおらず（個別取材、July 26, 2011）、軍保健科学大学もまた二〇〇八年にフェレットを使う挿管実習を廃止した（Uniformed Services University of the Health Sciences, n.d.）。二〇一一年、PETAが模型の有効性について情報を送った数ヶ月後、サン・ディエゴ海軍医療センターは資料を確認し、挿管訓練における猫の利用をやめるとともに、実験で使っていた動物の飼い主を捜すと確約した（個別取材、April 12, 2011）。同様に二〇一二年にはポーツマス海軍医療センターがPETAの訴えに応え、小児科研修医に向けた新生児挿管訓練でのフェレットの利用を廃止したと告げた（個別取材、March 7, 2012）。

軍以外の領域をみると、人間以外の動物の利用はアメリカ中どこでもほぼ全廃されており、代わりに人間の身体構造、生理機能を再現した特別仕様の模型が好まれている。実習生はそれによって技術に習熟し自信を得られるまで反復練習できるようになり、実際に患者の扱いが上達しているからである。

PCRMは調査によって、アメリカの小児外科研修プログラムの九割以上（トリプラー陸軍病院も含む）が挿管訓練において動物不使用の方法のみを用いていることを明らかにした（Physicians Committee for

Responsible Medicine, 2011b）。新生児や幼児の救急医療を扱う特別コースもまた、挿管の技能教育についてはシミュレーションによる方法のみを推奨する。

広く採用されている小児二次救命処置（PALS）コースを創設し、後援に携わるアメリカ心臓協会（AHA）は「訓練教程に生きた動物を用いることは一切要求、承認しない」とした上で、人間以外の動物を使用し続ける施設は活動家の批判に曝された時、「当の事業ないし組織の代表者として回答する責任を負う」ことになるだろうと述べている（American Heart Association, 2009）。AHAの救急心血管治療委員会の前会長オコナーは協会の立場について説明する――「PALSコースでは生体を模した訓練用模型を使うのが一般的な標準規範です」「当協会はAHA－PALSコースの挿管実践訓練に生体を模した人体模型を使用するよう推奨しております」（American Heart Association, letter to PETA, February 3, 2009）。動物利用が今もあるのは、アメリカ中で実施されている一五〇〇以上のPALSコースのほんの一部に過ぎない。AHA同様、アメリカ小児科学会（個別取材、August 3, 2005）および合衆国救急看護協会（個別取材、February 19, 2008）も、後援コースの小児挿管訓練では動物不使用の方法のみを認めている。

理解に苦しむことだが、数多くの米軍施設は模型を用いるのが妥当であると認識していながら、それでもフェレットを使い続けているのである。ポーツマス海軍医療センターは「挿管用の模型は近年、一層人体に忠実なつくりへと進歩してきたため、この〔新生児の〕挿管訓練に動物を使用する必要はなくなっているものと思われる」（Naval Medical Center Portsmouth, 2009b）と述べ、マディガン陸軍医療センターはフェレットの使用について「充分なシミュレーション訓練モデルが確立されたため段階的に廃止されていくだろう」と述べている（Madigan Army Medical Center, 2007, p. 336）。ラックランド空軍基地は以下のように記す。

今では生後二八週未熟児マネキンもあり、生体の［…］よい代替になります。正直に申しますと、我々は［基地再編閉鎖委員会と］ともに現行の動物実験［フェレットとウサギを使う胸腔チューブ挿管訓練］を両方とも廃止し、是非ともマネキンの方へ移行したいと考えている次第です。（Lackland Air Force Base, internal communication［情報公開法により入手］, April 29, 2011）

しかるにマディガン陸軍医療センターとラックランド空軍基地は他いくつかの米軍施設とならび、現在も挿管訓練にフェレットを用いている。

人間以外の動物を使用し続けることに関し数々の根拠なき弁解がなされる中、やはり挿管訓練に今なお動物を用いる施設、トラビス空軍基地（カリフォルニア州）のデビッド・グラント医療センターは、フェレットと人間の解剖学的な違いを認めながら、耳を疑いたくなるような説明を示す。その訓練計画書によれば、フェレットの「厄介な身体構造」は「実習生にとってより難易度が上がる」ため、訓練ではプラスに働くのだという（David Grant Medical Center, 2007, January 29, p. 7）。しかし現実には、人間と身体のつくりが異なることは大きな欠点、習熟への妨げと考えるべきである。単に難度を上げるだけでは良質な訓練ということにならない。なるというのであれば人体模型よりもフェレットの模型の方が好ましい筈であるし、実習生は片手で作業するよう指示されてもよい筈、ということになる（その方が難しいのだから）。

突き詰めれば突き詰めるほど明らかになってくるのは、人間以外の動物を使用する訓練法は教育モデルとして適切であるゆえに実践されるのではなく、真っ当な教授法と何ら関係のない政治的その他の事情により実践されている、という事実に他ならない。

　ラックランド空軍基地は訓練計画書の中で、他の動物に優先してフェレットを用いるのは「家族になる動物とはみなされていない」からである、とその選択の正当化を図っている（Lackland Air Force Base, 2009, July 27, p. 7）。デビッド・グラント医療センターはフェレットの利用について同じような愚論を弄する――「フェレットは飼い猫に代わる理想的なモデルになった。［…］理由としては、フェレットが猫に比べ政治的、社会的配慮を要さない動物である、という点が大きい」（David Grant Medical Center, 2007, January 29, p. 7）。キースラー空軍基地は訓練計画書に「フェレットを使用するのは、ペット動物（すなわち犬や猫）と違い人々を刺戟せずに済むからである」と記す（Keesler Air Force Base, 2007, July 26 p. 9）。

　フェレット利用の裏にあるかかる論理は技能向上の効果や科学的妥当性には関係ない。その意図は明らかに、人々の監視と批判から施設を遠ざけておくことに向けられているのであって、科学的、教育学的根拠から人間以外の動物の利用を弁護しようというのではない。無論、政治的にみてより穏便といえる動物種を用いることが軍人にとってより良い訓練効果をもたらすと考える理由などあろう筈もない。

　米軍は他にも奇妙な理屈を捻《ひね》り出すことがあり、ものによっては一層理解しがたい内容を伴う。一例がポーツマス海軍医療センターの弁明で、挿管訓練にフェレットを使用するのは軍の主張に沿ってのこと、すなわち対象に本物の傷を負わせる危険があることが重要だからだという――「自分たちが扱っているのは生きた動物であり、注意を怠れば傷付けてしまいかねないという自覚があるか否か、この心理的側面に［模型と動物モデルとの］重要な違いがある」（Naval Medical Center Portsmouth, 2008, p. 15）。これが他の弁明と同じく訓練効果や科学的妥当性について触れていないのは措《お》くとしても、実習に供される動物が負傷の危険に曝されるという事実を強調するのは、人間以外の動物の使用を弁護するどころか、むしろそれを批判する材料になるだろう。

人間以外の動物に対する傷害、殺害行為が持つ社会的機能

動物に害が及ぶのは、特にそれが簡単に避けられるのであれば、基本的に見たくないと考えるのが殆どの人の心情であろうが、同じ思いの医療の専門家は動物不使用の訓練法を快く受け入れることが多い。人間以外の動物を用いることが学習者にとって障《さわ》りとなり、目の前の作業に集中することができなくって訓練の生産性が動物を使わない場合に比べ落ちることも珍しくない（Kelly, 1985; Paul & Podberscek, 2000）。あるいは、動物を使う残忍卑劣な訓練に参加するのが厭になり学習者が職を変えることとすらある（Capaldo, 2004）。かくして、人員に人間以外の動物の解体や殺害を強いることが苛虐の儀式として機能し、残忍性を抑える箍《たが》を外せない者、外したくない者を篩《ふるい》にかけることになる。軍にとって重要なのは兵士が躊躇なく命令に従うことであり、たとえその命令が間違っているように思える時でもそれが求められる。また、軍が過度な男性原理文化を育成し、思いやりを示すことに公然と敵対するようになるのは、もはや誰にとっても意外なこととは思われないだろう。

生体組織訓練が持つ第二の機能は、それに参加した者の地位を高めることにあり、それというのも当

の参加者が一般市民には法律上許されていない行為を行なう権限を与えられるからである。大変重要な責務を負うことになる、ゆえに彼等は社会の一般規則から解放されなければならない、との理由から許可が下され、兵士の役割は「仕事」から「専門」へと格上げされる――一般市民が持たない特権を与えられるのは専門職のしるしといってよい。医療訓練実習に参加する兵士は限られるため、そこで得る技能はなお一層専門的なものとなり、特別視されるに至る。

人間以外の動物を用いる米軍の訓練を、新兵訓練所で行なわれる銃剣突撃の演習になぞらえる見解もある（Grossman, 2009）。軍事作戦としてみると銃剣突撃は何十年も前から意味を失っており、現在も演習が続けられているのは、戦場での立派な立ち回りを保証するのとは別のところに役割があることを意味している。別の例としてすぐに思い浮かぶのは行進だろう。アメリカ独立革命（独立戦争）の時からして既に、行進はイギリス軍にとって良い方向には働かない時代遅れの技能であることが明白になっていた。それでもなお世界中すべての軍隊が大々的に行進の訓練を行なう。行進には仲間意識を培い、個人を結束力のある集団の構成員に変える働きがあり、しっかり行なおうとすれば兵士には命令に即座に従い、躊躇や余計な思考を放棄することが求められる。

最後に、人間以外の動物を使う訓練は、殺しと死を悦ぶ兵士を育てる手段となる。著書『殺しについて――戦争と社会の中で殺しを習得することの心理学的代償（On Killing: The Psychological Cost of Learning to Kill in War and Society）』（邦訳はデーヴ・グロスマン『戦争における「人殺し」の心理学』）の中でグロスマンは述べる――「暴力と戦争の伝統に途切れはないが、人間の本性は殺害者ではない」（Grossman, 2009, 改訂版導入部）。それは世界の軍隊にとって障壁となっているものの、二〇世紀の歴史を振り返れば分かる通り、明らかに克服できないものではない。人が殺害を厭う証拠には、第二次大戦に参加した各国兵士の内、驚くべき数が戦闘中に武器を使わなかったという事実がある。しかし、大きな紛争が勃発するごとにそうした兵士の割合が減っていくことから、軍がこの殺害忌避の心理を克服する方法に長けてきたと察せられよう（Grossman, 2009; Marshall, 2000）。銃撃の的を円から人型に換えるといった僅かな変化でさえ、兵士が命令に従って発砲し、殺人を遂行できるよう心理を整えさせる効果があるという。

米軍に生体組織訓練を提供している大手契約会社の一つ、デプロイメント・メディシン・インターナショナル（ＤＭＩ）社は――何の根拠も示さずに――、銃撃や爆破を受けた人間以外の動物を扱った経験は、帰還兵が陥る「心的外傷後ストレス障害（ＰＴＳＤ）の影響を著しく抑制する」「生体組織訓練は軍人の精神、感情を『慣らす』ことで心的外傷後ストレス障害の発症、影響を抑える」と述べた（Morehouse, n.d., p. 8）。言わんとしていることは明白で、要するに、恐ろしい傷を負った動物を兵士に見せることは望ましい、それによって兵士は戦場で目にする大虐殺に向き合う心理的素地を培える、と示唆しているのである。戦時に心理ストレスの処理を行なう兵士の手助けを扱った米陸軍戦争大学修士学生の論文も同様に、生きた動物を「故意に傷付ける行為」に兵士を参加させる実習は「戦闘に先立ち兵士に血と内臓を見せるという点で『ショック因子』として役立つ」と記している（Love, 2011, p. 21）。

しかし人間以外の動物を傷害、殺害する経験が実際にはトラウマ、更にはＰＴＳＤをも引き起こし得ることは研究によって示されている（Capaldo, 2004）。そして人間以外の動物に危害を加える行為が苦しみを察する感覚を鈍らせ（Arluke & Hafferty, 1996）、戦時における人間の犠牲者の状況に対しても兵士を鈍感にすることは殆ど疑う余地がない。医師の情感を調べたバーナードは、人間以外の動物を使う軍の訓練が

「若い医師を苦痛に冷淡な人間へと変えていく傾向がある」と指摘しており（Barnard, 1986, p. 140）、これについては自身の経験を報告している者もいれば同僚の変化を観察している者もいる（pp. 140-146）。軍事を念頭におけば、この苦痛と暴力に鈍感な態度は無くてはならないものとされるのであろうが、社会一般からするとそれは社会病質と境を接している状態であるといってよい。

人間以外の動物の殺傷を容易にする

議会証言、政府報告、メディアに載る断片的言論などは軍事に関する誇大宣伝を吹聴し、動物を使用する訓練実習が戦地の医療を改善し、直接に生命を救助する上で決定的な役割を果たすと主張するが、科学的な正当化が功を奏さず、漠たる奇怪な説明も説得力を持たないとなったら、軍は時に驚くほど率直な姿勢で、人間兵士に代わる人間以外の動物の使用に欠点があることを認める場合がある。近年、米軍の医療当局者は訓練をめぐる議論に際し、「［生体組織訓練が］命を救うという根拠けいまだ存在しません」と認めた（Goodrich, 2009, September 15, email）。

一般に、動物実験や動物使用の訓練が戦時の死亡率や身体障害の発生率を減らす大きな要因となることはない（Barnard, 1986; Little, 2009; March 29）。米軍でも他国の軍隊でも、あいにく人間以外の動物の使用は模型や動物不使用の方法と違い、訓練としての妥当性を示す厳密な根拠付けが要されない点で、不備のある訓練、実験とみなされることが多い。医療訓練実習の動物利用に関する国防総省の二〇〇三年公式報告書には「目下のところ、動物モデルについてもシミュレーション各種についても、その妥当性を示すデータはない」とある（Department of Defense, 2003, p. 7）。しかしまず、シミュレーションが軍の教育する医療技能の習得法として妥当である根拠が示されていないとの点については、そもそも正しくない。それは本章で詳しくみてきた通りである。次に、もしどちらの方法についても決定的データが欠けているというのであれば、なにゆえ倫理、教育、経済の面で大きな問題がある人間以外の動物の利用に固執し、それを優先するのかを問わねばならない。人間以外の動物の殺傷を認める基準は、どうやら最新の再現装置を認める基準よりも遥かに低いらしい。

ウサギ講座やイヌ講座が明瞭に示すように、軍の準備、戦時の活動に資する何らかの利益が見込まれる時、多くの者はそれだけで、人間以外の動物の死と苦痛、そして彼等の身に降りかかるいかなる代償をも、正当化するに足ると考える。これはある意味では当然かも知れない、戦時にあっては他の人間の命でさえ往々にして軽んじられる――敵兵や市民などは戦略的な意図から瑣末な存在とされ、巻き添えとして見殺しにされるのだから。

民間であれ軍であれ、医療指導や実験で行なわれる人間以外の動物の卑劣な利用は、通常、動物による人間の「身代り」といった表現で、あたかも動物の方が意識的にそのような虐待を受け入れる決定を下しているかのごとく記述される。軍事の関連でこの身代りが行なわれることは、犠牲の尊さをいやましに増すものだと一般には考えられており、また、犠牲を正当化する一層確かな理由になると考えられていることも間違いない。軍の枠組みにおいては、これは人間の兵士や国家全体の求めに応じ、人間以外の動物が戦争行為のため命をなげうっている構図として捉えられる。そう解釈すれば公正さが感じられるかも知れない。が、ここに指摘がある。

〔動物は〕戦争を始めることもなければそれに加わることもなく、ましてその成果や余波から利益を得ることもない。増やすべき遺産も持たない。世界の自由と民主主義を守るという名目を持った戦争が動物に見返りをもたらしたことはこれまでにもなかったし、これからもない。（Johnston, 2011, p. 6）

したがって、人間以外の動物に加えられ得る危害には殆ど際限がなく、結果がどうあれ彼等が恩恵を享受することは一切ない。

厳密に捉えるかぎり、軍の医療訓練目的に人間以外の動物を利用するのは合理的とは言いがたい。動物に加えられる危害を一掃しようと特に強く願うのでなくとも、医療技能に精通するより優れた方法が存するのである。畢竟《ひっきょう》、合衆国の規則および一般市民は軍の説明を求めている――人間以外の動物の使用が避けられないばかりか、動物不使用の代替法よりも教育的観点からみて優れているとする科学的根拠はあるのか、と。その点で米軍は何も示せていない。しかし、人間以外の動物の傷害、殺害が、あまり口にもされない一連の目標――たとえばウサギ講座、イヌ講座のそれのように、他者の痛みや死に対し鈍感な人間を造り上げることなど――を達成するのだと考えてみれば、より人道的かつより非暴力的な方法があるにも拘らず、何故いまだにそうした残忍な慣行が米軍の訓練プログラムに残っているのか、その理由を知るのも、あながち難しいことではなくなるだろう。

訓練任務のため、揚陸艦の格納庫から移動用マットに移された軍用イルカ。イラク戦争の際、多国籍軍は米海軍所有のハンドウイルカを機雷除去に当たらせた。海洋哺乳類の軍事利用研究は冷戦期に端を発する。2003年3月、アメリカ合衆国海軍撮影。

第三章

兵器にされる人間以外の動物たち

アナ・パウリナ・モロン

旧約聖書の士師記《ししき》によると、(1)サムソンはペリシテ人を攻撃するため、狐三〇〇匹を捕らえて尻尾に火を点け、ペリシテ人の土地、その畑やブドウ園、果樹園に放ったという(Judges〔士師記〕15:4–5)。話の中でサムソンは狐の毛の燃えやすさ、それに危機におかれた人間以外の動物が示す自然の「逃走」反応を利用する。作物を燃やした男を捕えるべく、ペリシテ人は復讐心に燃えユダへ向かった。しかしサムソンは難を逃れ、鋭いロバの顎骨を使って敵を葬っていく。彼は言った、「驢馬《ろば》の顎骨をもって我は一千の士を屠《ほふ》ったぞ」(Judges 15:16)。

紀元前一一世紀に書かれたこの物語は、人間以外の動物を兵器として利用する、その二つの異なる方法を示している――動物行動を操作して望む目的を達成するか、あるいは遺骸の一部をより伝統的な武器に造り変えるか。本章では前者に焦点を当てたい。というのも、人間以外の動物の行動について細かな差異を確かめるのは興味深いことでもあり、また無生物の武器の発見と増殖に続く歴史の中では、人間以外の動物を兵器として利用するという場合、殆どはこの行動操作を意味してきたからでもある。

歴史に現れた多岐に渡る利用形態を徹底して掘り下げるのは容易でなく、これから述べるように様々な要因がその限界を設ける。最初の問題は戦争というもの、およびそれに付随して兵器というものが、定義を拒む性質を持つことにある。つまり、戦争とは何なのか、また、兵器を兵器たらしめるものは何なのか。戦争という言葉は定義しがたい。現に軍事史学者ジョン・キーガンは著書『戦争の歴史(A

History of Warfare）』（Keegan, 1994）の末尾にて、「戦争は容易に理解できる」という考えを打ち砕くのが本書の狙いだったと語っている。本章でも同様、戦争を理解しているつもりになったり、定義の幅を狭めて無数の失われた命を蚊帳《かや》の外へ置いてしまったりすると話の枠が限定されかねないので、以下の議論ではこれを避け、人間以外の動物について、一部の者がいう「伝統的戦争」（p. 386）の中で利用された例とともに、別種の暴力的営為において利用された例にも目を向ける。

兵器という言葉もやはり定義を立てにくく、ことに人間以外の動物を使った戦争となるとややこしい。例えば先の物語でサムソンはペリシテ人の経済と心理に打撃を加えるため狐を使った。ところでこの狐が兵器に分類されるか否かは、ひとえに読者の解釈次第となる。狐は直接人を殺傷するために使われたのでなく、少なくともロバの顎骨とは用途が違った。しかし同時に、焼き打ちはゲリラの攻撃戦術といえるものであり、たとえそれが典型的な戦争の舞台で行なわれたのでなくともそのことに変わりはない。

また一方、主な用途が攻撃ないし防衛でない場合、その人間以外の動物が兵器ということになるのかどうかも判じがたい。例えば伝書鳩は必要とされる諜報活動を担い、堅実に軍の援護を行なった。直接戦闘に加わるのではなかったにせよ、その働きは無視できない。兵器となる人間以外の動物を研究する際、重要なのはそれが時に非常に主観的なものになるということである。そこで本章では「兵器」という語を広義にとり、危害や損害を直接、間接に防ぐ、ないし加えるものと解釈する。

私たちの兵器理解が現時点でやや限られていることも、この研究をさらに難しくする要因となっている（Brodie & Brodie, 1973）。人間以外の動物の新たな使い道を思いついた者の名前、そうした人間以外の動物が戦地に放たれた正確な日付は、歴史の中で失われてしまった。また、そのような兵器は計画から生まれたのでなく、特定の問題、例えば歩兵の数が足りないなどの事態に直面した兵士たちの必要から考え出されたものが多い。

色々な制約はあるものの、ここでは読者を、ともすれば果てしない旅程ともなりかねない知的探求へと誘《いざな》いたい。どうあれ、戦争のため、戦争のさなかに利用された人間以外の動物の全てを調べ上げるとなれば山のような章、あるいは巻が必要になろう。しかし本章はページの制約からというより、むしろ敢えて、記録に残る全ての事例を拾うようなことはしなかった。全てを書き留める試みは壮大ではあろうが恐らく必要ではない。ここでの狙いは、人間以外の動物が歴史の中で様々に使われてきた、その形態を探ることにあるので、以下ではそれぞれの時代を代表するような例を示すこととした。なかにはよく知られているものもあり、知られてはいないが注目すべきものもある。丹念に詳しく見ていくものもあれば、わずか一文で済ますものもある。しかしサムソンが自らの放った狐に、見境もなくペリシテ人の土地を駆け抜けるよう期待したのと同じく、読者諸氏も混沌無秩序を迎え入れるつもりで、この困難と主観を伴う研究領域に足を踏み入れていただきたい——時代は五段階に分かれる、先史、古代、中世、近世、そして近代に。

先史時代、有史以前

兵器としての人間以外の動物の利用、その検証を始めるにふさわしい地点は、人類進化の始まり、先史時代の人類の祖先が有機材料から道具を作り出せることに気付いた時だろう。材料には人間以外の動物が残した骨や歯、角があった。身体片の利用は生体の利用に先立ち、戦争関連の目的で人間以外の動物が用立てられた最初の形態といえる。この発見は狩りに革命をもたらし、狩人は道具の作製と人間以外の動物の行動に関して知識を発展させた。その知識が野生に生きる人間以外の動物を捕獲し、繁殖し、訓練するのに役立つこととなる。人間以外の動物の飼い馴らしを経て、人類は彼等を戦争兵器として使う発想に至った。

旧石器時代、人類の祖先は人間以外の動物が残した骨や歯や角から、道具ばかりでなく、その延長上にある武器を作れることに気付く。この発見は彼等が食料や隠れ家、いつもの道が塞がっている時の迂回路、あるいは交接の相手を探して、外へ出たのが切っ掛けだったと考えられよう（Dupuy, 1980）。具体的にいつその発見があったかについては議論があるが、それに触れておくのも無意味ではあるまい。一つの理論は、ヒト科動物のアウストラロピテクス・アフリカヌスが地を闊歩していた二〇〇万年から三〇〇万年前にそれがあったと説く。一九二五年、人類学者レイモンド・ダートはオナガザルのものと思われる頭蓋の化石を調べていた。程なくして、それは当時まだ知られていなかった属のヒト科動物のものであると判明する（Dart, 2003/1925）。数年にわたりアウストラロピテクス・アフリカヌスを研究したのちダートは、彼等が人間以外の動物を殺して遺骸から小刀のような武器を作製したとの結論に辿り着いた。先史のハイエナの鋭く尖った顎骨について触れながら、BBCのインタビューの中で彼はこう説明した――「アウストラロピテクス・アフリカヌスは長い犬歯を持った人間以外の動物の下顎を気に入りました。恐ろしい武器として使えるものでしたから」（Yale Peabody Museum, 常設展示）。そうした武器は人間以外の動物や同類のアウストラロピテクスを仕留めるのに使えた。

中石器時代、新石器時代の間にも、人間以外の動物の遺骸は、別種の動物との戦いと人間同士の戦いとを問わず、武器として大きな役割を演じてきた。例えば先史エジプトでは牙や角から様々な武器（前者からは棍棒頭《こんぼうとう》など、後者からは複合弓《ふくごうきゅう》など）が誕生した。牙は主に象やカバから得られ、狩人自身が彫刻や図柄を施すこともあった（Lucas, 1962）。こうした武器が狩りばかりでなく人間に害を及ぼすためにも用いられたことは想像に難くなく、特に人口が増える中で権力や財産をめぐる競争が激化し始めた時にはそのような利用がみられたに違いない。デンマークで見付かった三五歳男性の人骨は破砕が進んでいたが、その頭蓋と胸骨には骨でできた矢じりが刺さっていた（The National Museum of Denmark, n.d.）。男性は背後の至近距離から射られたらしく、奇襲ないし処刑によって命を落としたものと推察される。

新石器時代には人間以外の動物の新たな利用法が生まれていた。人類の祖先は飼い馴らしを始め、利用できるものが骨と歯と角だけに留まらないことに気付いた。行動を修正することで人間以外の動物を人間の安全や生存に関わる仕事に役立てることができる。そこで例えば犬は、主《あるじ》の領域を防衛し、侵入してくる者を警戒、攻撃するよう躾《しつ》けられた。そのような目的のために野生の人間以外の動物がどう操作されたのか、行動学者らは解明しようとしている（Lubow, 1977）。犬は原始人類の食料の残りや隠れ家を与えられ、徐々に一種の依存心を植え付けられていったらしい。恐怖を振り払い、狩猟の援《たす》けとなり、侵入者を見付けた犬たちのみが食べ残しを与えられ、結果その間で交配が進んだ。この過程は何代も続く。そして人類が悟ったのは、目的達成のために他の種を用いれば、自ら危険な状況に身を置く機会を最小限にまで減らせるという事実だった。

古代

古代は聖なる神話に溢れ返った時代であり、その多くは人間以外の動物について、世界の人間文明形成をうながした最大の貢献者として描いている。古《いにしえ》の文献から学べることは多い。ゆえにここでは歴史史料とならび神話伝説にも目を通す。内容を史実とみるべきか否かは重要でなく、むしろそれを情報源として、すなわち当時の社会的経済的風習について豊かな洞察を含む資料として捉えることを狙いとしたい。なおこの時代、人類はより多くの種を利用し始め、かつてなかった死を伴う役《えき》に彼等を就かせるようになった。

多くの神話に繰り返し現れるテーマは、善の力と悪の力が繰り広げる宇宙的戦いである。創世記にある洪水の話では、嘆く神が荒れ狂った罪の大地に戦争を仕掛ける。洪水が止む頃、ノアは一羽の鳩をある種の諜報兵器のように使い、水の戦争が済んだかどうかの判断に役立てようとした。初め、鳩は手ぶらで箱舟に戻ってくる。しかし終いには新しく摘み取ったオリーブの葉を持って帰り、水が引いたことを報せるのだった（Genesis〔創世記〕8）。この洪水神話に重なるバビロニアの物語、ギルガメシュ叙事詩では、登場人物ウトナピシュティムが鳩と燕と烏を放ち、やはり水が引いたか否かを知ろうとする。この話では、烏の帰巣本能に頼ることで英雄は身を守れたということになろう（Collins, 2004）。

帰巣本能は戦争用の伝書鳩を養成するのに役立った。鳥が素早く着実に巣に戻ることを知った人々は、徒歩や戦車で向かうには遠過ぎる場所へ情報を伝える手段としてこの特性を使えないかと考えた。伝言用に鳥を飼い馴らす、その歴史は物証からすると紀元前二九〇〇年のエジプトにまでさかのぼれるらしい。訓練された鳩は入国者の舟から放たれ、重要な来客が来たことを告げた（Fang, 2008）。時が下るにつれ、鳥に伝言を任せるにも従来とは異なった方法や工夫が用いられるようになる。しかし基本は変わらない。鳥（大抵は鳩）は一度放たれると、長い距離を渡って一つないしそれ以上の指定中継地点を訪れる。紀元前五八年から五一年のガリア戦争では、ユリウス・カエサルの征服の報せを鳩がヨーロッパ中に運んで回った（Leighton, 1969）。

一般によく利用された典型的な人間以外の動物としては他に、勇敢忠実な番犬が挙げられる。紀元前四三一年から四〇四年にギリシャ人とコリントス人の間で戦われたペロポネソス戦争では、コリントスの街を守るため海岸線に五〇頭の番犬が置かれた。ある晩、ギリシャ人は海岸線への侵入を試みる。犬は領域の全力死守に当たった。が、一頭を残し死滅する。残った一頭はかろうじて手遅れになる前にコリントスへ危急の報せをもたらしたという（Lubow, 1977）。加えて、番犬は人間以上に信頼できる存在だった。紀元前三六二年、マンティネイア包囲の折、スパルタ王アゲシラオス二世は、自ら率いる兵士の中に、夜陰に乗じて物資を街へ運び込む裏切り者がいることに気が付いた。問題を解消すべく、王は獰猛な犬に街を囲ませた（Richardson, 1920）。

護衛に秀でていたものの、古代の犬はまた攻撃目的にも使われた。人の自由に扱える鉄製の武器よりも容易に大きな打撃を加えられるとあり、害を防ぐのみならず積極的に害を及ぼす働きも大いに期待されたのだった。ために犬には戦闘と殺傷の訓練がなされる（Derr, 1997）。躾けではまず戦いを始めて敵を疲弊させるよう教えられ、後に主《あるじ》が加わって任務を成功裡に治めるものとされた。主の代わりに奴隷が犬の指導に当たり、主にとってより安全かつ好都合に事が運ばれることもあった。奴隷と犬が共に戦場へ向かう構図から、当時の不平等が浮かび上がってくる――この二者は不幸にも、傍《はた》で安全に控える主よりも価値の劣る者とみなされていた。

更に、ローマは模擬戦を実施して犬の訓練を行ない、剣や盾を持つ人間を見たら攻撃に出るよう躾けていた。そして重い鎧と鋭い棘《とげ》を装着し、敵軍の人馬に向かって突進し、重傷を負わせて隊列を乱すよう特訓した。ローマだけが犬を使ったわけではなく、他の集団もローマの侵略から身を守るため犬を使った。紀元前一〇一年のウェルケッラエの戦いから少し後、テウトネス族を破ったローマを出迎えたのは、荷車要塞〔荷車を陣型に組んでつくる移動式の砦〕に集まった怒れる女たちが率いる犬の一団だった（Richardson, 1920）。ひとたび躾けられると、犬は侮りがたい殺傷力を発揮する。

犬は鋭い嗅覚も買われた。興味深いことに、ギリシャ人とローマ人は犬が魂や死者の存在を嗅ぎ付けられると信じていた。戦士の骸の中をうろつき回り、恐らくは屍肉を漁ったその姿を、『イリアス』の冒頭が髣髴《ほうふつ》させる――「歌え女神よ、ペレウスの息子アキレウスの怒りを／［…］そは数多《あまた》なる勇将の御《み》霊《たま》をハデスへ下し、亡骸をば犬と鳥とに残し置けり」（Felton, 1999）。犬の嗅覚は貴重な財産だった。紀元前三四二年に勃発したトラキアとの戦争で、マケドニア王ピリッポス二世は兵士とともに深い森を無事通過すべく犬の助けを借りた。犬は鼻を駆使して道を教え、危険が迫ると兵に警告した。

警備システムとして犬が頼りにならなかった稀な例がある。ガリア人による初のローマ侵略、恐らくは紀元前三八七年に起こったとされるアッリアの戦いでは、ローマへの侵入を図ったガリア人が足音を忍ばせ岩山に上った。警備に当たった者はおろか、犬にも音は聞こえなかった。最終的にローマを救ったのは、女神ユーノーの神殿に暮らしていた鵞鳥《がちょう》の群れだった。侵入者の物音を聞いた鵞鳥が羽ばたき出し、声を振り絞って叫びを上げたことで将軍は差し迫った危機を察知することができたのである（Lubow, 1977）。

軍馬については聖書の中に無数の言及がある。近東の民族、たとえばエジプト人やペリシテ人などの軍隊は、馬に乗って戦地へ赴いた。聖書のヨブ記は数篇の詩をもって軍馬の数ある特長を讃えている（Job〔ヨブ記〕39:19–25）。黙示録では四人の騎士が現れ、人類に戦争や疫病など、災いをもたらす（Revelation〔ヨハネの黙示録〕6:1–8）。

早くも紀元前一八〇〇年には馬が戦車を牽いていた。紀元前九世紀になると戦車に騎兵が取って代わり、費用効率もよく維持も容易になった。アッシリアで誕生した騎兵隊は近代のそれと異なり、二人一組で二頭の馬を同時に操った。鞍《くら》や鐙《あぶみ》といった乗るため支えるための馬具が発明される以前、馬に乗るのは非常に難しかったろうし、殆どの軍にとって見返りの期待できるものでもなかったろう。例外はマケドニアで、ここでは騎兵隊が歩兵隊に劣らぬほどの重要性を持つと考えられた。特に数百の騎士を抱えたアレクサンドロス大王の騎兵隊は、それぞれが槍や剣、鎧を装備し、突撃は素早く力強く、殺しに長けていた（Gabriel, 2007a）。

古代では馬が脅し作戦にも用いられ、敵の侵略者に恐怖を浸透させる手とされた。ローマは紀元二世紀、騎兵に持たせる「竜頭幟《ドラコ》」なるものを発明した。竜頭幟は竜と蛇の合いの子のような姿をして、金属の頭に筒状の布の胴体が付き、後にはそれが竿の上に付けられた。持った兵士が馬に乗ると、風が筒の中を通り抜けて生きているように動く。風が吠える音をつくり出したという説もある（Rice et al., 2006）。

猛る馬とともに竜頭幟の蠢《うごめ》く光景は、いいようもなく恐ろしかったに違いない。

馬と並んでラクダもまた足となり抵抗手段となった。紀元前八四三年にはアラビア王ギンディブが一〇〇〇騎のラクダ騎兵をカルカルの戦いに送り、アッシリア王シャルマネセルの打倒を企てた（Gabriel, 2007a）。紀元前五四七年にはキュロス二世が秘密兵器としてラクダを動員し、人馬を率いるクロイソスの軍勢に対抗した。兵の数で遥かに劣るキュロス二世は、馬がラクダの音や臭いを嫌うだろうと考え、その生理的嫌悪につけ込む策をとる。荷の輸送に使っていたラクダを配備に付け、馬を恐怖させたことで辛くも彼は勝利を手にした（Mayor, 2003）。

これまでに挙げた人間以外の動物に比べ、その巨体と獰猛そうな牙とで恐らく最も日を驚かせたのは象であったろう。ハラッパの遺跡（パキスタン東部）で見付かった三五〇〇年から五〇〇〇年前の石鹸石の印章には、人々が象に縄を掛け、服従させて個人のものとしていたさまが描かれている。一方、単純に母象を殺して子を奪う者もあった（Scigliano, 2002）。

そして紀元前一一〇〇年にはシリア、インド、中国で、象の巨体と剛力が戦争に活用され始める（Kistler, 2011）。兵士はしばしば象に乗った。すると遠くを望むことができ、戦場をよりしっかり見渡すことが可能となった。腕利きの射手は象の頭頂にてバランスを保ち、有利な位置から矢を放てる。象自身もまた戦いに加わるよう訓練され、重い物を持ち上げたり押し引きしたりする重労働も課された。大きな体を活かし、騎兵や馬をつまみ上げ投げ飛ばす特訓も行なわれた。攻撃力を更に高めるべく、牙が切られ鋭い剣が装着されることも珍しくなかった。聖書偽典中の第三マカベア書には、セレウコス朝の軍がインドから連れてきた象の大群を使って兵を運び、ユダヤの反乱軍めがけて押し寄せ、恐れ戦《おのの》かせた話が綴られている（3 Maccabbees〔第三マカベア書〕5）。象は実際、侮りがたい力であった。

象を持つことは有益だったが、短所も多かった。一番信頼できる生きもの、というわけでもない。パニックを起こすことはよくあり、そうなると敵とともに己の側も踏み付けにされることは避けられない。戦争の音や臭いも嫌う。更に水域や長距離を移動させるとなると困難が伴いかねない。見た目ほど完璧な攻略不可能の兵器でなかったことは明らかで、それゆえアレクサンドロス大王は紀元前三二六年、ヒュダスペス河畔の戦いにてインド王ポロスを倒すことができたのだった。アレクサンドロスの軍はインドのパンジャブ地方に入った際、かつて目にしたことのない大軍勢に遭遇する。ポロスの軍は数に勝っていたばかりでなく、二〇〇の戦象を援軍に従えていた。ペルシャの詩人フェルドゥースィーの手になる叙事詩『王書《シャーナーメ》』によると、アレクサンドロスは大量の鉄の馬を造り、象を脅すため火を点けて放ち、象の戦陣を崩すことに成功したという（Mayor, 2003）。あるいは、戦術の冴えと歩兵たちの不屈の武勇とが勝利をもたらしたとする議論もある（Scigliano, 2002）。勝利を手にしたアレクサンドロスは最終的に象を取り入れ、ヘレニズム諸王朝との戦争に用いることとなる。理想的な兵器からは程遠いにせよ、持たぬよりは持った方がよい、目を圧倒するのは見ての通りなのだから、と、アレクサンドロスがそう考えたのは想像に難くない。

象を戦争兵器にする軍が増えるにつれ、象への対抗手段が必要になった。それらは最大の弱点、恐怖心と予測不可能な性質を狙わなければならない。一つの手立ては、豚にタールを塗り付け火を点けるというものだった。紀元前二八〇年から二七五年のピュロス戦争では、エピロス王ピュロスの象を前にしたローマが、身を焼かれ悲鳴を上げる豚を脅しに放ち勝利した（Kistler, 2006）。武装した牛や雄羊に牽かせた戦車も投入された。が、こちらは豚ほどの効果がなく、ピュロスの兵に即殺された。

最後に、人間以外の動物では最小の部類に属する者たちも大きな害を与えたことについて触れておかねばならない。出エジプト記ではエジプト人に神から一〇の災厄が下される。善と悪との宇宙的戦いにも現れるその災厄の内には、蛙や蝗《いなご》などの人間以外の動物も含まれた（Exodus〔出エジプト記〕7–10）。近東の民は人間以外の小さな動物が持つ力をこころえ、生物兵器として鼠《ねずみ》や昆虫、蜘蛛《くも》を使った。紀元一九八年、ローマの侵略者と戦ったハトラ（イラクのモースル州近くに存在した都市）の人々は、テラコッタの壺にサソリを仕込んだ。寄せ来る敵に投げ付けると、壺は死をもたらすサソリ爆弾に変わった（Mayor, 2003）。

中世

中世はローマの衰亡、および王国、封建制度、一神教の誕生に特徴付けられる。西ヨーロッパでは過去の磨き抜かれた戦略と戦術が粗雑さ蕪雑《ぶざつ》さに席を譲った。兵器の開発、生産も軽んじられた。封建社会は地域内紛争をうながし、そこでは専《もっぱ》ら鎧に身を包んだ騎士が馬に乗って剣を交わした。騎士は収入とともに騎士道や名誉をも欲した。騎士道（chivalry）という言葉がフランス語のcheval（馬、乗馬）からきているのは注目に値する。一方、教会の影響と十字軍は一地域内に限定されない戦をうながした。このような相異なる要素が、力と財をめぐる争いを存続させた（Keegan, 1994）。

伝言に鳥を使う習慣は中世の間にも絶えなかった。伝書鳩は一日に長距離を行くことができ、軍の伝言手段としては最速を誇った。中東に端を発する一般的な方法では、小さなパピルス紙片を容器に入れ、鳩の脚ないし背に括《くく》り付ける。鳩は指定の場所へそれを届けた。指定地は多くの地域に設けられ、大陸も跨《また》いだ。モンゴル帝国の皇帝チンギス・ハンは鳩を媒介する精巧な伝言システムをつくり上げ、世界の六分の一を覆った（Blechman, 2006）。一一世紀から一三世紀にかけての十字軍遠征の折にも伝書鳩が多用される。イングランド王リチャード一世とその兵士らは一羽の鳩を捕えたが、鳩は包囲されたプトレマイス（エジプトのナイル河左岸に存在した都市）の街へ向けた重要な報せを携えていた。ムスリムの救援軍が向かっている、とある。そこで敵方を欺くため、報せの言は「援軍は来ない」と書き換えられた。それを受け取った後、街は戦いをやめ降伏した（Fang, 2008）。

鳩と同じく、犬もまた常の役目を引き続き負わされる。古代の犬が領土の警備防衛を訓練されていたように、中世の犬は主とその財産を敵の手から守るのに利用された。比類なき獰猛さを持つ犬を所有すれば、家や牧場、家畜は安泰だった。警護の技に長け、邪《よこしま》な部外者をやすやす馬から引きずり降ろせる犬もいた。当然この能力は戦場でも発揮され得る。ゆえにフン族の王アッティラ、スペイン王シャルル五世など多くの指導者は、野営地の警護を犬に任せた（Hausman & Hausman, 1997）。とりわけアッティラが利用したのは大型犬種――マスチフの祖先にあたるモロシア犬や、ブラッドハウンドの祖先タルボットである。そうした軍用犬には鎧や棘付き首輪が装着された。

以前に変わらず、優れた嗅覚が利用された。例えばビザンチン皇帝アンドロニコスはキリスト教徒とトルコ人の微かな違いを嗅ぎ分けるよう犬を訓練したという。余所者が領内に入ると犬が警戒を呼び掛ける仕掛けだった（Richardson, 1920）。犬は確かに大役を果たせる。したがって犬を持たない軍や集団は苦境に立たされるのが普通だった。

封建社会の秩序維持に利用された人間以外の動物には他に馬がいる。王国および近接地域の巡察が任の一つだった。途上、小さな戦闘に巻き込まれることも多く、特に一三三七年から一四五三年にわたる百年戦争の最中には英仏両国とも盗賊やゲリラ集団に溢れ返っていたため、方々を回るのは大変な仕事だった（Hyland, 1998）。

軍馬は中世軍事システムの不可欠の要素をなす。なかでも鐙《あぶみ》は騎馬の性能を飛躍的に高めた発明品だった。西暦六〇〇年頃アジアで鐙が生まれ、騎兵は反動で落ちる心配をせず攻撃ができるようになり騎兵隊の能力は向上した。改良された盾、鞍、槍も加わった（Brodie & Brodie, 1973）。結果、襲撃や偵察に馬を使う機会が増えた。その重要性は大きく、七七二年から八〇四年のザクセン戦争では、馬が病気ないし疲労によって働けなくなり、カール大帝が襲撃を取りやめる事態に陥ったことも多い。そして七九一年、伝染病が馬の九割を死に追いやった際、大帝の軍はアヴァール族に向けた作戦を展開できなくなった（Hyland, 1999）。

ラクダはイスラムの初期拡大、および後には七、八世紀のアラブ民族による征服活動において重要な役回りを担うこととなる。若き預言者ムハンマドはラクダ乗りを務め、メッカやメディナなど聖なる都市を訪れた。クライシュ族と戦争をしていた西暦六二四年、彼はシリアから多くのラクダを連れてやってきたキャラバンを捕える。この勝利で得たラクダは宗教活動の継続に欠かせない「資財」となった。決定的瞬間だったといえる。下って六三〇年、ムハンマドはフナインの戦いで更に多くのラクダを捕えた（Gabriel, 2007b）。ラクダが当時、是非とも手に入れたい貴重な財産だったのは明らかだろう。加えて、ムハンマドの戦いはほぼ全てラクダに乗って行なわれている（Knapp-Fisher, 1940）。目を引くのが六五六年に起こった「ラクダの戦い」で、この呼称はムハンマドの妻アーイシャが軍を指揮した際、ラクダに乗っていたことにちなむ。

近世

近世前半は宗教や迷信の信仰が影響力を持っていたが、後半には新たな思想が世俗の合理主義と産業主義を結合させ、時代を変えていく。戦争ではそうした思想が過去の騎兵戦や地域戦を非合理的とみてはねのけ、大きな経済的、政治的獲得手段が好まれた。残念ながら戦争はより無慈悲な、被害はより日常的なものになる。新世界の探検は先住民との暴力紛争を引き起こし、彼等はそれによって辺境へ追いやられ、更にひどい場合には奴隷にされた。火薬が世界に広まり、人間以外の動物の兵器利用にも影響した。これまでとは違う任務でなお兵役を課される動物が残った一方、火薬が取って代わって二度と戦争では使われなくなった動物もいる。

近世の犬は兵士、探検家、冒険家の供として、新世界の危険な未踏地を付いて回った。人気の犬種はアーラントといい、南欧に起源を持つ狼とマスチフの交雑種である。獰猛で決断力に優れ忠誠心もあるとあって、軍や君主、征服者《コンキスタドール》に特に好まれた。一五〇〇年、スペイン人の征服者バスコ・ヌーニェス・デ・バルボアは新世界の探検に、飼っていたレオンシコという犬を連れていった。戦いに秀でた犬で、働きに対し給与が支払われたほどであった。同じくスペイン人のゴンサロ・ヒメネス・デ・ケサダはムイスカ族の土地（現在のコロンビア首都サンタ・フェ・デ・ボゴタ）を征服する際、犬に助けられた（Richardson, 1920）。しかしながらコロンビアの先住民を真に恐怖させたのはドイツ人征服者ニコラウス・フェーダーマンの獰猛な犬たちだった。毒矢の集中攻撃に耐える防具が与えられたことからも、戦場で果たしたその役割の大きさが推し測られる（Dempewolff, 1943）。やはり犬は心身に大きな危害を加えることができたのである。

もう一種の人気犬種はブラッドハウンドだった。クリストファー・コロンブスは航海中、遭遇する危険から身を守るためブラッドハウンドを頼りとした。役目は、嗅覚によって先住民の存在を知り、奇襲を防ぐことにある。また、当時の地域紛争を取り締まる助けにもなった。中世には大半の人間が道もなく整備も行き届かない土地に住んでいたため、犯罪人や無法者を追うにはブラッドハウンドの助けを借りるしかなかった。そこで軍用犬と警察犬は当時にあっては同じ存在とみなされた。

新世界に馬が来た時、アメリカ先住民の戦い方は劇変した。一六四〇年頃、まず北米南端地域に住む部族のもとへ持ち込まれる。馬を利用するという発想は北部と西部に即座に広まった。部族間の交易、交信もうながされたが、襲撃や戦争、その他の紛争も頻《しき》りになった。馬はまた富と権力の象徴とも目された。馬を捕らえれば敬われる。ゆえに先住民は長い距離を旅し、他の物品を狙うかたわら馬を捕らえ、盗まんと欲した。それが青年男子の通過儀礼とされた例も多い。しかしヨーロッパ人との接触が増えた時から、馬の確保をめぐる競争が日増しに深刻化していった（McCabe, 2004）。

近世の初め、戦象は兵器技術の変化を反映して革新的な形で利用されていた。目に訴えるという意味ではこれまで以上の威容を誇る。鎧や羽飾り、毒を仕込んだ鉄製の牙に加え、旋回砲や大砲などの大型兵器が取り付けられた。頭上の枠がこうした強力な兵器の搭載場所だった（Kistler, 2006）。この意味で、象は現代の戦車を思わせる。

敵を一掃する象の能力は高められたものの、ポロス王が二〇〇〇年近く前に経験したのと同じ問題が再び浮上する。一六世紀後半、ムガル帝国の君主アクバルはインド北部グジャラートへの領土拡大を図った。兵の数が少ない代わり、火砲は豊富に携えていた。対してグジャラートの軍は大きかったが、戦象などの古い技術に頼っていた。アクバルの軍は即、象への砲撃を始め、グジャラート軍の混乱と敗北を確かなものとした。この戦いは、究極の戦争兵器として君臨した象がその地位を降りたことを暗示している（Kistler, 2006）。

近代

近代は兵器の世界に大変革が起こったが、その裏には科学、機械学、工学の進展がある。国家間の緊張が高まるにつれ、政界の指導者たちは兵器の試験、実験の重要性を悟るようになり、改良と開発のため、大規模研究を統合して多数の有能な科学者を協力させる手に訴えた。目標は、より正確、より強力、より効率的な兵器を、可能なかぎり早く生産すること。その奮闘が主な陸海空の技術躍進につながる。兵器開発から戦略、戦術の立案まで、科学はとうとう戦争の全局面に完全に取り込まれた。それともう一つ、近代を特徴付けるものは、戦う人間以外の動物たちの一風変わった肖像である。すなわちこの時代、無数の人間以外の動物が兵士や王族や社会から名を与えられ、人格化され、英雄として名誉を授けられたのだった。

何世紀ものあいだ伝書鳩は世界で最速の通信手段とされていたが、一九世紀初頭、電信機が座を奪う。しかし技術的困難の伴う状況では依然として伝書鳩が頼みの綱だった。一八四八年の革命時、ヨーロッパの都市間で電信が途絶えると、そのたびに鳩が古代以来の役目を負わされた。一八七〇年の普仏戦争の際には独仏間でも電信サービスが使えなくなることがあった。終戦までに四〇〇羽以上が利用され、無事戻ってきたのは七三羽しかいない。伝書鳩はその後、自由の女神像の作者フレデリック・オーギュスト・バルトルディの手になる銅製記念碑によって名誉を讃えられた（Lubow, 1977）。注目すべきことに、第一次大戦の最中には伝書鳩の殺害、傷害、妨害が重罪とされ、懲役六ヶ月ないし罰金一〇〇ポンドが科されていた（Gardiner, 2006）。

二〇世紀に入ると鳩は一旦平和の象徴になるものの、兵器試験の材料として使われることの方が多かった。一九五三年から一九五四年、朝鮮戦争の休戦交渉が進められていた頃、朝鮮民主主義人民共和国（北朝鮮）の代表者らが数百の白鳩を首都平壌《ピョンヤン》から放ったことがある。鳩は高い建物の頂上に留まるよう訓練されており、同国の平和への思いを象徴するものと見立てられた（Lubow, 1977）。しかし遺憾ながら、より不穏な意図から、すなわち鳩誘導ミサイルや奇襲感知装置などの兵器試験に使う材料として、有無をいわさず鳩が利用されることもあった。優れた視覚と知能に注目された結果である。また、他の人間以外の動物に比べ、より実戦向きで費用効率も良かった。

小火器、大砲、そして後に機械兵器が広まると、かつて戦闘に使っていた人間以外の動物、例えば犬などにそれが取って代わった。単純に、進歩した技術に頼る方が有利だった。しかし犬が戦場から姿を消したわけではない。むしろ防衛目的での利用が増えた。フリードリヒ大王もナポレオン・ボナパルトも、軍事作戦には番犬を用いた（Jager, 1917）。その一匹が黒プードルのムスタシュである。一八〇〇年から一八一五年のナポレオン戦争の際、ムスタシュはオーストリアのスパイがいることを軍に報せた。後、戦いの渦中にあってはフランス軍旗の回収を果たし、連隊のいる適切な場所へ運んでくる働きをみせた。こうした愛国的行動を讃えられ、ムスタシュには勲章が与えられた（Kistler, 2011）。

驚きなのは、勇敢を讃えられた小型犬がムスタシュ一匹ではなかったことだろう。攻撃性に勝る大きな犬を持つことがもはや絶対条件ではなくなったため、より小さな犬が軍の中で積極的な役回りを担っていく。小さな犬は人間兵士の良き相棒と考えられたばかりでなく、英雄然としていた。特にその気質を発揮した犬に、ボビー（Bobbie）という名の白テリアがいる。イギリス王立バークシャー連隊の第六六歩兵連隊軍曹ピーター・ケリーは一八七〇年、マルタ首都バレッタにて子犬のボビーを引き取った。一八八〇年、隊はアフガニスタンに配備され、マイワンドの戦いに参加する。多くが命を落とした。ボビーは残る少数の兵を守ることに専念する。六週間後、援軍が到着すると、驚いたことに小さな犬が一匹、足を引きずりながら宿営地へ向かう姿があった。ボビーだった。一八八一年八月一七日朝、帰還兵はビクトリア女王に謁見し褒賞を得た。ボビーに英雄精神を感じた女王は日記に記している。「彼等の連れたポメラニアンの一種の小さな犬は、戦いのあいだ傍《そば》を離れず、闘士たちに心から尽くしました。[…] ボビーという名の彼は素晴らしいペットであり、そのビロードの上着は二本の善行章と真珠に飾られ、首にも勲章その他の飾りが着けられています。背に傷を負ったものの、すっかりよくなった様子です」（p. 30）。今日、ボビーの遺体はエディンバラ公王立連隊博物館で見られる（Le Chene, 1994）。

ムスタシュやボビーのような犬は宿営地周辺を見て回るほか、蛇や流砂、余所者などが迫った時には兵士に危険を報せ、他いくつかの変わった日常業務を受け持った。南北戦争さなかの一八六一年から一八六五年には、北軍、南軍ともに犬を使い、警備から身辺雑務、伝令、はては牢獄の看守に至るまで、様々な業務を担当させた。犬の役割は極めて大きかったので、一九世紀の終わりまでに各国は犬の軍事訓練プログラムを公式採用した（Le Chene, 1994）。

二〇世紀になっても優れた嗅覚が利用される。ベトナム戦争の際には、ゲリラの本拠地を突き止めジャングルに隠された罠を見付け出す手段が何としても必要とされた。夜が更ける頃ゲリラは村へ潜入し、襲撃や略奪、誘拐を働く（Lubow, 1977）。最新技術を用いる代わり、米軍はラブラドール・レトリバーを頼って敵の追跡に当たった（Levy, 2004）。ゲリラはまた森中に罠を潜ませた。その一つ、杭の穴《パンジピット》は、糞に覆われた木の杭《くい》が秘密の大穴に仕込まれているという代物である。罠は米兵の士気に影響し、常時わが身の頼りなさを感じさせ不安を煽る厄介な存在だった（Lubow, 1977）。犬はこれらの罠を嗅ぎ出すよう訓練され、更に地雷や待伏せ兵、罠を発動させる仕掛け糸を見付ける役も任された。

同種の脅威を暴くためには、他の人間以外の動物も使われる。一九三九年に始まったまやかし戦争〔第二次大戦初期の、大きな戦闘がなかった睨み合いの八ヶ月〕の最中には、フランス軍が地雷探知に豚を利用した――イスラエル軍は現在、同じことのため豚を訓練している（Gardiner, 2006）。より近年になると、アフリカオニネズミが地雷原と思しき場所の捜査、隠された爆弾の発見を訓練されるようになる。体長三〇インチ（約七六センチメートル）と、かなり大きなネズミだが、地雷を起爆させるほどではないので敷設地帯を走り回ることができる。嗅覚と知性に優れるため、迅速かつ効率的に撤去作業が行なえるという（Kristof, 2010, June 16）。

猫が英雄になる武勇伝も沢山ある。第一次大戦中、獅子の勇気を持つピトゥチ（Pitoutch）という名の小さな白猫がいた。ベルギー陸軍第三砲兵連隊のルクー中尉に育てられ、以後、彼の行くところに付いて回る。ある日、中尉はドイツ軍の密偵に出向いた。猫も同伴する。目的地に着くと中尉は近くにあった漏斗孔《ろうとこう》（砲弾でできた穴）の中に身を隠し、見たもの全てを絵に描き始めた。まもなく三人のドイツ兵が気付き、調べにやってきた。あわや見付かるというところで突然ピトゥチが飛び出し三人に襲い掛かる。猫を人に取り違えたと思ったドイツ兵たちは声を上げて笑った。その内に中尉はスケッチを描き終え、無事脱出し果《おお》せた（Baker, 1933）。

ピトゥチを例外として、殆どの猫は戦闘には利用されなかった。より伝統的な目的、例えば隊を食料のところまで案内する、ネズミを殺すといった仕事に使われるのが主だった。クリミア戦争の時にはトムという名の猫が病気の兵士や飢えた兵士を食料に満ちた秘密の貯蔵庫へ案内した。探知に使われる他の人間以外の動物と同じく、猫も嗅覚を使って皆の脅威となり得るものを探し出せた。一方、船内や前進基地でネズミの増加を抑え軍を助けた猫たちもいる。ネズミは健康に害を与えるおそれがあったため、これは重要な仕事だった。特記すべきはサイモン（Simon）という名の猫で、一九四六年に中国で始まった国共内戦の最中、イギリス海軍艦艇アメジスト号内でネズミ駆除を行なった技を評され、死後ディッキン勲章を授与された（Le Chene, 1994）。

近代になると歩兵隊や騎兵隊は廃れ、塹壕戦が始まる。徒歩や馬で動き回る部隊はもはや戦闘の主役ではなくなった。戦闘は動きの少ないものとなり、塹壕に身を潜めた兵士が安定位置から互いを撃ち合う形態に変わった。このため、第一次大戦では馬が主として物資の輸送運搬に使われるようになり、兵を運ぶ機会は減る。奇妙なことに、指揮官らはその地位を象徴すべく、なおも馬に乗って戦場に姿を現した。塹壕戦は汚く、きつく、危険でもあったため、この時期に動員される馬は恐れ知らずでなければならなかった。常に砲撃の真っ只中に身を置かされたのである。いうまでもなく、重要なのは馬が塹壕戦の音と臭いに平気でいられることだった（Baker, 1933）。

第一次大戦中にはロバも運搬に充てられた。危険な塹壕戦の最中には、食料や弾薬を部隊に届けるのは極めて難しくなることもある。基地へ届けるのは易しいが、それを塹壕に持ってくることはできない。ロバは他の運搬動物よりも仕事に適していると目された。馬よりも小さいため、狭い空間を気付かれることなく安全に通過できたのだった（Baker, 1933）。

ナポレオンの結成したラクダ部隊を、イギリス軍は第一次大戦中に復活させる。数百のラクダからなるこの部隊は、北西戦線の秩序維持、およびトルコでの軍事作戦ではゲリラ戦にも使われた。ラクダの用途は輸送であり、一度に二人の人間を乗せるほか、弾薬、備品、食料も運んだ。しかし同時に優れた戦士にもなり、攻撃的な反応から敵に突進することができた（Knapp-Fisher, 1940）。ラクダの突進は大きな脅威となり得た。

最後に、近代人が兵器として利用した最も驚くべき人間以外の動物にイルカがいる。一九五〇年以降、米ソの国防省は多岐にわたるイルカの兵器利用を模索してきた。戦争を行なう観点からすれば、その利用は理に適っている。犬その他の知的な人間以外の動物がやってのけることを、イルカは水中で行なえる――物の回収、侵入者の発見、決められた位置への物資輸送、異なる対象物の判別も。一九七六年四月刊行の『ニューズデー』紙（米）の記事によると、米海軍とＣＩＡはイルカを訓練し、何と海底に落ちた核爆弾を抜き取らせることに成功したという。同紙の他の記事には、合衆国政府がイルカを使い、ロシア艦艇の性能に関する諜報データを集めていたとある（Lubow, 1977）。更にソビエト海軍は、遠隔操作で起爆できる吸着機雷や爆発物を、それぞれ敵艦、敵ダイバーに取り付ける訓練を行ない、イルカを殺傷機械として利用したといわれる（Gardiner, 2006）。似たような目的で利用された人間以外の動物として、アシカとシャチが挙げられる。今日もなお、海洋動物を戦争目的に利用する可能性については研究が進められている。

先史時代、古代、中世、近世、そして近代、すべての時代を通し、人間以外の動物は戦争の画策と増殖に大きな役割を果たしてきた。事実、人間が道具を作る思考力を得た時から、人間以外の動物は兵器として搾取され始めた。以降の歴史において人間以外の動物たちは、本意か否かに関係なく、特定の任務をこなすため繁殖され訓練される、生きて息をする道具に過ぎないものとして捉えられ扱われてきた。戦争に参加させられる背景には必ず理由と目的が存在した。動員されるか否かは能力で決まる――人間の被害と資産の損失を減らすことができるか、あるいは、浅ましい話だが、増やすことができるか。本質をいえば、彼等は人間の利益のためにそこにいた、自己のためではなく。痛ましい搾取を前にしても、大半の人間は自身の生命への影響のみを考え、人間以外の動物なしで戦争を始めれば費用も掛かり過ぎ、危険も大き過ぎ、絶望も果てしないとの恐れを抱く。嘆かわしくも、常に好まれるのは人間以外の動物を利用することの方で、社会全体の戦争構築に異を唱える取り組みは注目に劣る。しかし真の元凶は戦争であり、その育成強化する考え方に則《のっと》れば人間同士の平和的共存は適わぬものとなり、まして人間と人間以外の動物とのそれは望むべくもなくなる。人間以外の動物がいようといまいと、戦争をすれば費用が掛かり過ぎ、危険が大き過ぎ、絶望も果てしないのに変わりはない。私たちは、全てを総合し変革を図る積極的平和をこそ志向しなければならない。戦争や他の暴力の表出が孕む問題は、そのとき初めて看取されることだろう。

注

（1）聖書からの引用は Attridge, H.W. & Meeks, W. A., *The HarperCollins Study Bible: New revised standard version*. New York, NY: HarperCollins, 2006 による。

福島で餓死した子牛の亡骸。3・11 に伴う原発事故の後、被災地に取り残された多くの飼育動物たちは飢えと渇きで死んでいった。戦争が町を廃墟にすれば、同様の運命が彼等を襲う。2011 年 4 月、NPO 法人 動物実験の廃止を求める会（JAVA）撮影。

第四章

戦争

動物たちの被害

ジュリー・アンジェイェフスキ

隠蔽と支配権力

動物たちの隠蔽は種差別主義と支配権力の際立った特徴に数えられる。個々の動物の被害なり勝利なりにまつわる話が世間を騒がせる一方、人間の政策や事業が莫大な数の動物に与える全身作用は、たとえ動物の身体や生命に甚だしい害が及ぶものであっても、殆ど顧みられず、調べられることもメディアで報じられることもない。人間の戦争行為は大半が支配者の権益のため、ないし動物や他の人間から土地、労働力、資源を奪うために実行されるが、これもまた例外ではない。帝国主義の定義にしたところが、他の人間集団から資源を奪う行為を指すに留まり、動物が自身の進化と生存を支えてきた資源に対して持つ筈の権利を度外視している。実際、ある土地に最も長く暮らしてきた人々がそこを「所有する」という考えは、動物こそいかなる人間よりも長く地球全土に暮らしてきたこと、にも拘らず人間が地球を支配している間はいかなる居住権も認められずにいることを、まるで認識しようとしない。

したがって戦争関連の計画、策謀、研究、試験、誘発、停戦、合法性、違法性、死者数、医療、移住、再建、補償、あるいは真実委員会*において、動物たちの生命や懸念が何かしらの形で考慮されることは殆ど、ないし全くない。最も気付かれにくい意味での「巻き添え」という隠語が当て嵌められる。世界は動物を隠蔽、抑圧しており、戦中戦後では特にそれが助長されるので、この時期に動物が被る影響を調べるのは容易ではない。

隠蔽はそこかしこの文書に散見される言葉遣いの内に顕れている。動物は単数形で複数を表す。イノシシ（wild boar）、パサン（wild goat）、スイギュウ（water buffalo）、トラ（tiger）は、単数形でありながら個ではなく集団を指す。家畜、畜産動物、野獣、野生動物、飼育動物といった語け、動物を人間の使用用途や人間との関係によって定義している。「人間」と「動物」を分ける慣例は誤まった二項対立をつくり出す（人間も動物に他ならないのだから）。本章ではこうした隠蔽の側面をつぶさに見ていくことはしないが、動物の受ける戦争被害の果てしなき残忍性を考える際、言語は私たちの感情と知性の間に不幸な隔たりを設けるのである（Dunayer, 2001）。

秘密主義と検閲

政府は軍と戦争に関して高水準の機密性を維持し、これが動物に及ぶ戦争の長期影響を調べる上で、もう一つの障碍《しょうがい》になる。民主主義国家の市民はこの秘密主義が「国家の安全」のために必要なのだと聞かされるが、内部告発者や漏洩した情報、訴訟によって明らかになっている通り、機密性が保たれるのは政策決定者の利己的不法行為を擁護するためであることが珍しくない。ゆえに軍事に関する一般側面

＊　為政者の不正、暴力行為を究明し、過去から続く紛争の解決と地域社会の再生を目指す各国の委員会。南アフリカの真実和解委員会など。

の多く、例えば戦争の詐欺的正当化、戦争受益者との原価加算・随意契約、拷問や戦争犯罪、動物や年少者や一般市民の大虐殺などはひた隠しにされ、強まる反戦世論は回避される。

これに加え、多くの兵器システムとその用途、費用、軍の準備や動員が引き起こす環境、動物、人間の被害については、合衆国でも他の国々でも、殆ど情報を得られない（Sanders, 2009, p. 23）。国の安全を盾に、兵器の情報は直接検閲されるか、あるいは法人所有のメディア（多くは軍事契約によってじかに投資を受けている）によって公開を阻止される。あるいは逆に「広報」活動によって、人々に「ピンポイント攻撃」や「精密誘導」などといった兵器の有能性を示し、また軍事活動の有益性や人道的な動機を説くなど、思想の操作が行なわれることもある。その何よりの証拠に、アメリカ人の大多数は国防総省が地球上最悪の環境汚染者であるという事実を完全に見落としており、それというのもやはり情報が厳重に検閲されているからである（Huff, Roff & Project Censored, 2010）。

動物の抑圧

秘密主義と隠蔽は広く行きわたっているが、本章は動物の戦争被害をめぐる疑問について、直接の典拠がある場合はそれを用い、更に動物に関する観察や見聞が含まれる関連領域からも情報を集め、探究を進めることとする。資料が一切ない場合、極めて乏しい場合には、戦争活動の最も恐ろしい現実に分け入り、問題の兵器や政策が動物に何をもたらすのか、想像も働かせて推し量ることが必要となる。

探究の一環として動物の〝抑圧〟という概念を用いると、広く深い理解がうながされ、軍事と戦争がいかなる形で彼等に影響を及ぼすかについて、よりよく把握できるようになる。

定義の仕方は一様でないにせよ、人間以外の動物が〝抑圧〟の対象になっているということはいえる。アイリス・ヤングのいう抑圧の五形態*（Young, 1990）のもと、人間以外の動物は第一に〝搾取〟の対象として身体を利用され、用途は労働、食料、衣服、研究、教育、娯楽、そのほか想像もできないような「生産品」の数々に及ぶので、私たちが日常の中でそれらを回避することは不可能に近い。第二に、人間以外の動物は人間活動の負の影響を受けずに生活できる場を殆どないし全く持たず、常に計画的に「甚だしい物資の欠如、更には撲滅の犠牲」（p. 53）にされるので、ここでは〝周縁化〟が新たな意味を帯びてくる。私たちは人類という種を「規範」にし、人類以外の種が持つ精神的、感情的、身体的性質をその基準にもとづいて計測、分類、あるいは蔑視する（ヤングはこれを〝文化帝国主義〟と呼ぶ）。人類とその技術が地球上に極端な支配力を行使する中、他の動物は状況を変えるに〝無力〟であり、降りかかる多様な〝暴力〟を避けることはできない（Andrzejewski, Pedersen & Wicklund, 2009）。

戦争や関連する諸活動の余波が動物にもたらすものは、あらゆる面からみてこの定義通りの抑圧に該当する。動物の心身、居住地、家族、共同体の損傷と破壊、その喪失、そして今日では珍しくなくなった絶滅、それらを明るみに出さなければならない。更に、これは戦争を仕掛ける者であれその犠牲者で

＊　アメリカの政治学者アイリス・ヤング（一九四九〜二〇〇六）は、抑圧の五形態として、搾取（他者を利用して利益を生みながら対価を払わないこと）、周縁化（社会的に下位におかれている集団を疎外すること）、文化帝国主義（支配階級の文化を社会の規範とすること）、無力（権力の偏在により特定の集団が社会的に不利な立場におかれること）、暴力（他者の生命、心身、資産を損なうこと）を分類した。

あれ、人間は全くといっていいほど気に掛けないことだが、動物が（もし可能なら）戦争から立ち直り、可能な場所に可能な形で生活を取り戻す、その能力を知ることも肝心だろう。

本章では以下の疑問点について検討したい。

・現代の戦争のどのような中心要素が動物に長期影響を及ぼすのか。
・環境戦術（化学兵器、生物兵器、放射能兵器、爆発兵器、環境改変兵器）は動物にどのような長期影響を及ぼすのか。
・特定集団の動物は戦争の余波によってどのような影響を被るのか。
・戦争活動の煽りを受ける中、動物はどのような選択肢を持っているのか。
・どちらが答えか——社会運動ＶＳ根本解決。

現代の戦争のどのような中心要素が動物に長期影響を及ぼすのか

戦争活動の長期影響に関わる原因、動向の中で、重要なものが数点あり、それがこの陰惨な人間の営為に振り回される動物の苦境を理解しようとする際、欠かせない基盤になる。

・帝国主義は終わりなき戦争によって動物の抑圧と絶滅を更に悪化させる。

・人の手による自然破壊が世界の紛争を増加させる。
・戦争は生物多様性危機地域に集中する。
・環境戦術は広範囲の生息地を死で覆う。
・現代兵器の破壊性能は殲滅につながる。
・避難民は動物に対する戦争の影響を強める。
・動物に影響する世界的課題をないがしろにして戦争に資源が費やされる。

帝国主義は終わりなき戦争によって動物の抑圧と絶滅を更に悪化させる

グローバル資本主義のもとでは利益の最大化がその性質上、動物、人間、そして地球にとっての最善と対立する。自然資源の採取、土地や生息域の独占、動物と人間の労働力搾取のため、全ての存在の幸福が犠牲にされる。帝国主義の歴史が実証するように、富を追う人間が軍を組織し、政府と結託し、その攻撃力を行使して地球上いたるところから、あるいは戦争活動そのものから、利益を吸い上げげんとしてきた。侵略も支配も戦争も、そこから金が生まれるかぎり無くなることはない（Parenti, 1995; Shiva, 1995）。欲しい資源があれば必要なかぎりの暴力を尽くし奪い取る――収監、拷問、個人ないし集団の暗殺、大々的な環境破壊、戦争、そして根絶。いかなる暴力も人間の貪欲を満たすに大き過ぎるということはない。戦時には幾千万の人間が苦しみ、没し、家を後に避難することを余儀なくされるが、一方でこの同じ出来事が〝幾億幾兆〟の動物を襲うことは疑えない――尤もそれは、地球上すべての土地に数多くの種が数多く寄り添って暮していればの話であるが。場合によっては身体片なり象牙なりといった動物由来の品や動物自体が帝国主義者の戦争をうながす資源となる（Enzler, 2006）。

歴史の中で数多くの国家が帝国主義戦争を推し進めてきたが、アメリカ合衆国はその発端からして帝国主義国家であり、二〇世紀に入ると支配的軍事大国としてその姿を顕示した。合衆国は他国すべての軍事費を合わせたよりも多くの予算を軍事に割いており、最大の武器輸出国でもある。そこで、本章の調査では世界を視野に入れるものの、大部分の情報はアメリカの活動に関するものとなっている。

人の手による自然破壊が世界の紛争を増加させる

指数級数的に人口が増え、地球全土が浸食されていくことで、人間のつくり出す世界規模の問題は紛争を増加させる方向に働くだろう。気候変動が異常気象を生み、水と食料の枯渇が深刻の度を極め、貧富の差が増し、戦争産業が最も儲かるビジネスであり続ける以上、戦争は増えていくものと見込まれる（Broder, 2000）。更に、アメリカの《軍事－産業》複合体は桁外れの大きさを誇る武器商人として、関連する世界の兵器取引を通して緊張を高め、地域の軍備拡張競争に拍車を掛け、紛争の誘発をうながす（Berrigan, 2010; Deen, 2010）。そして紛争が起これば、動物の排斥、苦痛、死亡、絶滅が激化することは疑えない。

戦争は生物多様性危機地域に集中する

戦争がどこで勃発しようと、動物が短期、長期の恐怖、負傷、死亡に見舞われることに変わりはないが、現在戦争の行なわれているのが専《もっぱ》ら生物多様性の危機地域《ホットスポット》（多様な生物に恵まれていながら生息地が大幅に失われている地域）においてであるという事実を示す証拠が存在する。「絶滅が危惧される世界の哺乳類、鳥類、両生類の四分の三は危機地域にしか生息しない」にも拘らず、そこに武力紛争の八〇%が集中しているのである（Hanson et al., 2009, p. 579）。この現象を説明する理論はないものの、そうした地域が完全に搾り尽くせる最後の土地とみなされ、動物を含む全ての「資源」から利益を得るべく争奪戦が行なわれていると解釈することはできよう。

環境戦術は広範囲の生息地を死で覆う

焦土作戦は歴史的な戦術であるが、現代の環境戦術は前代未聞の破壊を行なう。湾岸戦争ではイラクが一〇〇〇万バレル（約一六億リットル）の原油をペルシャ湾に投棄したが、これは当時にあっては史上最大の流出量にあたり、数万の渡り鳥と数知れぬ海洋動物が命を奪われた（Lorentz 1991 p. 3）。原油は更に直接砂漠へも流され、五〇平方キロメートルの湖となって脆い生態系を壊し、ついには帯水層にまで滲み出した（Enzler, 2006）。イラク軍は撤退時にクウェートの油田に火を付け、大気中に汚染物質を放った。スモッグ、酸性雨、毒ガスが発生した。砂漠上に煤《すす》の層が降下し、植物すべてを覆い尽くした。消火に用いられた海水は塩分濃度を上昇させた。傷付きやすい砂漠表面を戦車が損ない、戦車や兵器が使われた所では例外なく劣化ウランの破片が砂と入り混じった。市街地では水処理施設が狙われ、下水汚物がチグリス・ユーフラテス河に流れ込んだ。イラク、アフガニスタンの両国では長年にわたり戦争が行なわれてきた結果、環境は全面的に損なわれ、もはや修復も叶わない。動物も人間も病気や先天異常、死に苦しむ運命を負わされる。

人間やその家族の経験する持続的な苦しみについては徐々に記録がとられつつある一方、同じ地域に暮らす動物たちへの影響は殆ど書き留められていない。ただし、ときおり付記の中に動物に触れた箇所が見出せる場合があり、例えば次に挙げるのは二〇〇六年レバノンを襲ったイスラエルの戦争を叙した観察記録である――「石油流出は急速に広がり〔…〕海岸線を九〇キロメートル以上にわたり覆ったことで、魚を殺すとともに絶滅の危惧されるアオウミガメの生息環境に影響を及ぼした。〔…〕計九〇〇〇エーカーの森が焼失し、残された樹木と鳥の避難所が火炎によって脅威に曝されている」(Enzler, 2006, p. 8)。害を被った個々の動物の映像や話題は表に出ず、アオウミガメや魚や鳥の戦争直後の状態、長期影響を確かめた調査、報告は手に入らない。

現代兵器の破壊性能は殲滅につながる

現代の兵器は未曽有の威力、破壊力、汚染力を備え、影響の持続期間も長くなった。何しろ現在のアメリカの兵器は大半が放射性物質の劣化ウランを含んでおり、その半減期は四七億年にもなる。こうした兵器の総合的な長期影響については知られていないが、例えばサンダーズらはそれを次のように言い表す。

〝殲滅《せんめつ》〟――人間、動物、植物、全ての生命の破壊〔…〕。ウラン曝露によるこの言語を絶する中毒の犠牲者は、ひとり人間だけではない。植物と動物も放射性粒子を吸収し、ウランは食物連鎖の一部として永久に残り続けることとなる。国連環境計画《UNEP》は、劣化ウランが土壌中に入るとウランレベルが一〇〇倍にまで上昇し、地下水が汚染されると結論する。(Sanders, 2009, p. 88)

アメリカの開発した数点の主力爆弾についての簡単な説明を読むだけでも、殲滅を引き起こすであろうその破壊力について示唆を得ることができる。地中貫通爆弾《バンカーバスター》は地下で爆発して劣化ウラン二〇〇キログラムを撒き散らす。雑草刈り《ディジーカッター》は「衝撃効果を発生させ［…］広範囲の酸素を奪って生命すべてを燃焼と窒息により死滅させる」（Sanders, 2009, p. 96）。史上最大の爆弾、「全ての爆弾の母（Mother of All Bombs）」ことMOAB《モアブ》は、目にした者からは「鋼鉄の雨」とも称されるもので、一〇トンのアルミニウム粉末によって肺疾患や神経疾患を引き起こし、被害者は長い時間をかけ死んでいく（Sanders, 2009）。タングステン合金の詰まったDIME（高密度不活性金属爆薬）爆弾は「爆発して無数の高熱微小片に分かれる。爆風は小さな範囲で信じがたいほどの破壊力を持つが、軍はそれを『限定的殺傷力』と称している」（p. 113）。「発癌性爆弾」としても知られるDIMEの副作用には、ほぼ一〇〇％の癌誘発も含まれる（Nichols, 2010）。

これらの爆弾は核兵器でなく「通常」兵器とみなされるため、アメリカで試験され近年の戦争で配備されてきた。試験、使用が実施された土地では例外なく、その毒性が瞬殺を免れた生きものに作用し続けている。

避難民は動物に対する戦争の影響を強める

追放されるにせよ避難するにせよ、戦争によって多数の人々が土地を追われると、着いた先で未開発の土地や野生環境、国立公園、森林が破壊され、水も汚染されるなど、先のケースとはまた別種の甚大な災厄が生じる。「住む者のない」土地などと形容されることも多いそれらの地域には、現実には他の動物が住み付いている。辿り着くや否や、必死の人々は動物の棲家を壊して燃料や避難所に変え、しばしば動物を食料として殺す（Hanson et al., p. 4）。必要なインフラの整っていない場所に人間が集中するため、水も汚染される。更には「畜産」動物が「野生」動物の暮らしていた地域に移されることで生息地をめぐる衝突が生じることもある。ヨルダンには絶滅したアラビアオリックスが再導入〔地域で絶滅した種を再び生態系に組み込むべく、余所から連れてくること〕されていたが、湾岸戦争の避難民であるベドウィンが一六〇万頭の羊、山羊、ラクダ、ロバを持ち込んだことで、その生存が危ぶまれる事態に陥った（Harding, 2007）。

動物に影響する世界的課題をないがしろにして戦争に資源が費やされる

限りある貴重な資源が軍の浪費と費用のかかる戦争の民営化に費やされ、人間の引き起こした緊急の世界的課題はないがしろにされている。それが世界の動物に与える長期影響は極めて大きい。地球温暖化は科学者の予想を超える速さで進行しており（IPCC Report, 2013）、樹木の大量死によって炭素貯蔵庫が炭素排出源と化している（Carrington, 2011）。しかし動物を襲う最大の世界的問題は――これもまた殆どは法人メディアが検閲修正するが――六度目の大量絶滅**である（Andrzejewski and Alessio, 2013）。科学者は現在、地球上の生物種（両生類、哺乳類、植物、魚類）の四分の三が、何も手を打たなければ向後三〇〇年の内に絶滅するとみている。何も手は打たれようとしないだろう、差し迫った問題ではあるが、帝国主義と強欲と戦争とに何兆ドルもが費やされている限りは。

環境戦術（爆発兵器、化学兵器、生物兵器、放射能兵器、環境改変兵器）は動物にどのような長期影響を及ぼすのか

戦争を生き延びた動物たちの被る後遺症について基本的な理解を得ようとするだけでも、私たちは試験、使用される兵器のタイプをより詳しく見ていかなければならない。前世紀に開発された兵器の破壊的結果を考えてみるに、大半の戦術は環境戦術として捉えるのが適切といえよう。

本章の目的に鑑み、ここでは環境戦術という概念を、生命や自然のシステムに影響する戦争関連の全ての短期的、長期的環境破壊と捉えたい。研究者の中には戦時に直接行使される活動を「積極的」活動、戦争の瑣末な付随要素と思われるものを「消極的」活動として区別する立場もある（Jenson, 2005）。しかしどちらも動物と環境に同じように害悪をもたらし得る以上、この区分は恣意的なものに思われる――真に「消極的」といえる活動などありはしない。代わりに私は〝直接的環境戦術〟と〝二次目標および戦争後援活動を通しての環境戦術〟とを区別する。

〝直接的環境戦術〟は、爆発兵器や地中貫通兵器、化学兵器、生物兵器、放射能兵器の直接配備、戦争の道具としての環境利用を含む。まずは兵器のタイプを簡単に通覧し、その後それぞれの特徴を可能

＊＊　オルドビス紀末（約四億四四〇〇万年前）、デボン紀末（約三億七四〇〇万年前）、ペルム紀末（約二億五一〇〇万年前）、三畳紀末（約一億九九六〇万年前）、白亜紀末（約六五五〇万年前）の五度にわたる大量絶滅に続き、現在、人間活動の影響（自然破壊など）で六度目の大量絶滅が進行しているとする説。

なかぎり検証しつつ動物への影響を考えてみたい。

爆発兵器は化学物質や重金属、放射性物質、焼夷《しょうい》物質を爆薬と混ぜたものである。前節で言及したものは数ある爆弾の中の数種に過ぎない。化学兵器は神経ガスやマスタードガス、クロム、タングステン等々の有害物質を直接使用するもの、ないし爆発物の中に入れたものを指す。除草剤やダイオキシン、黄燐弾や白燐弾、あるいはナパーム弾等の焼夷弾の使用もここに含まれる。生物兵器は培養した病原体を標的に向けて散布するもので、動物、作物、人間の弱体化ないし殺害に用いられる。以上すべての兵器システムは、研究施設での試験において意図的に動物を実験台にすることもあれば、試験エリアでの爆発や散布を介して事実上彼等を実験台同然に害することもある（試験エリアから動物を避難させる手段は存在しない、もしくは実行に移されない）。

油も兵器になり、故意に「流出」させ、火を放ち、水や地表を汚染するといった形で利用されてきた。他の環境戦略としては「湿地の脱水」、枯葉作戦、水汚染、農地や自然域への地雷敷設などが挙げられる。恐ろしいことだが、一九七七年にジュネーブで禁止条約が採択されたにも拘らず、環境改変（ENMOD）や気象戦術の調査、試験はその後も続けられてきた（Chossudovsky, 2009）。

〝二次目標および戦争後援活動を通しての環境戦術〟は次のような活動からなる。

・大規模な化石燃料の焼却。
・兵器の調査、生産。
・ソナー（水中音響機器）、ミサイル、爆弾の試験。

・使用済み弾薬、不発弾、化学物質、放射性廃棄物の海洋投棄、ないし大気中、地中、水中への漏洩を伴う「貯蔵」。
・化学工場、精油所、水処理施設、電力施設、およびその他の工業施設、基幹施設への爆撃。
・軍用、工業機械類の意図的破壊。
・軍事基地の建設。

軍と戦争の環境破壊活動について一次的、二次的を問わず広く押さえたこのリストも、到底網羅的なものとはいえない。しかし文書記録が無くとも想像できる通り、これらの組み合わさった影響力は動物と自然に対し、筆舌に尽くしがたい短期、長期の害悪をもたらす――再びいうなれば、それは〝殲滅〟に他ならない（Sanders, 2009, p. 88）。

爆発物と爆弾

モシャとモタラ、それぞれ片脚の大部分を失いながらも地雷の爆発を生き抜いたこの二頭のアジアゾウの物語は名編ドキュメンタリーとなって世に知れ渡った（Borrman, 2010）。爆発で命を落とした多くの象その他の動物と違い、モシャとモタラは「アジアゾウの友」専門病院に救われた。といっても、二頭は

＊＊＊　反乱分子への対抗作戦。敵兵が潜伏すると疑われる村落等の住民を殺害もしくは強制移動し、標的の人物ないし集団をあぶり出そうとする策。敵兵を魚に見立て、その潜伏する一般市民の集団を湿地に見立てるところからこの名称が付いた。「海の脱水」ともいう。毛沢東がゲリラを「人の海に泳ぐ魚」と形容したのにちなむ。

鬱《うつ》病に悩まされ、社交を拒み、度重なる手術と脚の喪失によって徒《いたずら》にその自由を奪われていた。この稀有な例では、彼等の生をより充実させるため義足が造られた。しかし少数の事例から推測するに、無数の動物が地雷によって重傷を負わされ、死亡しているものと思われる。入手できる資料は少ないが、ロバート、ステュワートの二名はこう報告する。

アフガニスタン、ボスニア、カンボジア、モザンビークの地雷による社会的、経済的損失を調べた研究は、その爆轟《ばくごう》によって五万四〇〇〇以上の動物が命を落としたと結論する。第二次大戦中に敷設された地雷はリビアにて一九四〇年から一九八〇年の間、毎年三〇〇〇以上の動物を殺害した。
(Roberts & Stewart, 1998, p. 36)

六六を超える国に何億という地雷やクラスター爆弾が眠り、終戦から長い年月が経った今でも罪なき犠牲者、動物と市民を殺傷しようとしている (ICBL, 2011)。「地雷が罪なき人々を殺したり重傷を負わせたりするという話はよく聞くが、動物も同じ運命に苦しんでいる…何を隠そう、毎日たった一日の内に、人間の一〇倍から二〇倍の動物が殺傷されているのだ」(Looking-Glass, n.d.)。作物を育てさせまいと、地雷は農地に撒かれることもある。時には牛や羊が地雷撤去の道具として故意にそこへ放たれることもあり、彼等もまた戦争後の犠牲者に数えられる。

確証はとれていないが、ボスニア西部で得られた複数の報告によると、サンスキ・モストの住民は「羊の地雷撤去」という独自の方法を編み出したそうで、それは単に危険地帯へ羊を放つものだという。羊は一九八〇年から一九八九年のイラン・イラク戦争の際にも地雷撤去に利用された。

(Roberts & Stewart, 1998, p. 2)

大小の爆弾が及ぼす害はその場限りの恐怖や爆発による殺傷を遥かに超える。他の影響とともにそれは最も離れた土地の環境すらも汚し、個と集団の生存および生活の質を揺るがすもので、例えばアフガニスタンの山地については次のように記される。

爆弾が国内野生生物の大半を脅かしている。〔…〕山地はヒョウをはじめ多くの大型動物に隠れ家を提供するが、その生息地が現在では広範囲にわたり軍の隠れ家にされている。のみならず、避難した者らがヒョウなどの大型動物を捕獲し、国境を安全に通過するための取引に利用する。爆発物の使用によって汚染物質は大気中、土壌中、水中に入った。(Enzler, 2006, p. 5)

化学物質および焼夷物質

血液剤、糜爛《びらん》剤、神経剤、窒息剤などの主要な化学兵器は動物で試験され、『人体に致命的』と記述される。他の化学兵器には一次的無力化を引き起こすものもある(WILPF)。ナパーム弾や白燐弾などの焼夷兵器は肉体に接すると燃焼、溶解する――相手が人間であろうとなかろうと関係なく。除草剤等は「敵軍」の潜伏場所を奪うため、動物のいる森やジャングル、海岸線の木々を枯らす。国際条約が化学兵器の禁止、焼夷兵器の禁止と制約を取り決めているにも拘らず、現実には開発された物すべてが何度にもわたって使用されており、最近年ではアメリカがイラクのファルージャ、および、恐らくはアフガニスタンで用いた例がある（Hambling, 2009）。それが戦中戦後、動物にどのような直接的影響を及ぼすのかについては情報が極めて限られているものの、害を受けた土地や水質、様々な動物の減少に関する数少ない試算に目を通すと、動物が実際に味わう苦痛や喪失を、ごく僅かながら察することができる。

【ベトナム、ラオス、カンボジア】

枯葉剤（除草剤）、爆弾、クラスター爆弾、ナパーム弾、および地雷がこれらインドシナ半島諸国の森林と野生生物に与えた影響は、殆ど評価されずにきた。枯葉作戦で二〇〇〇万ガロン（約七六〇〇万リットル）のオレンジ剤が撒かれた「広域に及ぶベトナムの森林では、住んでいた動物が殺され、害を被り、立ち退かされた」（Loretz, 1991, p. 1）。

オレンジ剤の散布が南ベトナムの植物に及ぼした破壊的影響は今日でも見ることができる。最も深刻な被害を受けたのは海岸地帯のマングローブ林（熱帯植物と灌木）であり、散布によって海岸線の土地は痩せ、浸食も進んだ。岸に住む鳥は激減し、マングローブの下に広がる網目状の水路が消えたために魚は重要な繁殖の場を失った。マングローブ林が以前の状態に回復するまでには最低でも一〇〇年がかかると見積もられている。［…］豊かで多様な熱帯雨林が消滅し、動物の生息地も消え去った。結果、散布を受けた土地の鳥類、哺乳類は大幅に数を減らした。森の覆いと餌を奪われ、イノシシやパサン、スイギュウ、トラ、および多種のシカが以前のようには見られなくなった。飼育動物であるスイギュウ、コブウシ（アジアの牛の一種）、ブタ、ニワトリ、アヒルなども、オレンジ剤の散布後に病気になったと報告されている。（Science Clarified, n.d.）

砒素《ひそ》由来の枯葉剤《エージェント・ブルー》（青）も作物を枯らすために使用された。五〇年が過ぎた現在でも、これらの兵器が動物に及ぼしてきた破滅的作用を余さず評価するのは不可能であるが、流域や植生の変化、広く浸透したダイオキシンの存在は、淡水に暮らす動物を通して今なお窺い知ることができる（King, 2006）。

【ハワイ、アメリカ沿岸部、大西洋、太平洋】

一九四四年から一九七〇年の間に、大西洋および太平洋をめぐる約三〇の地点から、数十万トンの化学兵器と放射性廃棄物が海洋投棄された。確実に沈めるため容器に穴を開けることもあった。化学兵器のマスタード、ルイサイト、サリン、タブンを含む爆弾は海洋中で腐食し、それらの物質を周囲に撒き散らす。投棄された化学兵器の研究は近年になってようやく一つ、ハワイ海底弾薬・有害物質影響評価（Hawaii Undersea Munitions and Material Assessment）が始められたばかりである。結果はまだ手に入らない。

【ガザ】

国際機関と人権団体は、イスラエルが二〇〇九年、ガザ地区（パレスチナ）に対して行なったとされる戦争犯罪の可能性について調査を進めており、特に白燐弾およびＤＩＭＥ（高密度不活性金属爆薬）兵器の違法使用が問題となっている。ＤＩＭＥ兵器の内に含まれるタングステンは傷をほとんど付けることなく人体に入り、肢体を切断、臓器を破壊する上、「強い発癌性を有し、進行性の癌を誘発する」長期効果も併せ持つ（Cunnigham, 2009, p. 3）。動物の犠牲に関しては一切言及されないものの、こうした恐ろしい兵器の影響が及んだことは疑えない。害を免れた可能性は考えられないだろう。

【フィリピンおよび太平洋諸島（ウェーク島、ジョンストン環礁、グアム、その他）】

太平洋諸島の多くは化学兵器と放射能兵器による深刻な汚染を被っており、原因は以下のものに分かれる。

・大気中核実験。
・世界から運ばれてくる化学兵器、軍事廃棄物の蓄積。
・軍事基地由来の汚染土壌、廃棄物の投棄。
・不発弾投棄。
・ジョンストン環礁化学薬剤廃棄施設《JACADS》による化学兵器の焼却。

これらの活動から生じる汚染物質はポリ塩化ビフェニル（ＰＣＢ）、オレンジ剤（ダイオキシン）、ホスゲン、マスタードガス、殺虫剤、農薬から、水銀、砒素、鉛、アルドリン、ディルドリン、トルエン、ベンゼン、メチルエチルケトン、キシレン、トリクロロエチレン、更にはプルトニウムをはじめとする高レベル放射性廃棄物にまで及ぶ。全てが極めて有害な毒性を持つ（Nautilus Institute for Security and Sustainability, 2005）。

傷付きやすい島国の生息環境には多様な獣、鳥、海洋生物が暮らし、いくらかは絶滅の危機に瀕しているが、その土地は今なお廃棄場として使われ、戦争利用のために造られた危険極まる汚染物質が大気と土壌、海水と淡水を汚している。廃棄物の多くは現在も環境中に流れ出しており、それに接する無数の動物は計り知れない影響を被る。一部の島々が鳥獣保護区とされるのも、甚大な破壊の程度を包み隠す手段に他ならない。

【鳥、魚の大量死】

二〇一〇年の大晦日《みそか》、アーカンソー州で五〇〇〇羽のハゴロモガラス、八万三〇〇〇尾のニベが死んだと報じられ、数日後にはルイジアナ州で五〇〇羽の鳥が死に襲われた（Brean, 2011）。アーカンソー猟鳥釣魚委員会の発表によると「鳥は急性外傷を負い、内出血に発展して死に至った。慢性病、感染症の徴候は確認できなかった」（MSNBC, 2011）。数ヶ月が過ぎても、これらや他の大量死に関する公式説明、信頼に足る説明は提出されなかった。証拠を得ることは極めて困難なものの、倫理を逸脱した極秘の兵器プログラムに長い歴史があることを考えるに、この現象が化学兵器やスカラー兵器（気象兵器）に関係しているのではないかとの疑いは拭えない。

放射能兵器とその試験

放射能兵器は第二次大戦中、アメリカ、イギリス、カナダの手で開発され、アメリカは一九四五年七月にニューメキシコ州で初の大気中核実験を、すぐ後の一九四五年八月には日本に二度の原爆投下を行なった。日本への投下、および一九四五年から二〇〇八年にかけて二〇〇〇回以上も行なわれた大気中、地下での核実験（United Nations, n.d.）も含め、それらの兵器の直接使用による影響や長期作用は動物の身にも降りかかったが、その点についての懸念は殆ど表明されなかった。しかし大気、土壌、水質の汚染は数年、数十年、数千年、あるいはそれ以上にも及ぶ。アメリカは独立の放射能兵器開発構想を立ち上げ、殲滅効果をもたらし得る劣化ウラン（ＤＵ）兵器の製造、使用を一九六八年に開始した（Lendman, 2006）。汚染の著しい地域に住む動物を調べた長期研究が存在しないため、動物への影響は詳しくは分からず、放射能兵器の試験や使用について記した資料から証拠を集め推論するしかない。

【ネバダ核実験場（ＮＴＳ）】

大気中核実験、および後には地下核実験の実施場所として最も利用されたのはネバダ州ラスベガスの北西に広がる砂漠地帯である。人間からは不毛の荒れ地とみられていたが、実験前の生息動物について記した次の叙述を読むと、違った光景が見えてくる。

ＮＴＳとされた地帯はかつて一九〇種を超える鳥を養っていた。散在する泉、雨による流水で一時的につくられる池のそばには、数種の水鳥の姿もあった。核実験が始められる前は一四種のトカゲ、一七種の蛇、九四種の蜘蛛、四種のコウモリ、四二種の陸生哺乳類、一種の陸ガメが暮らしていた。動植物の豊かな多様性があったことから、逆に土地の破壊がその小さな生態系にどれほど大きな影響を与えたか、その程度が窺い知れる。（Cherrix, 2008, p. 1）

爆心地《グラウンド・ゼロ》をヘリコプターから観察した一人はこう語る――「砂がまるでガラスのように溶けていくんです。［…］草という草、それに、もしあれば木々も、みんな炎に包まれました。ウサギが逃げ回っていて、その体も燃えていました」（Gallagher, 1993, p. 5）。

二〇〇回を超える大気中核実験、八〇〇回を超える地下核実験がこの地で行なわれた。大気圏内での核実験は一九六三年の部分的核実験禁止条約により終わりを迎えたが、地下核実験は一九九二年、「大量の放射能に曝露されると、動物だけでなく人間にも癌や先天異常が生じるということが知られた後」（Cherrix, 2008, p. 2）まで続けられた。

【島嶼核実験場】

大気中核実験は脆い島嶼《とうしょ》生態系を持つエニウェトク環礁およびビキニ環礁（いずれもマーシャル諸島）、ジョンストン島（ポリネシア）、クリスマス島（キリバス）でも実施され、地下核実験は最大のものも含め、アラスカ州アムチトカ島で三度実施された。不満の残る検証ではあるにせよ、マーシャル諸島の他の地域に住む動物の情報と、二〇〇二年のビキニ環礁現地調査（対象はサンゴのみ）の結果とを比較してみると、実験による動物への影響をごく僅かながら推し量ることができよう。

マーシャル諸島には多様なサンゴ種が生息する。一八〇種がアルノ環礁に〔…〕、一五六種がマジュロ環礁に見られる。〔…〕世界のウミガメ五種が全て目撃されている。〔…〕二七種ものクジラ、イルカ、ネズミイルカの生育地でもある。〔…〕二五〇種を超える魚がサンゴ礁に暮らし〔…〕鳥は七〇種〔…〕内三一種は海鳥〔…〕一五種はここで繁殖する。〔…〕〔哺乳類は〕南洋《ナンヨウ》ネズミが唯一の種〔…〕トカゲが七種、メクラヘビが一種〔…〕昆虫、蜘蛛、陸ガニ、ヤシガニは様々な種がいる。絶滅危惧種の中では、シロナガスクジラ、マッコウクジラ、コブバト、オサガメ、タイマイがここに見られる。(Maps of World, n.d.)

ビキニ環礁の二〇〇二年現地調査では水爆ブラボーの実験〔一九五四年三月、核実験キャッスル作戦の一環として行なわれた水爆実験〕でできたクレーター内への潜水が行なわれ、サンゴ種の七割が確認された。が、「ビキニに生息していた二八種の繊細なサンゴは形跡も見られなかった」(Dance, 2008, p. 1)。土壌と植物の汚染は消えていない。

【米海軍による太平洋岸海域での軍事演習、兵器試験】

環境影響の課題が山積しているにも拘らず、アメリカ海洋大気庁《NOAA》は二〇一〇年一一月、海軍に太平洋岸沖での軍事演習を許可した。その内容はミサイルやソナーの試験にはじまり、機雷原での水中訓練、更に、劣化ウランやクロム、シアン化物等の有害物質や放射性物質を含む廃棄物の投棄にまで及ぶ(Hotakainen, 2010; Van Strum, 2010)。

一般向け文書では、動物への影響が「減り高（takes）」という隠語によって最低限にまで過小評価されている。

海軍は五ヶ年の承認期間中に一一七〇万個体の減り高、一年につき二三〇万個体以上の減り高がある（海洋哺乳類の採餌、繁殖、およびその他の生存上不可欠な行動を甚だしく妨害する）と見積もっている。[…]「減り高」とは殺害ないし身体損壊を意味する法的な隠語である。（Van Strum, 2010）

環境団体や野生生物保護団体は、特にピュージェット湾（アメリカ太平洋岸）のシャチの群れにソナーが与える影響を憂慮している。

【劣化ウラン（DU）】

DU兵器は高放射能核廃棄物から造られ、高密度のため装甲をも貫通する。国際的な禁止法の中で特に指定されてはいないが、この兵器は数点の国際文書に照らしてみると四つの合法性テストの基準に背いており、違法性を有する。

- 持続性テスト――兵器は戦闘終了後に効力を発揮してはならない。
- 環境テスト――兵器は過度に環境を害してはならない。
- 範囲テスト――兵器は戦地外に影響してはならない。

・人道性テスト――兵器は非人道的な殺傷をしてはならない。(Moret, 2003, p. 3)

DUは現在、アメリカで製造される兵器の、大半とはいわずとも多くに含まれ (Sanders, 2009)、爆弾、ミサイル、弾丸、戦車、対人砲弾、地雷などの一部となっている (International Coalition to Ban Uranium Weapons [ICBUW], n.d.)。DU兵器が使われた時に出る微粒子は大気、土壌、水を汚染し、食物連鎖の中に混入する。気候現象によってこれが広がることもあり、「浄化」は事実上できない。DU兵器は違法であるにも拘らず、イスラエルは一九七三年の第四次中東戦争(ヨム・キプル戦争)で、またアメリカは一九九一年の湾岸戦争のほか、一九九〇年代にはユーゴスラビアで、二〇〇〇年代にはイラクで(また、推定ではアフガニスタンでも)これを用いている (Lendman, 2006, p. 5)。

人間に与える長期影響すらも殆ど調査されてはこなかったが、湾岸戦争の退役軍人や中東で犠牲となった人々から得られる情報は悲惨なもので、癌発症率の上昇、極度の先天異常、重篤な身体障害の数々など、退役軍人から〝湾岸戦争症候群〟と通称されるものがその内実となる。DUは「放射線医学上の危険因子[…]、肝臓毒、神経毒、免疫毒、突然変異原、催奇形性物質、発癌性物質」とされる (ICBUW, p. 4)。湾岸戦争では米兵が直接に負傷、死亡する事態は殆ど生じなかったが、後になって数千人が死亡し、数十万人が現在も障害を負っていることから、化学兵器や生物兵器、放射能兵器への曝露が原因ではないかと疑われている。DUに曝露された動物が人間に比べ軽い症状で済むと考える根拠は無い。しかるに研究はただ一つしか見付からない――それによれば、イラクとアルジェリアでDUに曝されたラクダの血液サンプルと、汚染されていない地域に住む健康なラクダのそれとを比較した際、深刻な変化が確認されたという(Alaboudi, n.d.)。環境や水、食物を介して劣化ウランに一時的ないし継続的に曝露された動物は、このラクダの例に違わず、苦しみ、息絶え、重篤な先天異常に悩まされると考えるのが妥当だろう。

生物、昆虫戦術

生物戦術とは「軍事目的から、細菌、真菌、毒素、リケッチア、ウイルス［を用い］［…］人間、動物、植物の居住域に故意に病気を広めること」を指す(Biological and Toxin Weapons Convention 2008)。極秘「研究」には動物や昆虫が用いられる。歴史の中で多くの人間や国々がこの悪魔的戦術を実践してきた。国内市民を標的にした生物兵器の試験、人種差別にもとづく疾病研究、甚だしい安全性侵犯、かつて国内で見られなかった病気の蔓延、これらの告発によってアメリカにおける生物兵器実験は悪名を定着させつつあるが、翻《ひるがえ》って動物への長期影響を考えてみると、それは広範囲に甚大な被害をもたらし、将来的に破滅をもたらし得るものと推測される。この危険な企てのもと動物の身に降りかかっているであろう害悪と死について、少数の例が多少の理解を与えてくれる。

【ライム病】

決定的な証拠は得られないものの、資料によると一九五〇年代に設立されたニューヨーク州のプラムアイランド動物疾病センター(ＰＩＡＤＣ)はアメリカ国内の人々と動物たちにライム病を蔓延させた疑いがある(Carroll, 2004)。

一九七五年、ＰＩＡＤＣは硬ダニに生体のウイルスを餌として与える実験を始める。対象とされた硬ダニの一種、一星《ヒトホシ》ダニ（Lone Star tick）はライム病の原因菌であるボレリア（Borelia burgdorferi bacteria, 略して Bb bacteria）を媒介するが、一九七五年以前にはテキサス州の外では見られなかった。人間の最初の症例が報告されたのはコネチカット州、同施設のすぐ向かいであった。現在の疫学データは、アメリカのライム病発生がいずれもプラムアイランドに起源を持つことを明瞭に示している（Burghardt, 2009, pp. 4–5）。

一九七五年以来、数知れない犬や猫、馬、牛、山羊、その他の動物が、ライム病に関連する心疾患、腎機能障害、肝機能障害、眼症状、神経症状、高熱、跛行《はこう》、疲労感、食欲不振、関節腫脹《しゅちょう》（関節の腫れ）、生殖能力の低下、流産、慢性体重減少、体温変化、慢性進行性関節炎によって不要な苦しみを味わっている（Miller, n.d.）。

【西ナイルウイルス】

一方、ＰＩＡＤＣはアメリカの人々と動物たちの間に西ナイルウイルスを広めた疑いも持たれている（Carroll, 2004）。

一九九九年八月、ニューヨーク州ロングアイランドにて四名が西ナイルウイルス感染の診断を受ける。当のウイルスは蚊が媒介する病原体であり、北米ではこれが初の症例となった。プラムアイランドの向かいに広がる養馬場数件――各々たがいの五マイル（約八キロメートル）圏内に位置

――からは、感染による激しい発作によって馬が死亡したとの報告が寄せられる。調査の結果、この限定された小地域に飼われる馬の四分の一が西ナイルウイルスのテストで陽性を示すことが判明する。(Burghardt, 2009, p. 5)

畜産に携わる人間を攻撃する方法として、他の生物兵器も豚、羊、その他の動物に向かって放たれた可能性があるが、現在のところその決定的な裏付けは得られていない。

環境改変兵器（ENMODないし気象戦術）

一九七七年の「環境改変技術の軍事的・敵対的使用の禁止に関するジュネーブ条約」には米ソ両国の調印があったにも拘らず、アメリカは以前に変わらず"気象戦術（war by weather）"の研究、試験、実用化を進めている。アラスカ州ガコナで行なわれる高周波活性オーロラ調査プログラム（HAARP）は、電離層を熱することで数々の非道な目的――電力や通信の妨害から、危険を知る者もない地域に向けた気象災害の人為誘発まで――を達成する可能性を秘めている（Chossudovsky, 2009）。『天使はこのハープを奏でない（Angels Don't Play This HAARP）』〔邦訳はニック・ベギーチ他『悪魔の世界管理システム「ハープ」〕の共著者ニコラス・ベギッチ博士が説くには、HAARPは「超強力な電波ビーム照射技術であり、電離層にビームを集中させ加熱することでその一部を浮き上がらせる。電磁波はその後、地球に跳ね返ってきて全てのものを貫通する――生きたものも死んだものも」(Begich, 1995)。HAARPは世界の通信システムを混乱させ、広域にわたって気象パターンを変化させ、野生動物の移動や回遊を妨害し、人の健康に悪影響をもたらすおそれがある。洪水、旱魃、ハリケーン、地震を意図的に引き起こすことも可能となり得る。軍事報告書の『エアフォース２０２５（Air Force 2025）』は、二〇二五年までに米軍が「気候を所有する」だろうと述べている（Gilbert, 2004, pp. 4–5）。

ＥＮＭＯＤが「野生動物の移動や回遊」のみならず遥か広範囲に及ぶ妨害作用をもたらし、地球上の生命すべてにとって最大の脅威になるものとして考慮されねばならないのは明らかである。既に影響を被った動物が生死の境を彷徨《さまよ》っていることも考えられよう。機密性が高いため、使用されても発覚せず、国内法もしくは国際法にもとづく差し止め命令や説明責任の追及を免れてしまう可能性も否めない。

特定集団の動物は戦争の余波によってどのような影響を被るのか

戦争の結果、特定の動物集団に特定の影響が及ぶものと考えられる。様々な形で人間に管理される動物たちは、人間との独特な関係、人間による独特な「利用法」のため、固有の問題を抱えるかも知れない。人間の直接管理を受けない野生動物は環境破壊や環境汚染、密猟や密漁、棲場《すみば》や餌場への打撃などに関連した問題を抱えるだろう。既に消えなんとしている絶滅危惧種は生物多様性危機地域の戦場、軍事基地の周辺、あるいは実験場にて地域的に絶滅し、「巻き添え」の一員となって後年まで事実上見過ごされることにもなりかねない。一部の動物への影響については個々の兵器システムとの関わりから既に述べたが、戦争全体がつくる状況の下では特定の動物集団に対し、他の深刻な問題が浮上する。

人間の管理する動物

戦争の直接的影響を被るに留まらず、人間の管理する動物は戦いの終わった後も何らかの形で傷害、殺害、虐待され、行き場をなくし行方不明になり、窃盗され食用にされる危険を負う。多少なりとも動物の求めるものが顧みられるとしたら、まずは人間にとってすぐにも役立つ動物、役畜や家畜からということになるだろう。

【愛玩動物】

人間の家族とともに殺傷されたのでなければ、家族の逃げた後に愛玩動物が置き捨てにされ、家を失い、道を失うのは珍しくない。そしてその未来は明るくない。「身を守る」ことを強いられた彼等は往々にして野良集団に加わり、戦争で荒れ果てた地域や頼りない人間の野営地の片隅に身を寄せる。ことによると残忍で意味のない駆除の対象にもされる。例えばイラクでは増加する都市の野良犬を処分しようと行政当局が射殺や毒殺を行なっている (Dearing, 2010)。こうした処置は人道に背くばかりでなく成果もなさない。

【役畜】

人間のために様々な労働を強制される動物は、戦争終結後に運命の転落を味わう。家を失った人間、避難を余儀なくされた人間のため、一部は重荷を携《たずさ》え長き道途を行かされる。アノガニスタン人は国境を抜けるためロバや馬に家財を負わせた――「ひどく痩せた動物が多く、旅の最中に家財がこすれるせいで大きな腫れ物や鞍擦《くらず》れができるが、手当はされていない」（MacDonald, 2002）。厳しい拘束下にあって時には食料や水が僅少ないし皆無のこともあるため、そうした動物が人間の「所有者」ともども生き延び、後々幸せになれる見込みは極めて薄い。

動物は何世紀ものあいだ軍の労働に駆り立てられてきた。計画なり戦争なりが終わるとともに廃棄、殺害されることも少なくない。ベルリンの壁崩壊（一九八九年）後には、壁の警備に充てられていた七〇〇〇頭のコーカシアン・シェパード・ドッグの大半が射殺されたといわれる。というのも、かの犬たちは逃亡者を攻撃するよう躾けられ、西ベルリン市民の恐怖の的となっていたからである（Amiel, 2009）。同様に、米軍がベトナムで使役した犬も、殆どは捨てられ置き去りにされた。捨てられずとも未来が不確かなことに変わりはない。今日の例では、「長年の戦争と度重なる配備」の末にアメリカ本国へ帰ってきた軍用犬が心的外傷後ストレス障害《PTSD》の診断を下され、退役軍人のそれに似た症状を示す事例が生じている（Tan, 2010, p. 1）。

【動物園に収監されている動物】

動物園の動物は大抵、「平常時」でも愕然とするような牢獄風の環境に閉じ込められている上、基本的な必要物については完全に人間の「飼育員」に依存し、「身を守る」ために逃げ出すこともできないとあって、戦争後は特に脆弱な存在となる。職員は戦争により殺されもすれば逃げもし、仕事に対し報酬を得られなくなることもあり得る。したがって動物は無視されるか、窃盗されるか、食用とされるか、餓死するまで放置されるか、ということになろう（Curry, 2003）。

【家畜】

先述したように、戦闘中に直接殺されなくとも家畜は増大した危険に曝される可能性が高く、「所有者」や侵入者によって食べられる、長距離の移動を強いられる、化学兵器・生物兵器・放射能兵器・爆発兵器による汚染や体調悪化に苦しめられる、あるいは農地の地雷撤去など戦争に関連した危険な仕事に使われて障害や死に見舞われる、といったことが考えられる。

野生動物

軍事活動や戦争の煽《あお》りを受け、「野生」に生きる動物は多くの場合、共同体や家族、棲家、食料、水、生活パターン、生命を失う。更に、戦争が長引くと避難民による生息地の破壊、皮や肉を狙う密猟、毒物兵器や意図的な水汚染や不発弾の影響による病気の発生、といった事態が生じる。それが個々の動物や集団、種全体に長期影響を及ぼす。アフガニスタンの長期戦に注目したマクドナルドはこう語る。

　アフガニスタンの野生動物とその生息地に及んだ爆撃の被害はまだ調査され始めてもいないが、相当のものであることは確かだろう。同国にはユキヒョウやアイベックス、ハイエナ、ジャッカル、熊、狼、狐など、一〇〇種を超える哺乳類が生息し、多くは最近年の紛争よりも前から特に絶滅が危惧されていた。（MacDonald, 2002, p. 3）

「テロとの戦い」では山々が標的とされるため、こうした動物の生息地は過度の被害を受ける。その証拠に、アフガニスタン国立環境保護局が二〇〇五年に指定した絶滅危惧種は三三種だったが、二〇〇九年までにはそれが八八種にまで増えると予想されている（Frank, 2010）。

渡り鳥に大変な影響が及んだことについてエンズラーは記す――「世界で最も重要な渡りのルートの一つがアフガニスタンを通っている。現在までに、そこを通過する鳥の数は八五％減少した」（Enzler, 2006, p. 4）。絶滅の危ぶまれる袖黒鶴《ソデグロヅル》は渡りを妨害され、「以来、そうした鳥の集団はアフガニスタンおよびパキスタン全土において一切みられなくなった」（Looking-Glass, n.d., p. 3）。

戦争直後の時期には政府や法が堕落、消滅していることがよくある。そうした秩序の欠けている所では動物の殺害や生息地の破壊が大いにうながされる。例えばこうである。

> モザンビークにあった自然資源の宝庫は近年の武力紛争によって大きな打撃を受けた。大型哺乳類をはじめとする野生生物資源［原文ママ］は保護区域の内外を問わず国内各地で大幅に数を減らし、保護区域のいくつかでは生活基盤が損なわれた。戦後まもなくの時期には、［…］野生生物や森林資源を狙った（しばしば違法な）収穫［原文ママ］が、殆ど監視もされないままに行なわれた。
> （Hatton, Couto & Oglethorpe, 2001, p. 11）

海洋動物は、特に沈没艦の石油漏出や化学物質の投棄、水中核実験の害を被り、海軍のソナーはクジラの死や座礁を引き起こす。広い水域近くで戦争が行なわれると、魚は格好の標的にされることがある。

ソマリアでは国際赤十字が人々に魚を食べるよう奨めた際、国際的な漁業規約が破棄され、大規模な乱獲が始まった。外部から抗議を受けると、漁師たちは銃を携え「財産権としての漁業」を主張した（Enzler, 2006, p. 2）。ソマリア沿岸に残された魚は戦争が終結した今も乱獲の影響から立ち直れていない。

危惧種と絶滅

戦争が動物に与える影響と切っても切れないのは、人間活動が引き起こした絶滅の危機――地球で急速に進行している、六度目の大量絶滅である（Ulansey, 2010）。経済的搾取と自然資源の強奪、両者のつながりを戦争の主要な動機として強調しつつ、シャンバウらは紛争の定着とともに生じる負の連鎖の存在を指摘する。

武力紛争によって生物多様性と自然資源の基盤が減損すると、地域に最も長く暮らす住民たち［人間］にとって永久の平和や持続可能な生活は望みがたいものとなってしまうだろう。紛争の勃発する理由は他にあるにせよ、資源の枯渇と環境の悪化は地域に負の連鎖をつくり出すおそれがある――貧困、更なる政治的不安定、武力紛争の増加、環境悪化の進行、そして一層の貧困…、というように。（Shambaugh et al., 2001, p. 10）

かくして、グローバル企業や社会の上層部が戦争で潤《うるお》う傍ら、人間の犠牲者は極度の貧困、不平等、搾取の下にあって無謀無思慮な行動に奔《はし》り、各個（動物と人間と）の長い苦しみと死に、集団（動物と人間と）の一掃に、そして動物の種全体の絶滅に寄与する。のみならず、戦争に続く混乱と無秩序の中では、避難民や元兵士、貧窮した人々が、自らも必死になってより荒々しく動物の生命を害するようになる。種々の事例を通して、問題の広がりと難しさを少しだけ垣間見ることができよう。

・ルワンダ――元アカゲラ国立公園だった土地の三分の二が保護対象から外され、大量の避難民とその家畜がここに住み付いた。結果、ローンアンテロープ［…］やエランドを含む数種の有蹄類《ゆうているい》が事実上絶滅した（Shambaugh et al., 2001）。更に、マクラ森林保護区の固有種の鳥は、もはや「生存不可能」と考えられている（Hanson et al., 2009）。ただし、東部の生息地が被害を受けたものの、マウンテンゴリラの数は戦時中も増えていた（Clarke, 2007）。

・スリランカ――今も地雷の埋まる元戦場のジャングル一〇万エーカーが野生生物保護区に指定され、特に象たちにとっての生活域とされている（象は戦争や森林伐採により生息地を破壊されたことから、食料を求めて村に入ってきていた）。一世紀前には一万頭から一万五〇〇〇頭を数えた象が、現在は三〇〇〇頭しか残っていない（Mallawarachi, 2010）。

・コンゴ民主共和国《DRC》（旧ザイール）――戦争から一〇年後、環境NGOコンサベーション・インターナショナルは東部低地で「ゴリラの数が実に七割も減少した」との報告を行なった（Clarke, 2007）。

・レバノン――イスラエルの空爆によって発電所から流れ出した石油が、絶滅危惧種アオウミガメの子の「高い死亡率」につながり、クロマグロにも害を及ぼすであろうという深刻な予測がある（Milstein, 2006）。しかしウミガメとマグロの状況に関する最新研究は手に入らない。急場が過ぎると、危機下にある動物の苦境は再び視界から消えてしまう。

・ウガンダ――三〇年に及んだ内戦の後、大型動物の激減と地域内絶滅によって遺伝的多様性が損なわれ（サバンナゾウやイボイノシシは特に深刻）、「遺伝的浸食〔生息数の減少によって種の遺伝的多様性が損なわれる現象〕の結果、種の進化能力、変化する環境に適応する能力」が失われつつある（Muwanika & Nyakaana, 2005, p. 107）。

・モハベ砂漠（アメリカ西部）――動物は戦争のみならず戦争準備によっても大きな影響を被る。かつて米陸軍は危急種のカリフォルニア砂漠《サバク》ガメ六〇〇匹の移送を実施して二五二匹を死亡させたが、モハベ砂漠の訓練施設を広げるためといって、今度は二〇一一年から二〇一二年にかけ、更に一一〇〇匹を移送したいとの申し入れを行なった（Cart, 2009）。

例から判るように、注目は大型動物の窮状のみに寄せられるのが普通で、稀に鳥や人型爬虫類にも目が向けられる。それより小さな動物、知名度の低い鳥、魚、海洋動物、そして特に昆虫などに及ぶ影響は、全く人間の気にするところではない――が、その存在が消え去れば、生命の網の目も他種生物の存続可能性も、大いに揺らぐこととなろう。

戦争活動の煽りを受ける中、動物はどのような選択肢を持っているのか

戦争と世界的紛争が襲い来る現代、地球上に暮らす数多くの動物がその身体、家族、共同体、生息域に言語を絶する深手を負わされ、回復することも叶わずにいる。その痛みと苦しみは殆ど気付かれもせず、語られもしなかった――隠蔽されてきたのである。しかし、人間の支配や抑圧、戦争からの回復と自由がごく僅かでも望める場合、一部の動物はたとえどれほど困難を極めようと、その悲劇に打ち克ち、新たな生活を創り成してきた。

立ち直りの速い動物は最悪の状況にあっても、移動パターンを変え、家族を持ち、共同体を蘇らせ、生命の網の目を保とうとする。攪乱され、破壊され、汚染された環境にあっても、懸命に生存の道を探し出す。地雷が潜み人間が恐れて近付かない所で、危機を悟らぬ動物たちは生活を立て直す。あるいは、アフガニスタンで地雷撤去に使役された犬やモザンビークのサバンナアフリカオニネズミのように、鋭い嗅覚を使って地雷の臭いを嗅ぎつけ、避けて通れる動物もいるかも知れない（Lindow, 2008）。

しかし、そのように人間の始めた軍事活動や戦争の災難を耐え抜く動物がいる一方、人間が自然の損傷を抑えようと企てた事業が、動物に更なる危険と生息地の破壊をもたらす例も多い。

野生生物保護区は動物を維持するものか、汚染を維持するものか

はじめ私は、大変多くの戦地ないし軍の土地が野生生物のもとに返還されているという事実を知って

元気付けられたが、調査を進めていく内に返還の動機が明らかになった。薄汚くも、新たな「野生生物保護区」が設定されるのは、軍事活動によって環境が甚だしく汚染され、人間が安全な生活を送れなくなった区域なのである。米軍はプエルトリコのビエケス島を爆撃訓練場に定めたが、二〇〇三年、活動家たちの抗議運動が功を奏し、島はただちに合衆国魚類野生生物局（ＦＷＳ）の管轄に移行して保護区となった。汚染が深刻であったため、環境保護庁は二〇〇五年、ここをスーパーファンド法〔汚染浄化を目的とする環境保護法の一つ〕の適用地区に指定した。こうした「野生生物保護区」を批判的に分析した研究は、己が都合のみを考える軍の動機について説明する。

> アメリカ政府がこの種の汚染地区転化を好む大きな理由は、それによって人間が使用できる水準を目指す汚染浄化の財政負担を大部分逃れられるからである。[…] ＦＷＳに関する別の批判は、海軍、延いてはアメリカ政府が汚染の張本人とされている時に、当の島〔ビエケス島〕を環境保全の担当機関に引き渡すという偽善的な面に着目する。[…] 地域住民の間では、連邦政府がビエケス島にて「保存」しようとしているものは自然ではなくして汚染である、という見方が多数を占める。
> (Davis, Hayes-Conroy & Jones, 2007)

これまでに米軍の汚染した多くの地域が「国立野生生物保護区」に変えられてきた――アラスカ海洋、アルーストック、グレート・ベイ、ハンフォード・リーチ、オックスボー、ロッキーマウンテン兵器工場、ソルト・プレーンズ、テットリン、その他枚挙に暇《いとま》はない。

朝鮮半島の非武装中立地帯（DMZ）は幅三〜一二マイル（約五〜一九キロメートル）、長さ一五五マイル（約二四九キロメートル）の危険な境界であるが、動物の保護と回復の面では最も成功した地域の一つ、実質上の野生生物保護区として認識されている。そこに暮らす動物についてアズィオスは述べる。

タンチョウは世界でも特に希少な鳥だが、恐らくその三分の一が、渡りの際にDMZの湿地と近郊の農地を当てにする。ゴマフアザラシ、キバノロ、オオヤマネコは、ここに住む哺乳類のほんの一部に過ぎない。朝鮮半島で見られる全植物種、動物種の六七％がDMZとその周辺に生育している。数種についてはここにしか見られない。（Azios, 2008）

しかし、人間の侵略、都市の拡大、広域にわたる森林伐採、近郊の工業化、そして地域「開発」の推進は、この地雷の埋められた、蘇った野生の土地をも動物から奪い去らんとする脅威になっている。のみならず、DMZには毎年一〇〇万人以上が訪れるとあって、ここを「自然保護区」にする大きな理由は観光事業にあるとさえいわれている（Azios, 2008）。

国立公園は動物のためにあるのか、観光事業のためにあるのか

充分な数の大型動物が残り、かつ人間の経済利益を引き出す手段として観光事業が魅力的に映る所では、国立公園や「猟獣」保護区が創設、再編される。二〇年にわたるスーダン内戦の間に「敏捷性に優れた動物——白耳《シロミミ》コーブ〔インパラやガゼルに似たウシ科の動物〕、ガゼル、その他——は大挙をなしてウガンダ、エチオピア、スーダン北部へ逃れた」(McCrummen, 2009, p. 2)。スーダン野生生物保全協会会長ポール・エルカンによると、「二二年間の戦争の後に貴重な野生動物の集団と手付かずの広大な生息地」が残ったため、国立公園と「猟獣」保護区がつくられたという。しかし動物はこうした事業から利益を得る主役になり得るのだろうか。ここでは人間の経済的関心が動機の根底をなしており、ベンハムは次のように記す——「南スーダンは投資者を募って、戦争の儲け物になった野生生物公園に一億四〇〇〇万ドルを注ぎ込み観光事業をうながそうとした」(Benham, 2011, p. 1)。

　ものによっては、社会と政府の協力を実現する、自然の回廊を設計する、ユネスコ世界遺産への登録を申請する、他の民間運営保護区域の模範を志向するなど、動物を守ろうという真剣な目標があるように窺える計画もある(Wildlife Conservation Society, 2009)。しかし、そうした案は理想的に響くものの、一方では融資の問題や政府の堕落、地域の管轄、あるいは敵対勢力の更なる軍事介入などをめぐる重大な問題が依然として残されている。

　同様に、紛争中、内戦中の国々の間で国境を越えた平和公園の創設が提案されるのは、一見したところ好ましい兆《きざし》に思える。シエラレオネとリベリアは二〇〇九年、国境を越える熱帯雨林公園をつくり、上ギニアの森林生態系(絶滅危惧種の鳥二五種、哺乳類五〇種が生息する)に残された生物の保護を目指した。しかし資金提供者のリストにはEUや世界銀行、合衆国国際開発庁《USAID》等々が名を連ねており、財政目標との衝突が危惧される。その危惧を一層つのらせるのが、次に挙げるような不穏な主張である。「平和公園は来たる数十年の間に数千万ドルの利益を生み出し、保護区域の管理や地域開発に向けた持続的投資を保証するものと見込まれる」(Wildlife Extra News, May 2009)。

短い目でみれば観光事業は国々や貧困地域の人々に自然保護をうながす手段として使えるかも知れないが、永続的な保護につながるとは思えず、現に国立「保護」公園に暮らす筈のライオンその他の大型動物はなお絶滅を予想されている。

どちらが答えか——社会運動VS根本解決

自然保護論者、環境論者、動物の権利活動家、およびその他の献身的な人々と組織がみな、個々の動物を救おうと、あるいは地域社会に動物集団の保護をうながそうと、また危惧種を保護する政策を立ち上げようと、情熱を込め辛抱強い活動に取り組んでいる。そうした努力の実ることを私も期待したいと思うが、その反面、これらの活動のいずれも、人間、特に人間の貪欲、帝国主義、軍事、そして戦争がもたらしてきた大量破壊の根本原因には迫れていないように思われる。

社会正義、平和、環境、動物に関する私の生涯の調査と活動、および本章を叙するに当たって行なった特別の研究をもとに、私は現在の改革運動が以下の点を踏まえ、動物と地球を襲う世界的破壊の根本原因に焦点を定めねばならないと結論したい。

・**自然の法的権利**

・**人口過剰**　現在、世界人口は七〇億人に達している。それゆえ、更なる出生を抑えるための教育と投資にいち早く取り組む。

・**種差別主義**　すぐにも人間の優越性と支配にまつわる神話の打倒を図り、動物と生命の網の目についての広汎な教育に取り組む。またそれに対応して、他生命への影響が少ない生活へと大きく舵を切る。

・**過剰消費**　植物中心の食生活を含む低消費生活への速やかな移行を目指し、教育、投資、奨励策を実施する。

・**帝国主義**　帝国主義にもとづく自然資源の強奪や略奪的資本主義への応援をただちにやめ、人間支配の継続的な猛攻のもとでは地球の自然システムは脆く崩れ去ってしまうとの認識に切り換える。

・**軍事と戦争**　一致団結した早急の活動を通して、軍一般、特に米軍への資金提供を打ち切り、全基地を閉鎖させ、兵器の製造と販売の全てを廃止する一方、兵士と市民に平和の再教育を行ない、平和省の創設によって資金を移行し、軍事拠点を解体して汚染浄化を開始する。

・**資源の再配分**　富と収益に上限を設け、有害な活動に税を課し、全ての経済活動に対応する政府規制の制定、強化を目指す。

・**公平な選挙**　選挙や政府決定に何らかの形で関与する企業行動、金銭行為を防止する。政府役員や代表者らの利益衝突を慎重に取り締まり、予防する。

・**省エネおよび再生可能エネルギー**　石油は帝国支配の最大の動機となる。原子力発電所は核兵器に転用されるトリチウム、プルトニウムを生む。こうしたエネルギー源は徹底した省エネ対策および無害の再生可能エネルギー源に置き換えねばならない。

・**資源の移行**　現在、軍事や戦争、乱伐、浪費、化石燃料や核燃料の利用といった有害な活動に充てられている資源は、教育、生活基盤の充足、出生抑制に振り向けねばならない。

・**科学研究の優先度の転換**　科学研究や関連する諸産業は、兵器の生産や他の危険な技術、すなわち核エネルギー、遺伝子改変、ナノテクノロジーなどから手を引き、予防原則の実践に務め、土地伝来の知恵や地球自然の働きを重んじる方向へと向かわねばならない。

このような根本原因に迫るのは、当今の政治的、経済的な力構造を前提する以上、不可能ではないまでも困難を極めるものと想像されるが、そこに着目することではじめて、私たちは住む場所の何処《いずく》を問わずあらゆる機会に他者との結束を強め、運動に最大の力を与え、可能なかぎり早く、大きな変化を実現できるようになるだろう。地球上の動物たちの生命、そして私たち自身の生命が懸かっている。

雪原のなかロシア兵に引かれる荷運び用の馬。第二次大戦には既に機械車両が登場していたが、悪路を行くには依然、馬やロバが利用された。戦争が苛烈さを増すにつれ動物の搾取も無慈悲になっていく。1941 年、Geller 撮影。©Deutsches Bundes-archiv

第五章

戦地の動物

ラジモハン・ラマナタピッライ

人間と人間以外の動物や野生との間には複雑な関係がある。様々な文化は両者間に思いやりや畏れに満ちた関係があったことを明かしており、それが人間を人間以外の動物の崇拝へと向かわしめた。ところが一方、人間は人間以外の動物に対する驚くべき搾取と残虐の歴史も併せ持つ。人間至上主義と人間中心的態度に導かれた人類は彼等を目的達成の手段として扱ってきた。本章は両者の関係を五段階に分けるが、各段階を経る中で飼い馴らされた人間以外の動物と野生は神聖な存在から搾取される生命へと貶められていった。軍事的優位を築くため軍やゲリラによって人間以外の動物が搾取され、野生の生息地が破壊されてきたことは近代戦の最も忌まわしい歴史をなす。人間以外の動物は人間の戦争においても、やはり目的達成の手段とされたのである。この功利計算が、人間以外の存在を戦場で利用する慣行に門戸を開き、世界中の軍に広くこれを行き渡らせた。人間以外の動物の権利と道徳的地位はないがしろにされ、彼等に対し私たちの負う義務は故意に無視された。ナポレオンによって始められた近代戦、それに中国革命以降ひろがった現代のゲリラ戦は、人間以外の動物と野生と環境とに対し、戦慄すべき影響をもたらしてきた。その三者に加えられた搾取の歴史を示し、本章はその非倫理性と非人道性を見極めるとともに、《軍事–産業》複合体と戦争の方法とが人間以外の動物と他の野生生物、およびその生息地に害を及ぼすことを確かめたい。

動物は平等以上

森は未知や危険に対する不安と結び付けられることが多く、そこから畏怖や尊崇の念が生まれる。この〝第一段階〟においては、インダス河、チグリス河、ナイル河、黄河、揚子江（長江）の岸辺に現れた大文明が自然の豊かさを堪能しながら、一方で洪水という、制御の利かない自然の側面に悩まされ、人々は加護を求めてより高き力にすがろうとした（Adler & Pouwels, 2008）。ヴェーダ期にはインダス河のほとりに住む占い師が自然の力を讃え、その生息者もろとも自然を神聖な位に高めて加護を祈った（Radhakrishman & Moore, 1989）。古代エジプト、ギリシャ、インド、中国、南米の工芸品その他の遺物は、人間が己を超える人間以外の動物の力に寄せた懇願の想いを物語っている（Sanua, 1983）。男神や女神が野生動物を御する図像は神聖なる者の持つ優れた力の表現であり、多くの文化にこれが見られる。一方、力強い人間以外の動物や鳥の姿が象徴となれば、地上の王国の力とともに人間存在の限界を表す（Daly, 1979）。人間以外の動物のいくらかは男神女神ばかりが手なずけ得ると信じられ、ゆえに優れた存在と目される。ヒンズー教の例では、ライオンの上に坐る女神カーリーや魔の象ガジャンをなだめる男神シヴァの図像を通し、神々と一部の人間以外の動物が人間の上に位することが示されている。

インドの彫刻には今日でも人間以外の動物を対等かつ神聖な存在とみるものがある。こうした文化圏の人々は一日を奉じ、乳を与えてくれる家畜、稲作や収穫を手伝ってくれる家畜をねぎらう。アマゾンの部族長らは自らの祖先が南米のジャガーであったと信じ、ジャガーの称号を冠した。その神話には半人半獣の超越的存在が語られる。ジャガーと人の融合はオルメカ文明の芸術にも表されている（Saunders, 2004）。同様の神話は多くの文化にみられ、例えばライオンの王と人間の王妃との間にできた子孫が、南アジアの島スリランカに暮らすシンハラ人の祖先であったといわれる。架空の存在であるケンタウロスやケイローン、ペガサス、ミノタウロス、フェニックス、ナムタル、盤古《ばんこ》、女媧《じょか》、伏羲《ふくぎ》、共工《きょうこう》などはギリシャ、エジプト、中国の神話に現れる（Sanua, 1983）。インドの伝統には、男神女神への祈りをその乗り物となる牛や鷲《わし》、孔雀《くじゃく》、蛇、象、虎、獅子を介して捧げる習慣がある。これら全ての例が人間以外の動物の超常的な力を示唆している。

その認識から古代の伝統は人間以外の動物を敬い、人間の次元を超えたものとして高位に頂いた。猛々しい人間以外の動物の強さと力を己が身に備え、それをもって敵を一掃せんと欲した古代の戦士の願望は、多くの文化にみられる神話と相通ずる動物観に根差している（Schaefer, 1967）。ローマの円形闘技場《コロセウム》で熱狂する群衆に囲まれ、剣闘士が獰猛な人間以外の動物を相手に「名誉ある」試合を戦ったのも、この人間の願望の表れであった。インド、ローマ、アフリカでは、力に優越した人間以外の動物に対抗することが、名誉と地位と名声を戦士にもたらした。

飼い馴らし――動物の新たな地位の発達

人間は幾度となく力強い野生動物と対峙した一方、食用、労働、輸送のため彼等を飼い馴らすことを始めた。この〝第二段階〟では、飼い馴らされた牛、山羊、羊、豚、鶏、馬、バッファロー、リャマ、ラクダ、ロバ、ラバが小さな共同体を支えていた（Majumdar, Raychaudhuri & Datta, 1950; Saunders, 2004; Schaefer, 1967）。そうした人間以外の動物を所有することで共同体は豊かになった反面、新たな難儀も生じた――安全の問題である。他者の家畜や放牧場を襲撃することが当たり前となり、それが英雄精神や勇敢さの表れとして祭り上げられるようになったところに、規模を拡大した争いの萌芽があった（Schaefer, 1967）。インダス、ナイルの河岸から見付かった石製ないし他の洗練された技術の結晶である道具や武器も、組織立った戦争の跡を物語る（Langley, 2005）。小さな共同体は飼い馴らした動物に強く依存していたため、彼等と放牧場を守ることは自己保存に等しいとされた。結果、その防衛と襲撃が集団間の戦争を生む。防衛戦、襲撃戦の概念化はそうした紛争の産物だった。自己保存という発想は僅かながらの道徳的思考となって、放牧場と飼い馴らした人間以外の動物との防衛に結び付く。家畜を守ろうとする集団、放牧場を広げようとする集団は他との戦争に赴き、攻撃を受けた側は相手を侵略者とみた。例えばプラトンは『国家』の中で、牧場をめぐる紛糾と他者の牧場を併合したいという欲求とが戦争の源であると論じている（Plato, 2004/ *circa* 380 BC）。

戦地の動物

王国が防衛戦や襲撃戦に加わるには機動力のある常備軍が要された。この〝第三段階〟では、人間以外の動物を用いると軍事遠征が実に有利に進められることが明らかになっていく。有利に働くその能力ゆえに、人間以外の動物は人間の戦争へと駆り出された。『実利論』において政治と軍事の手引を著したカウティリヤ〔古代インドのチャンドラグプタ王に仕えた宰相、軍師〕は、砦《とりで》を巡る三重の濠《ほり》をワニで充たしたインド王について叙す（Singh, 2008 に引用あり）。インド、ギリシャ、エジプト、ローマの戦争では、象や馬、ラクダ、ロバ、ラバ、鳩や鷹、毒蛇、大トカゲ、ワニの利用が軍事活動の一環をなした。

戦場の象

象、馬、犬、それに鳩は、人間の戦争に最も多用された人間以外の動物である。象の存在はインドの戦争史においてひときわ大きい。インド国境でアレクサンドロス大王の軍に立ち向かったのは象の連隊であった（Basham, 1968）。この時代に書かれた『実利論』は戦象の捕獲、訓練、維持についての決まりごとを記している。と同時に若い象、身ごもっている象の捕獲を戒《いまし》めてもいるが、インドにおける象の生け捕りと飼い馴らしは人道的なものではなかった。古代の象使《マハウト》いはジャングルの中、象の通り道に隠し穴を設け、落ちた象を捕まえた。落ちた象は荒々しい抵抗を示すのが普通であり、象使いは食料と水を奪って数日を待ち、服従させた。象の意志が折れた頃合いに、既に馴らされた数頭の象が連れてこられ、弱った一頭を穴から出した。象使いは命令を聞かせる手段が恐怖と罰であると考えていた。訓練中には指示に従わせるため突き棒《アンカス》（鉤の付いた竿）が用いられた。覚えの好い象には食料と水と湯浴みの機会が与えられた一方、歯向かう象には重傷が加えられた。寿命は六〇年近くになるため、訓練された象は通常、若い世代に引き渡され、共に年をとることとなる。若い象使いと象が互いに愛情を抱くに至ったことも少なくない。象を捕らえ、躾けるのは象使いの役目だったが、その所有権は国家ないし王にあるとされた。健康体の象を戦争に向け準備しておくことは王の絶対の義務だった。王は象を養うため森を割り当て、その木を伐る者には重罪が科せられた。

戦象と戦士の英雄行為の歴史は慄然とすべき光景に彩られている。南インドで一、二世紀につくられたサンガム文学の詩作品は、恐れを知らぬ戦士の基本的な性格として武勇（maram）を挙げるが、そこには豪胆、勇敢、義憤、瞋恚《しんい》、怨恨、（敵への）憎悪、威勢、膂力《りょりょく》、勝利、戦闘、殺戮、謀殺といった要素が含まれる（Kailasapathy, 1968）。詩は英雄行為と恐ろしい戦争、王の寛容を事細かに活写する。雄の象には凶暴な発情期が訪れる——男性ホルモンの一種テストステロンの値《あたい》が高まり、健康度が増進して他の雄と雌の争奪戦を戦う準備が整う時期である。飼われる象も発情期になると象使いの言うことを聞かなくなり、時には殺してしまうこともある。その荒々しい本能と爆発的な力は絶えず王と王のもとなる詩人とを魅了した。所有する象の戦闘能力、敵を打ち据える破壊力が、王の権勢を決定した（Hardt & Heifetz, 1995）。成人になる過程で若い王子は抑えの利かない象と対決することを望んだ（Hardt & Heifetz, p. 354）。サンガムの時代〔前三世紀から後三世紀にわたるタミル語詩文学の隆盛期。この時代につくられた文芸作品を総称してサンガム文学という〕、英雄の男性気質は、盛りのついた巨象と戦う勇気と能力に結び付けて考えられた。詩に描かれる勇猛果敢な英雄はみな、戦いの最中に降伏や逃亡をしない猛将であり、勝ち誇る発情期の象よろしく、戦への愛によってその身に怒気を漲《みなぎ》らせる。凶暴な象に挑むことは究極の試練であり、この恐るべき挑戦から英雄が逃れる術はない。恐れ知らずの評判に証《あかし》を立て、死をものともしない不敵さを見せつけること、戦士は常にその重圧下にあった（Kailasapathy, 1968）。拒めば恥となり、生前はおろか死後までも名声と尊厳を失う。盛りで荒れ狂う象との戦いでは、結果のいかんに拘らず、神のほか何者にも御し得ない存在に立ち向かったという不朽の名声を得ることができた。英雄的な戦いを目にした詩人は崇拝すべき神の位にまで王を高める。ゆえに英雄は俗界の財物よりも名誉の死を選《えら》み（Hardt & Heifetz, p. 333）不滅の地位が世の崇拝を喚起した（Hardt & Heifetz, pp. 312–3）。

黒き大洋に乗り出せるとき
汝《なれ》が祖に、風の動きを制せし者あり
カリカル・バラバン、盛る象どもを制する者よ
汝は進み、汝は勝ち、汝は示せり　その力を
戦の勝利を収めしなれば――さりながら
富めるヴェンニの戦場にあって、かの者　汝を凌がざりしや
背に受けし傷を恥じ、北のかた向きて
死すまで己を飢えしめ　世にその誉れを轟《とどろ》かせしなれば＊
（Hardt, 1999, p. 51［英訳］）

王とその象の力が勝利と富、肥沃な新領地を王国にもたらした。この時代の戦争は、盗まれた牛の群れを奪い返す、あるいは娘や土地を守るというように、防衛的なものだった（Hardt & Heifetz, p. 314）。防衛戦とともに政治的生き残りや領土拡大を企てた襲撃戦が行なわれるようになるのは後のことである。新たな勝利は領土を拡げ、富を増やし、国家の安全を強化した（Hardt & Heifetz, pp. 226–228）。破壊的な象の力は敵の土地を滅ぼすため効率的に利用された。象の一隊は稲田を踏み荒らし、兵士は敵を死に追いやる

べく、貯水槽の破壊を象に命じた（Hardt & Heifetz, pp. 39–44）。農地や金、敵軍の象を獲得すると、勝者は更に力を増し、王の軍は更に大きくなった（Hardt & Heifetz, pp. 248–250）。

しかし美も富も力も、すべて象の犠牲によって得られたものだった。数え切れない象の牙と体軀を断つことによって戦士は英雄となった。しかし今日の目でみればその暴虐は忌まわしく、混乱した象が戦から逃れる光景はおぞましい（Hardt & Heifetz, pp. 410–411）。逃げる象は血に染まった泥土に横たわる兵士の骸《むくろ》を踏みつけて行った。ここで多くの疑問が浮かぶ。戦象は血みどろの戦いを「楽しんだ」のか。詩人たちは本当に彼等を英雄として尊んだのか。象は名声を懸けた人間の戦いなど与《あずか》り知らず、矢や剣に倒れることを喜びもしない。スリランカの戦争でヨーロッパ兵が大砲を使った時、戦場を逃げ惑った象たちは怯えていたに違いない。象との戦いはインドを越え、東南アジアの多くの地域、タイ、ビルマ、ラオス、カンボジアなどに広がり、一七世紀まで続けられた（Bock, 1985; Shaw, 1993）。

ヨーロッパ人がアジアの植民地支配に大砲を用い出すや、象戦術は旧物と化す。歴史の進展によって象は社会的に構築された優越の地位を失ったばかりでなく、排除されるべき余計な害獣となった。以降も南アジア、東南アジアでは、歴史の中で何度にもわたり、何百という象が戦争に際し配備されたが、その戦いは限定的なものに留まり、戦象を利用した地域も外へは拡がらなかった（Bock, 1985; Geiger, 2003; Shaw, 1993）。

＊　詩人ヴェンニク・クヤティィアルの作。南インドに興ったチョーラ朝（九〜一三世紀）の王カリカーフはタンジャーヴールの近郊ヴェンニにてパーンディヤ王、チェーラ王の軍勢と戦った。渦中にて背に傷を負ったチェーフ王はこれを恥じ、食を絶って自殺した。

馬の運命

人間の戦争は紀元前およそ五〇〇〇年から三五〇〇年の昔、世界のどこかで始まったが、馬はその中で必要不可欠の要素をなした。軍事作戦を進める上で大きな力となって、王国の拡大と帝国の誕生をうながした。クセノポン〔古代ギリシャの軍人、著述家〕は軍馬の選び方、扱い方について綿密な説明を残している。「溝《どぶ》を跳び越え、壁を登り、高きへ到り、聳《そび》える土手より躍り出《い》で、峠道に沿って急勾配を駆け上がり駆け下りする」のは自然な行動ではないが、軍馬の選抜と訓練ではそれが基本的な基準とされなければならない（Xenophone, 2008, p. 9）。古代中国では司馬《しば》牛《ぎゅう》などの名が人間以外の動物にちなんでいる。司馬は「馬の主」を表し、牛《ぎゅう》は牛《うし》である（Schafer, 1967）。また、後の時代にはモンゴルの小型馬や中国で使われたイラン産の馬の軍事訓練として球技のポロが発達する。元来、古代の戦争では馬は軽量戦車の牽引に利用されたが、騎馬隊ができると軍事遠征における速力と状況対応力は頂点に達した。ギリシャ、ローマ、中国、アラブ、モンゴルにて書き留められた記録の数々は、それらの国が戦争に際し、速力の点で優位に立って帝国の拡大に成功したことを語っている（Bakhit, 2000, p. 74; Gianoli & Monti, 1969）。

〝第四段階〟では大々的な馬の配備が帝国確立の一環とされた。近代戦はナポレオンの時代に始まり、その大きな徴兵軍や強い砲兵隊は、凄まじい数の馬に強く依存した。かつての戦争では戦場と民間人の暮らす地域や森林とが微かな境界を保っていたが、新たに始まった砲撃戦はこれを損ない、民間人と野生生物を前代未聞の「不慮の破壊」に曝した。桁外れの戦争準備をした上でナポレオンは六〇万を超える兵士とともにロシアへ進軍した（Duiker & Spiegelfogel, 2010）。訓練された騎兵隊のほかに、食料や物資、兵器や火砲の運搬にも多くの馬が用いられた。草を食《は》む土地も無かったため、長い行軍のわずか二、三ヶ月の内に一万頭から四万頭が息絶えた。馬具が装着されたままの馬が多く、休みない行進と飢餓によって体力が磨り減らされた。鞦《しりがい》（鞍《くら》を安定させるため尾の下にくぐらせた革の輪）を付け続けていたせいで馬が病原体に感染することもよく起こった。歩みを止めている時、戦っていない時でも軍は鞍を外さず、何日もそのままにしておいたので、感染と放置された負傷とが原因で力尽きた馬も多い。傷の放置と休みない行進により、ナポレオン軍はロシア遠征の終わりまでに二〇万頭の馬を亡くした（Sutherland, 2003）。この惨憺たる悲劇の後もなお馬の苦しみは続く。機械車両と鉄道と船舶が現れたことで軍の輸送は第一次大戦中に飛躍的に改善され、物資を効率的に前線へ運ぶことが可能となった。が、依然一六〇〇万頭近くの馬が騎兵のため、および救急や運搬のために使われた。エリザベス・シェーファーによると、その半数近くが「負傷、疲労、風雨や病原体への曝露」によって死亡したという（Schafer, 2005, p. 103）。

第一次大戦は他の人間以外の動物や鳥の実用化が図られた時代でもあった。オーストラリア軍はカナリア、オウム、オカメインコ、エミュー、鴨《カモ》、駝鳥、鳩、青鶏《セイケイ》を戦地に連れて行った。愛玩用ないし相棒とされた鳥もいる。通信に利用された鳥、毒ガス攻撃の有無を確かめるため空の調査に利用された鳥もいた。ロバは救急用のほか、一九一六年のガリポリの戦いではオーストラリア軍に水と弾薬を届ける運搬用に配備された（Department of Veterans Affairs, 2009）。普仏戦争におけるパリ包囲（一八七〇〜七一年）の際には鳩の助けで一〇万通の私信のやりとりが行なわれ、この成功譚を知ったドイツは第一次大戦中、数千羽のベルギーの鳩を殺害した（Lubow, 1977, p. 28）。エジプトの前線ではラバ、ロバ、牛に加え、四万頭のラクダも動員された（Tucker, 2008）。不幸なことに、第一次大戦はマスタードガスや神経ガスをはじめとする化学兵器が集中投入された時期にもあたり、使用量は一一万三〇〇〇トン、死者九万人、負傷者は一三〇万人にのぼる（Bullock, Haddow, Coppola & Yeletaysi, 2009）。その攻撃による人間兵士の死亡や一時的失明については広く報告されたが、対して人間以外の動物に及んだ影響については殆ど報告がない。戦争神経症《シェル・ショック》〔戦闘中の恐怖、疲労、外圧などによって生じる心理的障害。戦闘ストレス反応、戦争後遺症とも〕は人間の被害として記されるに留まり、それが戦場で人間以外の動物に与えた影響は観察されることもなかった。一方、飢えた兵士や民間人が死んだ人間以外の動物を食したこと、特に両大戦の最中には馬が食べられていたことについては数多くの記録が残っている。

　馬と鳩の利用は第二次大戦中に減っていく。しかし人間以外の動物の新たな利用可能性を探ることは常に軍事研究の重要課題とされてきたのがこれまでの歴史で、その一部は私たちの想像を超える。例えばハーバード大学教授のルイス・F・フィッシャー博士が加わった奇異な軍事プロジェクトは、コウモリの背に小さな爆弾を取り付け、日本の都市数千ヶ所にそれを投下させようというものだった。また、行動学者のスキナーは鳩誘導ミサイル、すなわち「頭の動きがしかるべきモーターを動かし、そのモーターが揚弾《ようだん》装置の位置を決めるという揚弾制御システム」（Lubow, 1977, p. 36）の開発を目指した。他方、ロシア軍は犬を躾けて自爆犯に仕立て上げた――訓練では戦車の下で餌を食べさせる。戦場では犬を空腹にし、強力な爆弾を取り付けドイツの戦車に向かわせる。戦車の下に潜り込んだところで起爆がなされた（Biggs, 2008）。こうした例から、軍が時に良心の呵責を一切なくし、重圧や絶望のなか人間以外の動物を等閑視した有り様が窺い知れよう。

犬の利用は第二次大戦中に増え、巡察や伝言、軽量の兵器の運搬に充てられた。ジーーマン・シェパードは一八〇〇年代後半に現れた品種で、知力と体力、命令を学習し遂行する能力を兼ね備え、軍用犬として名を馳せるようになった。第一次大戦では七万五〇〇〇頭の犬が動員されたと見積もられており、例えば運搬作業ではカナダ産、アラスカ産の犬が荷物を積んだ橇《そり》を牽いて雪原を渡る能力に秀で、他の動物は敵《かな》わなかった（Schafer, 2005）。両大戦では民間人から犬を募り、生き残っていれば戦後に返却された。その時から軍は犬を所有すべく独自の品種をつくり始め、さらに軍用犬の処分権も確保する。一九六〇年代には米軍が四〇〇〇頭近くをベトナムに送り、北ベトナム軍のゲリラ戦術、通常戦術に対応させた。遠くからの臭いを察知、区別する犬の能力を頼みの綱に、軍は森で待ち伏せする戦闘員の居場所を突き止めようとした。犬は狙撃兵の位置を特定し、偵察する米兵に警告を発するよう訓練されていた。仕掛け糸を見付けて多くの人命を救った例も多い。が、終戦後に帰還したのは僅か二〇〇頭に過ぎない。戦争で殺された犬も多かったが、残りは安楽死させられたか、もしくは犬の部隊を維持するだけの余裕も関心も失っていた南ベトナム軍の手に渡された。軍は犬を軍用備品に分類し、終戦後には殺処分して飼い主たちの怒りを買った（Bennett, 1999）。

イルカの軍事研究は冷戦の始まりとともに米ソで増加する。その頭の良さと覚えの良さ、仕事をこなす能力の冴えは、米海軍を強く惹き付けた。新たな環境に合わせることもできるとあって、海軍と政府はイルカのプログラムに巨額を投じた。イルカは新しい作業の学習に意欲を見せ、特に海中滞在施設〔人間が寝食その他の活動を行なえる一時滞在施設。一九六〇年代より開発が始まる〕に身を置く海兵の支援に積極的だった。彼等は水中一〇〇フィート

(約六メートル) 以上の深さにまで素早く潜ることができ (人間の潜水夫にとってこれは極めて危険が大きい)、物品を手渡すこともできる。また濁った水の中で簡単に見失われる潜水夫の救助も訓練された。深い水底から試験用に使われたミサイルの部品を回収する作業も行なってみせた。

イルカは視界の悪い浅い水域で岩礁と人工物の残骸とを見分けられる。軍はすぐにそのソナー能力が海中の金属探知、特に機雷探知に使えると思い至った (ここに道徳面、人道面からイルカ利用に反対する議論が重要性を増した理由がある)。ハワイ大学カイルア海洋哺乳類研究計画で海洋生物音響学を研究するホイットロー・オウは、海軍の持つ水中探知技術のうち敷設機雷を発見できるのはイルカ探知に限られると説く。イラク戦争にイルカが配備された折、ウンム・カスル港 (イラク南東部) にいた米軍少将ヴィクター・レニュアートはそのイルカ利用の目的について、船の航路から機雷を撤去し、イラク南部へ人道支援を行き届かせるためであると主張した (Associated Press, 2003)。

第一次大戦で使用された機雷の総数は二三万五〇〇〇個、第二次大戦では連合軍が六〇万個を用い、後に米海軍はその探知、および戦闘ダイバーや紛失した備品の発見に六五頭のハンドウイルカ、一五頭のアシカを利用した (Fuentes, 2001)。ロシアは船舶への攻撃および「自爆」作戦の遂行を企てイルカやシロイルカを調教した。しかしソビエト連邦の崩壊により計画は終わりを迎える。二〇〇〇年にBBCニュースの報じたところでは、セイウチ、アシカ、アザラシ、および一頭のシロイルカを含む、二七頭の人間以外の動物が飢餓状態でイランに売却されたという。

合衆国は初め少数の野生イルカを用い、計画は二〇年から二五年にわたり続けられた。ベトナム戦争の際には弾薬の積み降ろしや貯蔵が行なわれる港の警護に数頭が充てられた (Big House Productions, 2002)。

象と同じくイルカも社会性の動物であり、一つの問題は「退役」後の彼等をどうするかということにあった。

ホワイトによれば、イルカは「自己意識を持ち、意識の内容を反省する能力を持つ」(White, 2007, p. 152)。更に、脳のつくりからするにイルカは人間よりも愛情深く、他者への思いを反映させて状況に合わせた適切な行動がとれるという。「感覚野と運動野が結合していること(皮質隣接)により、我々以上の興味を持って現実を認識できるものと考えられる」(p. 152)。ゆえにイルカの社会的、情緒的な生は幽閉によって甚だしく害される。イギリスで進められていた一九七〇年代初頭のイルカ計画では、飼われていた軍用イルカの二割が死亡し、平均寿命は二年に過ぎなかった。飼育タンクには興味を惹くものもなく、食事も不充分、調教師との共同作業もないとあって、退屈から神経症に陥ったイルカは自殺を敢行した(Hussain, 1973)。飼育イルカを長い幽閉の後に海へ帰すことはできるかも知れない。しかし主な問題として、第一に幽閉されたイルカは大きな捕食者に対し無防備であること、第二に自分の属する集団なしにイルカは生存できないこと、そして第三に他の軍による捕獲が危ぶまれることが挙げられる。そこで、野生イルカを捕えることも役目を終えたイルカを海へ放つこともせずに済むよう、米海軍は軍用犬計画よろしくイルカの繁殖計画を立ち上げた。

思考能力や正邪の判断能力が人間の道徳的地位を保証するというのであれば、同じ能力を持つ象やイルカにもそれが保証されなくてはならないだろう。そうした人間以外の動物の複雑な社会的、道徳的生を前にすれば、私たちが彼等について限られた理解しか得られていないことがよりはっきり分かってくる。この不充分な理解、それのみが、彼等を私たちの軍事目的に従わせる強制利用を成り立たしめている。

ゲリラ戦術と野生

近代ゲリラ戦術は中国革命に端を発し、第二次大戦後の革命、解放、独立闘争など多くの戦争で有効な戦術とされるに至った。本章ではこれまで通常戦争が動物に深刻な被害を及ぼすことを論じてきたが、常備軍同士が大々的にそれを繰り広げる期間は比較的短い。他方、従来型の軍隊に対抗する革命目的のゲリラ戦は、多くの国でより長期間にわたり持続する。この〝第五段階〟では、ゲリラ兵やゲリラ軍が森を利用し、その利用が野生生物とその生息地を一層の危機へと追いやるようになった。武器を手に森に潜伏し、森で訓練する——それはただ野生生物が銃弾に倒れる危険を増すばかりでなく、彼等の日常を壊すことにもつながる。若い兵士や入隊したばかりの児童兵は、環境の脆さについても、野生生物が景観生態系〔森、川、湖など、互いに区別される複数の環境が組み合わさった全体の生態系〕の中で担う大きな役割についても詳しく知ってはいない。人間中心主義と政治に駆られた目標とが目を曇らせるゆえ、彼等は森や野生を守る必要とその意義を悟ることができない。

ゲリラ戦の目的は抑圧的かつ不正な政府を打倒することにあり、独自のイデオロギーに沿って新国家を樹立せんとする革命軍や解放軍の手を借りて行なわれる。占領者の日本軍と戦う中、中国革命指導者の毛沢東はゲリラ戦術を「武器と軍備に劣る国家がより強大な侵略国に対して用いる兵器」と称した（Griffith, 2000, p. 42より引用）。これを駆使することで毛沢東は中国革命を成し遂げ、共産国家を確立する。

南米の革命家にして反逆児の世界的象徴となったチェ・ゲバラは、ゲリラ戦術を「貧者の兵器」と定義した（Dijk, 2008, p. 39より引用）。チェは一九五〇年代後半にフィデル・カストロと共同戦線を張ってキューバ革命を始め、他のラテンアメリカ、アフリカ諸国を訪れ、自身のメッセージとゲリラ戦術を伝えて回った。毛沢東もチェ・ゲバラも、ゲリラ戦術を弱者の兵器として、訓練の行き届いた従来型の軍隊を持つ支配国に対して用いるものと位置付けた。「叩いて逃げる《ヒット・アンド・ラン》」というこの方法に従来の軍は消耗し、犠牲を出す。戦争は決着のつかぬまま長引くこととなる。

　中国とキューバの革命に触発され、ベトナム、カンボジア、ビルマ、エルサルバドル、グァテマラ、チェチニア〔現在のチェチェン共和国からダゲスタン共和国西部にかけての地域〕、ザイール、アフガニスタン、パキスタン、リベリア、アンゴラ、ウガンダ、ルワンダなどの反乱組織も森に訓練キャンプを設け、軍事演習や軍事作戦を実施した（Ramanathapillai, 2008）。軍やゲリラは意図して周囲の色彩に身を包み、敵の目から隠れようとする。迷彩柄の服や車両、装備品などから、戦争と自然の複雑な関係が見えてこよう。両者が象徴的、視覚的に結び付くと、その関係にも微視的、巨視的の連続性が生まれる。象徴的次元に限っても、自然は戦争の際に防衛され、かつ同時に標的とされ、攻撃されるものになる。戦争によって自然に不要な害が加えられるのは日常的な事態であり、ここから軍が個人や生態系に具わる価値を顧みないことが窺い知られる。戦地は人間にとって危険な地帯と解されているが、認識されるべきは、そこに暮らす全ての生きものが共に危険に曝されるという事実であろう。

　著書『土地倫理―砂土地方の四季（The Land Ethic: In a Sand County Almanac）』の中でレオポルドは言う――「我々はただ、我々の見るもの、触れるもの、知るもの、愛するもの、あるいは信じるものとの関わりにおいてのみ、倫理的でいることができる」（Leopold, 1966, p. 230）。私たちが土地や野生との間に築く倫理的関係は、彼等との深い結び付きに由来する。革命家たちは大抵が都市の生まれで、新兵は国内の他地域ないし他の国々から来ることが多いという点は見逃せない。そうなると、野営、訓練、戦闘が行なわれる森との伝来の絆は一切持たず、土地を守ろうという地域住民の努力をないがしろにすることもあり得る。従来の軍と異なり、ゲリラは森に多くを依存するのが普通で、自然を自身の目的、すなわち防衛か襲撃の手段としてしか見ない。その利用によって森は紛争の中心地となり、軍事的優勢と勝利にしか関心のない交戦勢力の渦中に置かれる。ゲリラ戦闘員が村民を頼るとその村民は敵軍にとっての「正当な標的」となる。森が滅ぼされ野生生物が土地から消えると農家は壊滅的被害を受ける。ゲリラがタミルの村を支援組織として使った際、スリランカ軍はその多くを破壊した（Chelvadurai, 1987）。

ゲリラ戦では反抗軍が森を覆いや待ち伏せの場にするなど様々に利用する。反抗軍による森の占有は、生態系、特に生態学的に繊細な熱帯雨林やその野生生物に、二つの劇甚な影響を及ぼす。第一に、彼等は遮蔽《しゃへい》物や食料、燃料のために森を搾取する。宿営地や訓練場のために一帯を裸地にすることもあれば、射撃訓練、食料確保、密輸、その他の目的で動物を狩ることもある。アンゴラでは交戦勢力が象やサイを殺害し、牙や角を売って服や武器を調達した。ウガンダ、タンザニアでは射撃訓練によってカバが一掃され、他の動物も肉や牙を目当てに殺害された（Thomas, 1995）。コンゴ（旧ザイール）内戦中には反抗軍がガランバ国立公園を占拠し、大量の動物を虐殺した。その直接の結果として、白サイは現在、絶滅の危機に瀕している（Stockholm International Peace Research Institute［SIPRI］, 1980）。一九九〇年代にはルワンダ内戦が勃発して避難民がギシュワティの森に移住し、チンパンジー集団の大きな脅威となった。森に隠れた避難民は野生動物を食料とすることが多い（Brauer, 2009）。アジア、アフリカでは反抗軍もまた食料のためシカやイノシシを狩る。こうした動物がいなくなると波及効果が生じ、捕食動物も痛手を被る（それでなくとも森が農地に変えられていく中、捕食動物は空間と食物の不足に悩まされている）。武装した人間、特に野生生物保護の重要性を知らない児童兵らが愉しみ本位に人間以外の動物を銃撃するのは、倫理に背くばかりでなく破滅をもたらす（Brauer, pp. 199–499）。一九八七年には若いタミル兵がスリランカ北部で三頭の親象を殺し、子象を捕らえて寺院の祭典の見世物にした。私見では、こうした無思慮な行動が、既に餌場不足で数を減らしている動物集団の生活を更に掻き乱すのではないかと思われる。

森を襲う最大の致命的打撃は、政府軍が反乱分子掃討のため土地自体を狙った際に加えられる。森は革命を起こす手段とされるため、政府軍にとっては任務成功の大きな妨げになる（Thomas, 1995）。ゆえに第一の標的とされる。反抗軍を打倒するため、政府軍および同盟軍は「焦土」作戦を用い、森を生命や軍事活動の維持に適さない場所へと変えることで敵軍の壊滅を図る。反抗軍の待ち伏せ攻撃から身を守ろうと幹線道路両横の熱帯雨林を何千エーカーも焼き払うのは軍の常套手段となっている。また、森の反抗軍を狙った砲撃も野生生物と生態系に甚大な被害をもたらす。戦地の森に暮らす象などは無差別的な空襲、砲撃、および地雷に脅かされる。

のみならず、爆撃の轟音が象を森から立ち退かせ、村や農地の傍へ追いやる。それによって農家との衝突が起こり、しばしば作物に目を付けた象が撃ち殺される事態に発展する。スリランカでは多くが射殺された上、一〇〇頭以上が紛争中に捕獲、傷害された。ピナワラ象孤児院には、少なくとも一頭、地雷によって一本の足を失った象が暮らす。ビルマとタイの国境地帯に生息する象も、森の奥深くまで敷設された地雷の脅威に曝されている（Guardian, 2011）。

　軍事目的達成の手段としてのみ自然を利用することは、深刻な道徳的、現実的帰結につながる。脆い生態系が軍事行動によって安定を失い存続できなくなるのは珍しくない。軍事的優位を築くために植物の覆いを払い去る、その技術と方法は、ゲリラ戦術が戦闘手段として浸透し始めて以来、発展の速度を増していった（Westing, 1973）――ゲリラ戦術が防衛と襲撃のため意図して自然を利用することで、敵は環境戦術という手段をとるようになり、それが技術の向上を引き起こすのである。毛沢東は兵士らに「水のごとくしなやかに、風のごとく軽やかに動く」よう指導した。「その戦術は敵を欺き、誘い、乱すものでなくてはならない」、と（Griffith, 2000, p. 103）。ゲリラはそのしなやかさをもって市民に紛れ自然に溶け込む。水があれば魚のように泳いで敵の目をかわすことも多いが、すると相手はゲリラを捕まえるため、「諜報活動」の一環として水を涸らそうとする。

　南ベトナム解放民族戦線（以下、解放戦線）〔ベトコンは蔑称〕は南ベトナムの森と村人を利用してゲリラ戦を展開し、そこここで「叩いて逃げる」の戦術を駆使して米兵の消耗を狙った。そして実際、米兵は地雷や狙撃、急襲にやられた時、あるいはごく僅かな通常戦の行なわれた時を除き、逃げの巧みな敵兵を目にすることが殆どなかった。その報復にアメリカ政府のとった軍事的、政治的、外交的戦略は大空襲であり、村々と森を一掃するため大量のオレンジ剤と何トンものナパーム弾が投下された。村の襲撃に際しては水溜めを壊し、米が貯蔵されていれば毒を撒くか焼き払うかすることが必要な戦略と考えられた（Ramanathapillai, 2008）。アメリカの圧倒的な火力、そしてゲリラの巧妙で恐ろしい戦術が、ベトナムとラオス、カンボジアの環境に多大な被害をもたらした。

ウェスティングはこの戦争で一一〇〇万×二一四キログラムの砲弾が使用されたと試算する（Westing, 1975）。雑草刈《デイジーカッター》りという綽名《あだな》の付いた爆弾は、ベトナム戦争の最中、深い熱帯雨林を広域にわたり消滅させるために造られたものだった（Westing, 1973b）。米軍の用いたもう一つの戦術はブルドーザーによる森林破壊で、一日に一〇〇〇エーカー、合計では少なくとも七五万エーカーの土地から木々が一掃された（Westing, 1973a）。森林とともにゴムの木や果物の農園、およびその他の農地も滅ぼされた。植物の覆いがなくなると土壌は雨や洪水の浸食に直接さらされ、無機物が失われて草のほかは育たなくなり、かつての生物多様性を維持することはできなくなる。環境戦術に対抗して解放戦線はかの悪名高いホーチミン・ルートを森に通し、南ベトナムの前線に通じるライフラインを確保した。この補給路への更なる攻撃を避けるため解放戦線はルートを南に延ばし、インドシナ半島の一部とみなされていた隣国のラオス、カンボジアにまで到達させる。南への長旅に解放戦線は象も率い、北からの兵器や食料を南の戦場に運ばせた。対してアメリカはラオスとカンボジアにまで戦線を拡大、飛行士には森を行く象を目にしたら狙撃するよう命じ、両国に環境戦術を使用した。村とジャングルを襲った戦争の結果、一〇〇万人近くが避難民となった。回避型のゲリラ戦術と、ゲリラの掃討に手を焼く通常軍の無能とが作用し合い、インドシナ半島の森に計り知れない負荷をもたらしたといえよう。人間と自然に対する軍の攻撃は生態系の甚大な被害に結び付いたばかりでなく、数十年にわたる影響を野生生物の身に及ぼすこととなった。戦に使われた象は森から殆ど姿を消し、ベトナム政府は現在もなお象集団の再導入〔一五〇頁訳注参照〕に取り組んでいる。環境戦術のもう一つの影響は、大量の避難民を出したことにある。住む場を失った多くの人々は森に隠れることを余儀なくされ、食べ物と隠れ家を得る必要から土地と野生生物を大いに損傷した。

結論

人間と人間以外の動物や他の野生との関係は様々なものがあって単純ではない。この複雑な関係は五つの段階を経て今日に至る。第一段階では、支配的な座にある動物や鳥を前に人間は己が身の脆弱さを悟り、同時に力強い彼等を崇拝してもいた。弱さの自覚と敬いの念にもとづく関係から、多くの文化は野生と自然を神の位にまで高めた。この段階では、一部の獣や鳥や爬虫類が人間に対する優位を誇っていたとさえいえる。第二段階では、人間が動物や鳥を飼い馴らし、社会や農業を充実させることを覚えた。両者の関係はこれによって密接になる。まだ人間以外の動物は敬意をもって扱われ、祝日には稲作や収穫の手伝いをする彼等が賞美されてもいたが、その地位は人間の下に置かれた。第三段階では、人間が紛争をする傍ら人間以外の動物に依存したことから、人間以外の動物の戦争利用が模索されるに至った。この段階で敬意の籠《こも》った神聖な関係は徐々に廃れ始め、人間は戦争の勝利という、目的のための手段として人間以外の動物を多用するようになる。尤《もっと》も、この時期はまだ戦争の規模が小さかったため、戦時の搾取も限られたものだった。ナポレオンの時代に始まり第二次大戦まで続いた大規模な近代戦は第四段階に結実し、人間以外の動物はかつてない残虐と横暴の渦中に置かれる。人間以外の動物や鳥は爆発による負傷、死亡に加え、化学兵器や生物兵器にも曝された。ただし無数の死をもたらした最大の原因は飢餓であった。第五段階では、近代的ゲリラ戦術とゲリラに対抗する政府軍の焦土作戦とが人間以外の動物と野生、およびその生息地に最大の負荷を加える。ゲリラ戦術を無効化するため何千エーカーもの植生を破壊するオレンジ剤その他の手段は、インドシナ半島の方々で野生生物の生息地を滅却した。今日の通常戦術、ゲリラ戦術が彼等にとって最大の脅威となっている以上、人間は紛争の解決に非暴力の手段をもって挑まなければならない。それは多様な生命の幸福を多様なるままに守るばかりでなく、彼等の暮らす生息地を真に保護することにもつながるのである。

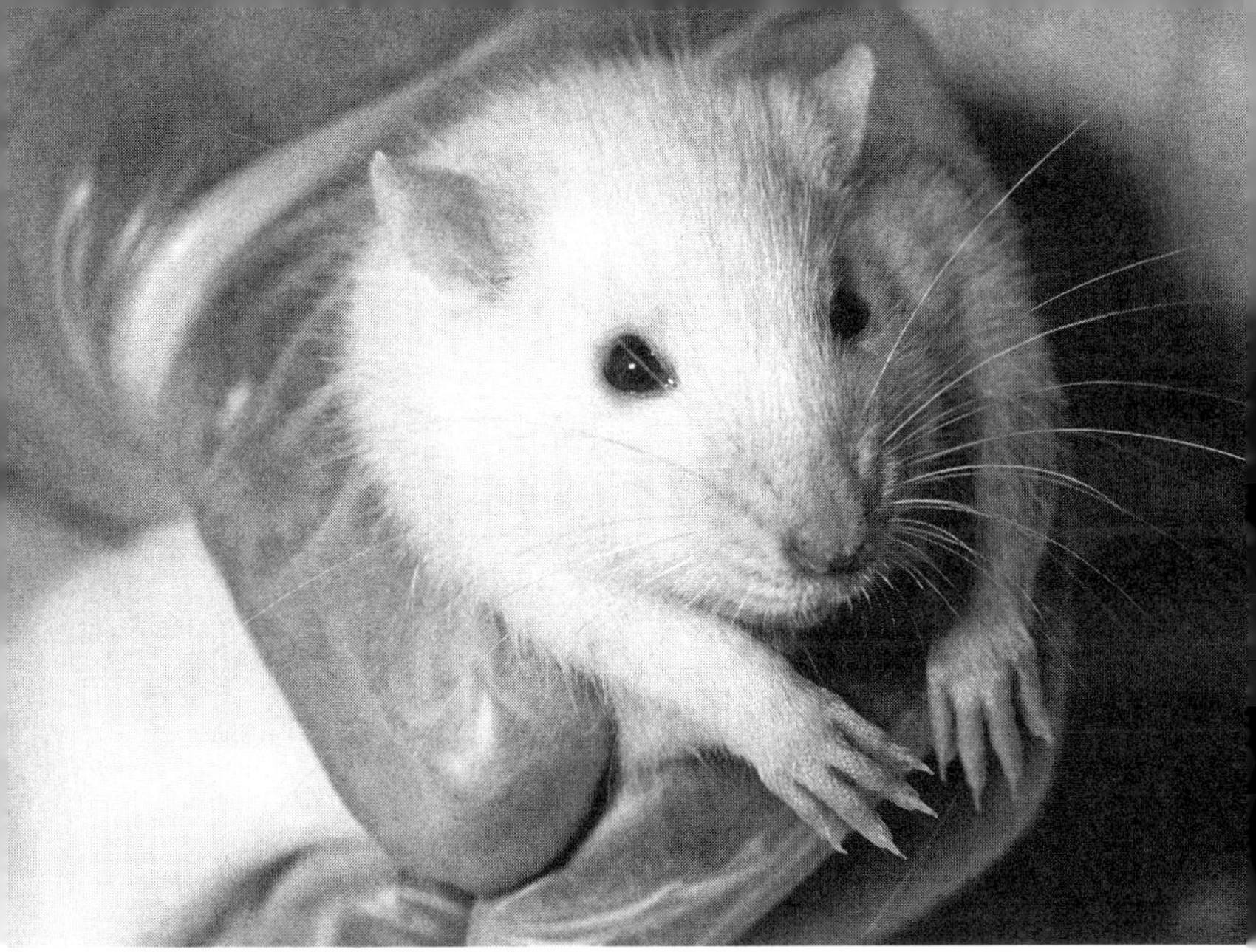

実験に供されるマウス。生殺与奪は文字通り、人間の手中にある。生命を苦しめるためにあらん限りの想像力を駆使してきた種差別主義者の知性は、この小さな生きものを使って、次に何を企てるのか。1992年6月、Janet Stephens 撮影。

第六章

戦争と動物、その未来

ビル・ハミルトン
エリオット・M・カッツ

科学者が動物を利用し、退屈な作業や危険な作業など人間的な仕事をさせるという話は一世紀以上にわたりフィクションの題材とされてきた。生体実験を告発する意図からH・G・ウェルズは一八九六年、有名な小説『モロー博士の島』を書き上げた。物語の中でモロー博士は動物と人間の混成体を造る恐ろしい実験を行なっている。ウェルズのテーマに沿って全ての人間の主人公は不幸な結末を迎えるが、獣人混成体は元の動物的な状態に戻っていった。ハリウッドは一九三二年、一九七七年、一九九六年に、この映画版を制作している。今日、軍事科学者らは動物改変の方法を模索しており、生体に直接手を加えるものとして遺伝子操作を、また生体とは別個のものとしてロボット・パーツや遠隔操作装置の埋め込みおよび取り付けを研究している。目的は、「動物兵士」を造る、人間を危険から遠ざける、敵の注意を散らせる、情報を集める、兵器に対する防衛手段を見付ける、あるいは人間とロボットの混成体について実用性を確かめる、といったことになろう。現代の科学者はモロー博士の非道な技術を遺伝子操作に置き換え、遺伝子組み換え生物（GMO）を開発している。関与する軍事科学者が実験の意義を認めるか否かに関係なく、この種の研究は今後も続けられると思って間違いない。

序章で述べられたごとく、人間至上主義の文化的性格は広く世に浸透しており、それゆえに科学者や研究者、およびその助手やスタッフは、軍関係者か民間かを問わず、対象動物を単なる実験材料として、すなわち研究機材と同様、価値も重要性もないものとしてみる。深く根を下ろしたこの見方は変わりそうになく、特に大金が絡めば尚更動かしがたいものとなるので、業界の手に落ちた動物たちの希望は唯一、そうした実験がことごとく失敗に終わることにしかない。そして現に実験はしばしば失敗する。

本書ではここまで、今日に至る歴史の中で軍指導者や科学者がいかに動物を搾取してきたかについて見てきた。この章では軍事的応用に向けた動物実験が将来どのような方向に進むか、その考えられる可能性を突き止めたい。「国防」のベールに覆われた軍事プロジェクトは高い機密性を保持しているため、今後あらわれる搾取的事業や開発については推測しかできない。

本章で紹介する着想は厳密な査読を経た研究や学術刊行物よりも、現在一般公開されている民間研究、海外の軍事研究、あらゆるメディアのSF作品、テレビゲーム産業その他の大衆娯楽などから得たものが多くを占める。合衆国の軍事部門は在野の研究者同様、インターネットやニュース配信、指定記事配信サービスなどを容易に利用できるので、ものを問わず様々な発想源に触れていられる。したがってハリウッドやシリコン・バレーが図らずも新たな生物兵器の着想を与えるなどということも考えられよう。

アメリカ国防総省は一九九八年から二〇〇七年にかけて国防総省生体医学研究データベースを公開してきた（ただし、動物管理使用報告書の更新は二〇〇五年で終わっている（U.S. Department of Defense, 2009, para.20））。動物を使う研究の殆どは外傷実験であり、人間の負傷兵に方法論を応用する意図から、動物を押し潰す、爆破する、毒に冒す、窒息させる、テーザー銃〔電線の繋がった針もしくは電池入りの弾丸を飛ばして標的を感電させる遠距離用スタンガン〕で撃つといったことが行なわれる。動物を戦場に送る、あるいは戦闘員にするといったことは軍事戦略の主流ではなく、入手できる僅かな資料からもそのような将来の方向性は見えてこない。軍事研究者は容易に閲覧できる民間データベースに最先端の研究や動物兵器開発の情報を載せることはない。本章ではそうした研究に関わるあらゆる種類の手掛かりを検証し、《軍事－動物産業》複合体がその肩章に飾られた袖の内に何を隠しているのかを推測する。

断片をつなぎ合わせて

在野の研究者が人間以外の動物を対象とする個々独立の民間研究の数々を検証し、それが孕む軍事的応用の可能性について予想を立てることは可能である。国防総省の部門には独自の研究を進める所も多いが、彼等は一方で大学や民間企業の非軍事的研究施設とも契約を交わしている。個々の契約では一プロジェクトの断片しか吟味に掛けられず、また結果は査読の入る学界誌に公開されないので、そうした外部の契約者、科学者が行なう研究の内容は闇に閉ざされているといってよい。軍事計画の監督のみがその断片を一つにまとめ、計画の機密性を保持しつつ、最終的に個々の研究の最大の成果を盛り込んだ機能的な兵器や他の軍事応用技術を開発することができる。

ゆえに、ともすると軍事的応用と直接の関係、明白な関係がない研究さえもが市民の監視を逃れてしまう。例えばカナダ在住の『ニュー・サイエンティスト』誌（英）科学顧問ボブ・ホームズは、動物の遺伝子組み換え技術が進歩したことで「ジンクフィンガー」という酵素の一つが開発されたと述べ、これを使えば「技術者が細胞のＤＮＡをあらかじめ決めておいた箇所から切断できる」ようになると報告する。

「動物の遺伝子操作に革命が起こるでしょう」――エディンバラ（英）のロスリン研究所に勤める遺伝学者ブルース・ホワイトローはそう述べる。「自家製のジンクフィンガーを作成すればゲノムの特定箇所を切断できる上、ゲノムの種類を問わないのです。豚のゲノムでも羊のゲノムでも、犬のでもネズミのでも、何だって構いません」。(Holmes, 2010, para.10)

記事は軍事への応用については触れていないが、このような研究を知った軍の科学者はそれを調査し、可能であれば応用したいと考えるだろう。

軍は非軍事的研究を軍事に応用でき、更には人間以外の動物の行動をも利用することがある。CNNの報道によると、オランダの機関はアフリカオニネズミを訓練してモザンビークの地雷探査に用いたという (McLaughlin, 2010, para.8)。同様にスリランカのモラトゥワ大学に所属する技術者らは、コビトマングースに遠隔操作ロボットを取り付け地雷探査に当たらせた (New Scientist, 2008)。兵器技師は動物に見付からない地雷や、逆に訓練した動物が発火準備状態にしたり起爆したりできる地雷を新たに造り出すかも知れない。

「遺伝子導入《トランスジェニック》」ないし遺伝子組み換え生物の研究開発が最も活発に行なわれているのは、アメリカでは農業分野、なかでも作物種子と畜産の分野においてである。モンサントやデュポンといった化学会社は、世界中に広まったトウモロコシや大豆などの除草剤耐性作物の種子や、人間に有益な蛋白質を母乳中に含む乳牛を開発し、特許を取得している (Margawati, 2003, para.6)。動物の遺伝子操作は殆どが家畜の体を大きくするか、繁殖力、病気への抵抗力を高めるかすることに目標をおいており、全ては（業者にいわせれば）より多くの、かつ（人間にとって）より安全な食料を生産するためであるらしい（Margawati, 2003, paras.27–29）。軍関係の専門家は国防という名目を掲げつつ、公益のための私有財産収用権を発揮して容易に私企業の研究成果を入手することができ、特に当の研究が政府の助成金や税金の融資を受けていればこれは一層容易になる。したがって合衆国やその同盟国では、動物が炭疽菌や豚インフルエンザ、口蹄疫などの生物兵器に耐性を持つよう遺伝子操作されることも考えられれば、主要作物が小麦いもち病や稲いもち病から守られることも考えられる。

インターネットに氾濫する学生の論文であっても、軍事科学者に意外な研究路線を示唆することがある。例えばマサチューセッツ工科大学のベンジャミン・レスナーは理学修士論文の中で「犬と人間がインターネットを介して交信する方法」を構想し、猫やオウムへの応用の可能性についても言及している（Resner, 2001, pp. 2, 80–81）。犬の操作機材は「褒美を与える給餌機、犬を観察するためのウェブカメラ、クリック音や飼い主の声を聞かせるスピーカーからなる」（Resner, 2001, p. 9）。犬と人間が顔を付き合わせて始めた訓練プログラムは、かくして距離を置いたまま継続できるようになる。将来的な応用では、無線イヤホンその他の遠距離通信技術を使い、戦場に送られた調教可能な動物、例えば犬などと交信するといったことが考えられよう。送信された調教師の声、クリック音のような非言語の合図、あるいはコンピュータの再現音声などによって、躾けられた行動を引き起こせるようになると、機材一式が準備できたところで調教師はおろか一切の人間は不要となる。

軍事組織が利用できる遺伝子導入研究の民間情報源としてはバイオテクノロジーに関する会合がある。例えばバイオテクノロジー産業協会（ＢＩＯ）は、遺伝子改変（ＧＥ）*動物技術を扱う初の国内産業会合である家畜バイオサミットを、二〇一〇年九月に開催した。以下はその宣伝資料からの抜粋である。

家畜バイオサミットで紹介されるGE動物は次のような顔ぶれです。

・人体に影響しないドナー組織、細胞、器官をつくる遺伝子組み換え豚。
・ヒト抗体を生成する遺伝子組み換え牛。多岐に渡る人間の健康悪化や疾患を予防、処置する上で貢献します。
・プリオンを産生せず、牛海綿状脳症《BSE》（狂牛病）に感染しない遺伝子組み換え牛（キリンビール子会社ヘマテック社（米）が米農務省と共同開発）。
・乳汁中にクモの糸繊維を含む遺伝子組み換え山羊（米軍、カナダ軍の後援のもと、ネクシア・バイオテクノロジー社（加）が開発。現在はユタ州立大が研究中）。クモの糸は強靭で弾力性に優れるため、人工の靭帯、腱、眼科縫合糸になり、顎の矯正にも使えるなど、様々な応用が可能です。さらに防弾チョッキや良質のエアバッグなど、産業面での活用もできます。

サミットではこうした有益な動物が登場し、遺伝子組み換え動物の将来の応用可能性が話し合われます。

＊　GM(O) は genetically modified (organism) の略、GEは genetically engineered の略。どちらも遺伝子改変を指す語であるが、前者が遺伝子組み換え（遺伝子導入）のみを表すのに対し、後者は人為交配による育種（品種改変）も含む。

> 家畜バイオサミットは、研究される動物の管理と利用、およびバイオ産業のＧＥ動物研究やその規制、融資の分野に関わる様々な可能性について、参加者の方々が業界、学界、政界の指導者らとともに、三日間にわたり領域横断的な議論をする機会を提供します。(Biotechnology Industry Organization, 2010, paras.1–8)

軍の研究者が防弾チョッキや水中侵入防止ネット、パラシュートコードに応用できる繊維技術の革新について調べたとすると、クモの糸を産生するキメラ山羊を見付け出すことになるのは想像に難くない。軍医であれば負傷した徴募兵や海兵隊員の治療に使える豚の器官の異種間移植や、兵士の食用にできる抗体入り牛肉についてもっと知りたいと思うだろう。そうした人間中心的な研究に供される動物の境遇や運命については、最小の配慮しかなされそうにない。

サミットの宣伝文にあるように、「ＢＩＯは合衆国ほか三〇ヶ国以上に展開する一二〇〇を超えるバイオ企業、学術機関、州立バイオテクノロジーセンター、およびその関連組織を代表します」(Biotechnology Industry Organization, 2010, para. 26)。国際バイテク会合が他に七つあるのに加え、一二〇〇を数えるＢＩＯ加盟組織の多くや非加盟組織が独自の会合を開いて軍事科学者の参加を許可することもあろう。軍用動物の配備、搾取に資する将来的応用の種は、事実上無限にあるといってよい。

二〇〇六年にカナダで開かれた計算機協会の会合では、シンガポール出身の科学者、テー、リー、チェオクの三人が、動物の遠隔操作法「触覚再現《ハプティック》」に関する論文を発表した（これについては次節「軍内部の研究」でも論じる)。

このシステムは視覚および触覚による通信手段を包含した実体的な相互伝達を成立させる。人間は時と場所を選ばずペットと遠距離交信ができるようになる。飼育者は自動測位システムの上に置かれたペット模型を介してペットのリアルタイムの動きを観察する。一方、ペットには特別なジャケットが着せられ、これが触られる感覚を再現する。飼育者が模型に触れるとその信号が遠く離れたペットに送られる。また、飼育者はペットの動きに応じて触覚的反応を受信する。(The, Lee & Cheok, 2006, para.1)

この技術は明らかに軍事と結び付くものであり、とりわけ訓練された動物に触覚を介した指令を送り、決められた目標に攻撃を仕掛けさせるといった応用は想像しやすい。

大衆科学メディア、特に雑誌やウェブサイトは、軍の研究者にとって入手しやすい資料となる。二〇〇二年、BBCニュースのサイトにニューヨーク州立大学の研究チームが行なったラットのサイボーグ研究が紹介された。「ラットの脳には電極が埋め込まれ、ノートパソコンから発される命令や褒賞の信号が、各々の背に取り付けられた受信機に送られる。科学者らは望む方向にラットを走らせ、回らせ、跳ばせ、昇らせることに成功した」(Whitehouse, 2002, para.5)。タブロイド紙の話題に大衆が惹かれていることで、大衆メディアから最先端応用技術の可能性を見付け出そうと努める軍事科学者の仕事も比較的楽なものとなっている。

軍内部の研究

軍の研究機関はサイボーグの利用について模索しており、本書に関連する例では、動物や虫に機械部品を埋め込み、刺戟に反応させつつ敵の軍事施設を監視させる方法などが挙げられる。国防総省の機関である国防高等研究事業局（DARPA）は昆虫の蛹《さなぎ》にセンサーを埋め込む実験を繰り返しており、空を飛ぶ成虫に敵の兵器や行動に関するデータを送信させようとしている。と同時に、外部に装着した小型の電子機器によって昆虫の飛行は研究者が操作できるものとなる。DARPAが二〇〇九年に開発した操縦可能な飛行甲虫サイボーグの実演飛行が行なわれた後、これに刺戟を受けて同様の次世代サイボーグ実験が他の昆虫、魚類、哺乳類、鳥類（ハチ、サメ、ラット、ハトなど）を対象に進められることとなった（Guizzo, 2009, para.2）。

イタリアで開催された二〇〇九年電気電子工学会《IEEE》・微小電子機械システム《MEMS》会合では、DARPAと契約を結んだカリフォルニア大学バークレー校の技師らが無線飛行昆虫サイボーグを披露した。

> 機械の心と昆虫の俊敏な体――この虫ロボは完璧な偵察機だ。安上がりで使い捨て可能、おまけに偵察は秘密裡に行なえる。［…］甲虫は力が強いから重たい有用機材だって運べる、例えば小型カメラも。

DARPAは〔…〕昆虫の成長初期に機械を埋め込む研究も後援している。蝶は餌を摂らずに数千マイルを飛べるから、サイボーグにすれば長距離任務にうってつけだろう。幼虫は恐らく普通の蝶と変わらない外見に羽化するけれども、体の中にはケーブルと電極があって、人間が飛行をコントロールできるのだ。トンボの飛行は時速四五マイル（約七二キロメートル／時）にもなるから、高速任務を任せられる。そして翅《つばさ》の幅が一〇インチ近く（約二五センチメートル）もある南米大夜蛾《ナンベイオオヤガ》は、小さな貨物船になるということでDARPAの注目を集めている。（Ornes, 2010, paras.2-3）

DARPAの研究者ジャック・ジュディ博士はこの将来を見据えた現行の研究の一主要目標について説明する——「HI－MEMS〔混成昆虫微小電子機械システム〕の応用技術は多くのロボット機能を低費用で実現し、未来の自動防衛システムの発展に寄与するものと期待される」（Judy, 2010, para.3）。

非侵襲的な〔皮膚の切開や体内への危惧挿入といった外科的処置を伴わない〕触覚媒介機器も動物の遠隔操作に利用されており、その一例に先の触覚再現技術《ハプティック》も数えられる。テレビゲームのニンテンドーWiiを操作するように、研究者は動物に拘束具を「着せて」、操縦者の力、振動、動きを伝える（Robles De-La-Torre, 2010, all paras.）。この技術の初期のものは前に触れた地雷探査コビトマングースの誘導に使われた。現在および今後の研究はコンピュータ・ゲーム、移動通信、外科手術、ロボット工学、製造、アート、その他の産業に拡大すると見込まれる。特定の動物操作応用技術が一般の文献にて言及されることはそう多くないが、軍関係者である触覚再現の専門家が動物遠隔操作を発達させるのは、必然的でないまでも論理的な流れといえよう。

米軍の動物利用につながり得るもう一つの情報源は他国政府の軍事省にある。ルースキーはイスラエルの軍事研究における動物利用を、二〇〇〇年から二〇〇四年にかけて追跡した。

イスラエル国内の動物利用について、種別にMSS〔軍事・安全分野〕のそれが全体に占める割合をみていくと、モルモットでは五八%、豚では三一%、犬では一六%となり、霊長類では驚愕の七五・七%に達することがわかる（いずれも五年間の平均）。MSSは産業分野、学術分野よりも遥かに小規模でありながら、平均して他分野合計の四倍の量の動物を利用している。〔…〕〔更に、イスラエルの〕動物実験法規は〔…〕MSSを通常の法規制から除外〔しており〕、倫理性に欠けると考えられる実験もMSSでは容易に認可される。(Lousky, 2007, p. 263)

海外政府、特に合衆国の同盟国による研究を合衆国が吸収、実施する分には、動物福祉法（一九六六年制定、一九八五年改正）の定める農務省動植物検疫局の監視も入らない。実際、このように監視の目が欠けていれば軍同士での研究共有は国内研究よりも速く進行すると思われるほどである。ルースキーはイスラエルの軍事科学者がどういった動物実験を行なっているか明らかにしていないが、傷害、殺害される動物の数だけに着目しても、その研究の少なくともいくらかが国外最大の後援者、アメリカ合衆国に益するところがあるのは察せられよう。ここでもまた、両国の軍事研究が秘密的性格を帯びているため、科学領域の国際的癒着関係やその搾取的な産物についてはただ推測することしかできない。

合衆国市民はペットをはじめとする人間以外の動物に地位を認め配慮を向けるが、法的文化的にそうした動物を異なる見方で扱う国は、イスラエル以外にも合衆国の同盟国（特にその防衛省庁が合衆国の軍事支援を受けている国）に多数存在する。一つ考えられるのは、そのような海外の姿勢が米軍科学者にとって実り多い環境を整える方向に働き、市民の監視からも動物福祉法のそれからも完全に隠された軍事向け動物研究の「外部調達」を可能にする、ということだろう。合衆国最高裁判所で争われた一九九二年の訴訟事件「ルハン対野生生物防衛団（Lujan v. Defenders of Wildlife）」の判決によると、合衆国市民は海外政府ないしその国民が自国内の絶滅危惧種を殺害、傷害する行為に対し訴訟を起こす権利（および地位）を有さない（Hamilton, 2008, pp. 8–9）。こうした制約は恐らく国外軍事研究の動物実験にも適用されると思われる。

リチャード・コックレーンは水族館のショーやアニメ映画に着想を得たかのような信じがたいシナリオを紹介している。それによれば米海軍は二〇一〇年、イルカを訓練して水中の侵入ダイバーを探させ、背後から体当たりして鼻先に着けた追跡装置をダイバー付近に投下させるといった計画を立ち上げたという。またアシカには「足枷《あしかせ》を銜《くわ》えさせ、体当たりによってダイバーの脚にそれを装着させる。足枷には鎖が繋がっているので、兵士は捕獲された侵入者を手繰り寄せることができる」（Cochrane, 2009, paras.1–12）。海軍がこのイルカ・アシカ「追撃班」の構想を実現したのか、それともいまだ構想段階に留まっているのかははっきりせず、コックレーンは情報の入手先を明らかにしていない。なお米海軍はかつて二〇〇三年に、イラクの港で機雷探査にイルカを使った。

敵への攻撃を企図した計画に加え、軍の研究者は防衛や予防策に関わる計画にも莫大な数の動物を利用する。今日では日常的に炭疽菌対策のワクチン接種を受ける兵士もいるが、その安全性の背景には数え切れない動物を利用した研究があったに違いなく、彼等は死と痛みをもたらす病原体に感染させられたのである。考えられる未来のシナリオにまでその方針を延長してみると、軍事科学者やその代理機関が何をするかが想像されよう——放射線、ウイルス、レーザー、生体毒素、および他の致死性物質を用いた精妙狡猾な兵器によって動物を大量虐殺し、その検死解剖を通して、生存のための適切な処方や防御法を戦闘部隊に提供する、といったことになるのではないか（戦闘部隊が存在すれば、の話だが）。**

大衆メディア、娯楽作品からの着想

軍が戦闘用の混成動物を開発するという発想は想像力を掻き立てるらしい。ハリウッドはそこから滑稽な珍作を生み出しており、例えばテレビ向け映画『シャークトパス』では海軍が兵器として開発し遠隔操作する（半サメ／半タコの）遺伝子組み換え巨大混成生物が登場する（Stuart, 2010, paras.1–4）。残念ながら、一見滑稽に思えるものであっても、軍の意思決定者がそれを真剣に検討、探究する可能性は否めない。

動物軍事化のもう一つの柱であるロボット工学はまだ初歩的な概念の段階にある。「Sphinx Magoo《スフィンクス マグー》」のブログユーザー名を使うエーベル・バディージャが描いたのは「ウォー・ウルフ」というアバターないし漫画キャラクターだった。それは戦いに飢えた凶悪な人狼で、武装兵のような姿をしている（Padilla, 2009, para.1）。軍の研究者はそうした動物の生命を人間兵士の生命と等価とは見ないであろうから、特殊部隊の分遣隊として利用すれば大勢《たいせい》の後押しを得られるだろう。この場合も、一般人には常軌を逸しているように思える発想が軍人に光明をもたらす可能性があるという点に変わりはない。大衆科学サイト「Singularity Hub《シンギュラリティー ハブ》」（米）の編集主任を務める物理学者アーロン・サエンスによれば、アーティスト等の創作家が想い描く未来の像や構想は現在のテクノロジーの組み合わせにもとづくという。

科学者は現に昆虫サイボーグやロボットハチドリを造り出している、となればアンドロイドアナコンダやミサイル搭載ヒキガエルだって出てこない理由はない。そんな発想の内、どれが現実にカタログを抜け出て実験台に載るのかは、ちょっと予想がつかない。[…] 私たちの未来像は、いま身の周りにあるもののゴッタ煮であるのが普通だ。テクノロジーの発展が加速していくと、将来のことを正確に予想するのは難しくなる。[…] いつか誰かが本物を造りたくなる、そんなアイデアが沢山転がっている。（Saenz, 2010, para.3）

サエンスは一方で、動物の動作と技能をもとに完全な動物型ロボットを造る方が、動物や昆虫を一部ロボット化するよりも実現がしやすかろうと述べている。先に言及したＤＡＲＰＡ後援の実験に触れながら彼はいう。「［昆虫サイズの］電子機器に安定して電力を供給するには大変な努力を要するから、サイボーグよりはロボット昆虫を造る方が賢明だろう」（Saenz, 2009, para.5）。したがって一見自由気ままな、

＊＊　ここでは恐らく、ロボット兵器や無人爆撃機などの普及によって、将来的に人間兵士の戦闘部隊が消え去る可能性を想定しているのだろう。

あるいは矛盾しているかのような自律行動をとるおかげで、昆虫や動物はサイボーグにされることを免れるかも知れない。極度に変化しやすい、しかも労力を要する（ゆえに高くつく）実験を、軍は取り止めにしたくなるかも知れない。とりわけ作業の正確さに人命が懸かっている場合などのことを思えば、離れた所から生物の行動を操作して諜報等の軍事目的に役立てるよりも、生物を模倣したロボットを造る方が軍事科学者にとって容易でありかつ費用効率も良いものと思われる。

結論

本章では軍が検討、実施している、あるいはしようとしているであろう動物虐待や非人道的な実験の数々について、明らかになっているもの、不確かなもの、考えられるものを検証してきた。

軍関係の研究者が利用できる無料ないし非機密の研究や基本資料は数多く存在し、そこには軍との契約のあるなし如何を問わず、民間研究施設、研究大学、民間企業も関わっている。軍の視点に立つ者が地雷の撤去を訓練、強制される動物に着想を得て、撤去の代わりに敷設をさせようと考えることもあるだろう。論議の的になっている遺伝子操作技術は人間の消費用に多くの「不自然な」動植物を開発してきた。軍事科学者はこの研究をもとにして、人間の破壊用に新動物を開発するかも知れない。卒業論文、修士論文、科学技術やバイオテクノロジーに関する会合、さらには大衆メディアまでもが動物軍事化の発想源となる。

ＤＡＲＰＡは研究大学と契約を結び、昆虫サイボーグを造ってこの技術を「より上位の」門である哺乳類や鳥類に応用しようと目論んでいる。軍はまた隠しだてするでもなく、触覚再現技術を用いた遠隔操作によって動物を軍務に就かせる研究に直接関与している。そして内部研究にはもう一つ、対テロ任務に向けたイルカやアシカの訓練があり、ここでは恐らく正の強化トレーニング***／行動変容技法****が用いられる。軍がそうした計画を中断したか否かは定かでない。むしろそれをより洗練させ拡張していると考えるのが妥当だろう。非人道的動物研究という「汚い仕事」は多くを外国政府に委ね、有望と思われるものを後から吸収する。一方、動物兵器や動物媒介兵器の開発とバランスをとるがごとく、動物を犠牲にする防御研究も行なわれ、兵士を保護する方法が模索されることも疑えない。過去の研究を参照してもなお、敵に一歩先んぜんとする軍事科学者がどのような絶滅兵器を考え出すのかは皆目見当が付かない。

最後に、私たちは大衆メディアの小説や映画、ブログ、アーティストのオンライン・コンテストなどが軍事研究に着想を与え得ることについてみてきた。大抵は単なる奇態な見世物か浅薄な娯楽としか映らないそれら想像の産物も、軍事目的に転用される可能性は考えられるのである。

研究は極秘裏に進められるので、軍が吸収ないし応用するかも知れない発想源の多くについては推理を働かせる必要があった。推理が行き着いた仮説を証明するのは将来のジャーナリストや内部告発者の観察を措《お》いて他にないだろう。軍事目的の動物利用に関わらない人々は、そのような不必要かつ非人道

*** 望ましい行動をとった動物に褒賞を与えるなど何らかの刺戟を及ぼし、当の行動をうながす訓練法。

**** 刺戟や環境の管理統制によって望ましい行動をうながし、望ましくない行動を抑える調整法。正の強化トレーニングもここに含まれる。

的な搾取に目を光らせる必要がある。とはいえ、紛争や諜報活動で用いられる兵器は正確に確実に操作に従わなくてはならないので、ものを感じる生きものは正にその感じる能力ゆえに、兵器としての理想には届かない。人間以外の動物はその本質からして人間の兵士のように信頼、予測できる存在ではなく、軍による「行動増強」や人間の操作を経るとしてもこの溝は埋まらない。著名な動物学者テンプル・グランディンは、動物は生まれつき自閉症だとまで言っており（Grandin & John, 2005, pp. 67-68）、これは人間であればただちに軍務から外されるほどの欠陥となる。そのような性質が幸いして、更なる動物兵器の開発や関連する将来の軍事研究から彼等が救われることは考えられる。そして、動物が本来戦闘に適さないゆえに、結果として少なくとも一部の軍事科学者、研究者、契約者、兵士が事実上人間至上の種差別主義的な偏見から解放されるかも知れない。態度や戦略が変わることではじめて、軍事研究に呪縛された国家（および軍事研究に依存する契約者の大学）は、ただ戦争がないというだけの消極的平和を越え、積極的平和へ、すなわち平和な世界を目指す、より多様な、しがらみのない、人道的な未来へと向かって、第一歩を踏み出すことができよう。

辺野古基地移設に座り込みで抗議する人々。軍事計画に立ち向かい、かつ海と海の生きものたちを守ろうとするこの戦いを、《平和運動－環境運動－動植物の権利運動》三位一体の試みの先駆けと捉えたい。2015 年 3 月、訳者の母撮影。

終章

動物研究、平和研究の批判的検討

全ての戦争を終わらせるために

アントニー・J・ノチェッラ二世

一国の偉大さとその道徳的進歩の度合は、そこに暮らす動物がどう扱われているかで見定められる。

マハトマ・ガンディー

戦争の廃絶を徹底して探究するという点にかけて、学際的平和研究にまさる学術領域はない。同じく、人間以外の動物の抑圧を廃絶する上で、領域を越える批判的動物研究は不可欠のものだ。しかしどちらも多くの欠点を抱えている。第一に、それらは高等教育という抑圧システムに属し、五体満足のヨーロッパ白人の学界人に支配されている学問なので、急な廃絶ではなく漸進的な改革の方を好む。更にいうと、平和研究は批判的動物研究にもまして、革新派《リベラル》のキリスト教徒の異性愛者の男性が支配している。私は平和研究ジャーナルの編集者を務め、中央ニューヨーク平和研究会の前理事でもあったので、平和研究に携わっている人々が五体満足の異性愛者のキリスト教徒の白人男性ばかりで、市民団体の結成や市民活動をしてきた経験は極めて少なく、せいぜいそれに関する本を読むといった程度でしかない実態をじかに見てきた。

平和研究は一九六〇年代から一九七〇年代に反戦活動家によって始められたものであり、彼等は自身の大学にて社会正義や平和に関する教育、議論がより活発に行なわれることを望んだ。しかし今日の教授陣は活動に参加した経験を殆どないし全く持たない。一方、この領域を扱うプログラム、センター、学部学科は三〇〇を超え、学部生、院生とも専攻、副専攻の学位や修了証書を取得できる。平和研究の学士号は得られなかったけれども、私はテキサス州にあるセント・トーマス大学ヒューストン校の「社会正義」副専攻を立ち上げる手助けをした。政治学の学士号を得た後、フレズノ・パシフィック大学（カリフォルニア州）に移って平和創造・紛争研究の修士号を取得、それからシラキュース大学（ニューヨーク州）の院生に落ち着いた私は紛争・協力研究発展プログラム《PARCC》の助手になった。ここで毎年開かれる平和研究会合を運営し、社会科学の博士号を取得した。修士の時も博士の時も、焦点は批判的動物研究と平和研究にあった。双方が互いの使命や理論を無視、否定するのでなく、相補う関係となるよう導くのが私の試みだった。

　マハトマ・ガンディーは現代史の中で最も有名な、尊敬を集める平和創造者であり、ヘンリー・ソルトの『動物たちの嘆願（A Plea for Vegetarianism）』に啓発されて菜食主義者にもなった人物であるが、その彼でさえ、平和研究や平和運動に携わる人々を動かし、計画的かつ政治的に菜食主義や人間以外の動物への配慮へと向かわせることはできなかった。ロンドン菜食協会の会員にして動物の権利の擁護者でもあったガンディーは次のように語っている。

> 私の気持ちでは、一頭の子羊は人に劣らぬ大切な命を宿している。人の糧としてであっても、私は子羊を殺めることを欲しないだろう。無力な生きものであればそれだけ一層、人間の残虐から人間によって守られるべきであると私は考える。しかしその度量に到らぬ者は、彼等に何らの庇護《ひご》をも施すことができない。ゆえに子羊たちをこの邪《よこしま》な供犠《くぎ》から救いたいと願うより前に、私は更なる

自己浄化と自己犠牲を経ねばならない。今日ではこの志《こころざし》なかばにて命を終える日が来るものと確信している。私は絶えず祈り続ける、この地上に男か女か、神聖な憐れみの心に燃える偉大な魂が産声を上げ、私たちをこの非道きわまる罪悪から解き放ち、罪なき存在の命を救い、寺院を払い清めんことをと。(Gandhi, 1993, pp. 235–236)

世界に名を馳せる平和創造者の彼は、人間の間における暴力の撤廃と人間が人間以外の動物に振るう暴力の撤廃とを結び付けたのである。しかるに我が国の平和活動家は《軍事–産業》複合体と不必要な軍事支出の撤廃に目標を定める一方で、平和を阻むこうしたあからさまな障壁を振り返ることは滅多になく、したがって人間以外の動物と環境破壊をないがしろにしている。なぜ両者が繫がらないのか。よく知りもしない遙か彼方の国で起こっている不正に抗議するのは簡単だからだ。それに外国の戦争だけに的を絞っていれば革新派は己が身を顧みなくて済む――自国の平和を育むため自分自身を変えねばならないとしても、多くの人間はその方法について考えたがらない。主流をなす革新派の反戦活動家たちが戦争で利益を得ている会社に貢《みつ》ぐことをやめず、車に代わる移動手段すらも探さずにいる、といった話はよくあるもので、ただハイブリッド車を買うことで環境保護については「できるかぎりのことをした」と思っていたりもする。そうした活動家が実際には、他者の搾取と支配によって儲けている企業に仕《つか》えている、などという事例はあまりに多い。そこで私が強調したいのは、もし何かが好い方向に変わるのだとしたら、それは家の中から始まらなければならないということだ――各人は全てにおいて今まで以上に倫理的な決定を下していかねばならない、自分たちの食べる食べ物に始まり、足に履く靴、身に着けるシャツに至るまで。

人間以外の動物との戦い

人間以外の動物は二つの面で戦争被害者になっている。人間同士が戦争をする中で命を落とす、これは明らかだが、同時にまた、人間が人間以外の動物に対し遂行し勝利している、語られない見えない戦争の犠牲者でもある。『動物解放――「必要なかぎりの手」を尽くしてでも（Animal Liberation: By "Whatever Means Necessary"）』の中でロビン・ウェブは記している。

動物解放は運動ではなく、かといって面倒になったり、何か新しいものが眼を惹いたりしたら脇へ置いておくような、ただの趣味とも違う。我々が面しているのは戦争だ。長い、困難な、血みどろの戦い、これまでのところ、そのただ一方の側にのみ数知れぬ犠牲者の全てがいて、身を守る術《すべ》すら持てず、罪も負わないというのに悲劇を負っている――人間以外の者に生まれ付いた、という悲劇を。（Webb, 2004, p. 80）

ただし「動物に対する戦争」という見方は安易に提示してはならないだろう。概念を正しいものとするためには、「戦争」という言葉を比喩として用いるのではなく説明する必要がある。活動家たちはしばしば何の気なしに人間以外の動物の抑圧をホロコーストや集団殺害、奴隷制などになぞらえるが、これらは人間独自の経験であって「動物に対する戦争」とは違う。

『テロリストか自由の闘士か―動物の解放を考える（Terrorists or Freedom Fighters?: Reflections on the Liberation of Animals）』（Best & Nocella, 2004）に収録されたスティーブ・ベストの章題は、先に引用したウェブの表現にヒントを得ている。その章「戦争だ！　活動家たちと法人国家産業の白熱する戦い」の中でベストの定義した戦争は、

> 政治に内在する紛争の激化を指す。一方、政治は戦争の遂行であり、用いられるのは非軍事的手段、例えば経済政治運動の階級闘争などであるが、人々にとってその破壊力は爆弾を落とされるにも匹敵する（世界銀行と国際通貨基金《IMF》が容赦ない緊縮経済政策を強いて途上国に破滅をもたらすのも、また二〇〇三年以前にアメリカがイラクを封鎖して一〇〇万人以上もの人々――半分は幼児や子供だった――を死に追いやったのも、その実例に他ならない）。（p. 301）

戦争は一集団が他の集団に対して行使する戦略的な政治行動としての暴力であり、常ではないが目的は経済的利益にある場合が多く、宗教的、民族的な優越感が引き金となることもある。ゆえに歴史に残るホロコーストや奴隷制、集団殺害は単なる暴力ではなく、巻き返しもままならない被抑圧者に対する戦争だった。本書に緒言を寄稿してくださった平和研究の草分け的存在、コルマン・マッカーシー氏は完全菜食主義者でもあり、動物の権利を追求する学術活動家でもある。彼は著書『平和は一つ―非暴力についてのエッセイ（All of One Peace: Essays on Nonviolence）』の中で述べる。

> 世界の戦争に対し、殆どの人々は意義ある行動ができないと感じる。遠過ざる上に、根深過ぎる。私の生徒も毎学期この嘆息をもらし、私は毎度――というのも教育は繰り返しだから――さとすことになる、みんなが行動を起こすことで終わらせられる戦争がある、それは動物との戦いだと。
>
> 動物に対する非暴力とは、彼等を侮蔑する戦争を廃すべく平和協定に調印することを意味する。屠殺場の畜殺室を最大のものとするその戦場を、殆どの人は目にすることもなく、したがって例えば一時間に七〇万の動物が食用として殺されるといった数値を挙げても、衝撃は皆無か、あったとしても極めて乏しい。私の非暴力の講義で［アルベルト・］シュバイツァー〔ドイツの神学者、哲学者、音楽家、医師。「生命への畏敬」概念にもとづく思想を展開〕の思想を学び、それから動物との戦いの真実を知った生徒は、大抵無関心ではいられなくなる。（McCarthy, 1999, p. 159）

マッカーシーが明快な言葉で論じる人間以外の動物との戦いは事実存在する。が、本書ではこの大規模な戦いよりも範囲を限定し、人間同士の戦争が人間以外の動物にどう影響するのかという点により多くの考察を割いている。J・ウィリアム・ギブソンは『ロサンゼルス・タイムズ』紙に寄稿した新しい記事「狼との新たな戦い（The New War on Wolves）」にて、モンタナ州の狼の徘徊と増加を管理する暴力的手段を紹介している。

二〇一一年の一一月初め、モンタナ州の民主党上院議員マックス・ボーカスは独自の政治的貢献をしてみせた。モンタナで製造された無人機のテストに興奮して彼は言った――「我々の部隊は日々この種のテクノロジーを頼りとしていますし、将来的には、国境警備、ならびに農業、野生生物、害獣の管理など、数え切れない可能性が考えられます」。製造業者の代表は自社の無人機が「狼とコヨーテの違いを識別できる」と誇っている。テロと思しき人物を殺害するためCIAや空軍が使う無人ロボット航空機が、今や「敵」の狼を追跡、殺害する現実の選択肢と化したようである。（Gibson, 2011, para.1）

ギブソンは他の例も挙げて、戦争が人間以外の動物にどのように影響するかを示している。テロ攻撃や違法越境の対策、あるいは敵国への侵略を企図して造られた兵器が、今日では人間以外の動物に対して用いられる。営利目的で屠殺用の牛を飼養する《農業－工業》複合体、その養牛業者から脅威と目された人間以外の動物は、人間以外の動物を使って試験されたこれらの兵器によって攻撃されるのである。

人間の戦争は全生命に影響する

人間以外の存在が人間の軍によって様々に苦しめられる中、本書の著者らは主要六種の搾取形態を明るみに出した。乗り物としての利用、実験材料としての利用、兵器としての利用、戦時の被害、戦後の障害や疾病、そして未来の軍事利用に向けた計画。各章はこの六つの搾取について詳しく述べている。

またそれに加え、本書は研究の遅れていること甚だしい問題を探究しながら、総合的な七つの行動計画を論じている。すなわち――

・社会正義分野の研究と活動をより領域横断的なものとする。
・平和研究の人間中心主義に異を唱える。
・批判的動物研究の領域における平和活動および人権を拡張する。
・《軍事－動物産業》複合体と全ての戦争をなくす。
・全ての動植物その他の構成員を見据えた世界的正義運動を確立する。
・支配と抑圧のシステムを一掃する。
・全ての植物、動物、その他の構成員のための総合的な平和共同体を志向する。

領域を横断する動物擁護者であり平和活動家である私は、どちらかに分類されることを常に避けようと意識してきた。望みはむしろ、二つの領域に橋を架けることにある。

社会運動に身を投じた一八歳の頃、私はテキサス州ヒューストンに暮らし、死刑制度に反対し、グリーン・パーティーと連携し、「アース・ファースト！」やシエラ・クラブ、テキサス平和アクション、パックス・クリスティ、アムネスティ・インターナショナル、先鋭教育コミュニティ、ヒューストン平和・正義センターの会員となり、ヒューストン動物の権利擁護団では代表を務めた。しかし幅広い領域に関わってきたにも拘らず、私は動物の権利活動家として知られるようになった。領域横断的な研究は無視され、広義の社会正義活動家に分類されてしまった。そこで二〇〇三年三月、イラク戦争が公式に始められる直前の時期に、もう一人の活動家と橋を占拠してそこからぶら下がり、「もう我々の名で戦争をしてはならない」と書いた垂れ幕を降ろした。この活動で州間高速道路一〇号線は数時間閉鎖され、私たちは逮捕された。

　最後に挙げた活動は決行一日前に立ち上げた組織「平和のための学生団」の名で実施したが、これによって人々は私を「動物の権利」活動家としてではなく、純粋に一〝活動家〟として見るようになった。この経験は連携運動、複数の運動の掛け持ち、そして領域の横断について一つの教訓を与えてくれた――もし本当に他の取り組みや運動と手を結びたいと思うなら、私はいま自分が没頭している活動の「外」にいる人々のため、彼等以上のリスクを背負い行動する覚悟がなければならない。自分のため以上に他者のため、この自由と生涯、それに特権（仕事を持つ、大学に通う等々）をなげうつ気概を持った時、人は初めて複数の運動を同時に進める世界正義活動家になることができる。そして、大きな変化を望みながらお行儀よく支配構造を改革していくのに満足せず、支配構造すべてに反抗することとなるだろう。そのとき見えてくるのはより大きな抑圧の体系だ。

　戦争は莫大な利益をもたらす産業といってよく、銀行、兵器製造業者、航空機製造業者、服飾デザイナー、食料品店、インターネット・プロバイダー、携帯電話会社、コンピュータ会社、その他多くの企業、事業主が恩恵を得る。復員軍人は往々にして心身に傷を負い、友人や家族との関わりを持てず、仕事にも就けない上、帰還後ふたたび海外の戦闘に加わるため高等教育を修了できないなどというケースも多い。そのような困難を乗り切れるだけの充分な経済的援助、サービスを政府が提供するわけでもないので、多数の兵士がアメリカに帰還した後、浮浪者になる。ゆえにもし戦争に反対するのであれば、階級差別をうながす資本主義その他の搾取的な経済システムに反対することも重要だろう。また階級差別とともに、反戦活動家や動物擁護者は人種差別にも対抗する必要がある。というのも裕福な白人の組織が軍事行動への投資から利益を得ようと、人種差別にもとづき多くの戦争を後押しするからである。

更に、子供と女性は戦争によって甚大な被害を受け、しばしば暴行や拷問、殺人の犠牲者となる。軍主導の戦争は誕生当初から父権的制度としてあり、男性の軍隊をもてなす女性搾取型産業を通して女性の飼い馴らし、モノ化を存続させてきた。チャンドラ・タルペード・モハンティ、ミニー・ブルース・プラット、ロビン・L・リリーは『フェミニズムと戦争―アメリカ帝国主義に対抗する（Feminism and War: Confronting U.S. Imperialism）』の中で指摘している。

今日の世界ではアメリカの帝国主義戦争が中心を占めており、ゆえに「フェミニズムと戦争」を世界的視野で理解しようと思うなら、まずは同国が政治、経済上の覇権を求める中で用いる人種差別、異性愛主義、男性原理の思想と実践を理解しなくてはならない。（Moharty, Pratt & Riley, 2008, p. 2）

他の文化、伝統、国家を破壊する最も古い方法は被支配国の女性を強姦するというものであり、これによってその文化圏の男性は「汚された」女性との性的交渉を忌避するようになるか、あるいは「不純な血の混じった子」はもうけたくないと考えるようになる。同書にてモハンティらは、フェミニズムが戦争、《軍事－産業》複合体、アメリカ帝国主義に対抗していく必要があると論じている。スターホークは寄稿集『阻止しよう、次の戦争を今すぐに―暴力とテロリズムへの賢い応じ方（Stop the Next War Now: Effective Responses to Violence and Terrorism）』（Benjamin & Evans, 2005）〔抄訳はメディア・ベンジャミン他『もう戦争はさせない！―ブッシュを追いつめるアメリカ女性たち』〕の中で論じる――フェミニストが戦争に反対するのは女性が生まれつき男性よりも優しく思いやりがあるからではない、もしそう考えるなら「かのマーガレット・サッチャーやコンドリーザ・ライスがすぐにも我々の思い違いを教えてくれるだろう」（p. 85）。「生命と自由を真に求める人々は、解放と社会正義のために奮闘するあらゆる文化圏の女性たちを、抑圧するのでなく支持するものである、と、かく言明するには、平和を求める声が必要」であるからこそ、女性は戦争に反対する（Starhawk, 2005, p. 86）。スターホークは更に、通俗的な「強さ」「弱さ」の概念にも異を唱えていう――「憐憫《れんびん》は弱さでなく、残忍性は強さではない」（p. 86）。

真に戦争に反対しようというのであれば、白人優位主義、資本主義、父権制、およびそれに類する搾取的な経済システム、「正常」の基準、そして種差別主義に対しても積極的に反抗していかなければなるまい。総合的な世界正義活動家になる最良の道は、（一）他の取り組みや運動について本から学ぶ、（二）単独の問題をめぐる運動に領域横断的な抑圧の問題を持ち込む、（三）批判的内省を繰り返し、絶えず他者とともに説明、問題対応の手続きを確認し合う、（四）抑圧されている者たち以上にリスクを背負い、彼等以上に過激な行動を実施する意志を固める、といった点に集約されよう。

戦争、抑圧、そして支配に終止符を打つため、私たちは仕事、他者との交際、若い世代の教育について、そのあり方を問い直す必要に迫られている。修繕を論じるのでなく、あらゆる社会組織、学校から病院までをも含む大規模な刷新に目を向ける。全ての組織が他を敬う包括的、非暴力的な性格を持つに至ってはじめて、全ての存在にとっての平和が訪れる。平和研究と批判的動物研究は教育にとって大切なものであるし、結束を固める方法、理由、適切な時と場所について、議論、模索する機会を与えてもくれるが、そこには限界もある。動物擁護者たちは動物の抑圧をなくすためにも領域横断的な組織の先導に従う必要がある、その一つがコードピンクだ。国際的な草の根運動を行なうこの団体は殆どが女性会員からなるものの男性も加入でき、使命は「アメリカの資金による戦争、占領をなくし、世界の軍事に対抗し、代わりに健康福祉、教育、環境改善の仕事、そのほか生命を支える活動に持てるものを投入する」ことと定められている（Codepink, n.d., para.1）。人間以外の動物に関しては、地域的な食材、未加工の食材、有機食材、完全菜食を励行する。それ以外の暮らしは人間以外の動物への暴力を支え、酪農場、毛皮用動物飼育施設、生体実験施設、そして屠殺場から出る廃棄物によって生態系が破壊されるのを後押しすることにつながる。

エコテロリズムとの戦い

9・11後の政治議論はテロと安全をめぐる政府、メディア、法人経営体の煽りと巧言に溢れ返っている（Blum, 2004; Brasch, 2005; Chang, 2002; Chomsky, 2003; 2005）。テロの恐怖を煽るプロパガンダに満ち満ちたこの風潮は「人々の聞きたがっていることを人々に話し、誤まった充足感を与える。我々はみな、自身に満足したいと願い、我々はみな、自身の行なうことに確信を持ちたく、我々はみな、自身の国と文化、政府を誇りにしたく思う。宣伝作成者はこれを承知で、我々の充たされていない欲望を充たす言語を用いる」（Del Gandio, 2008, p. 120）。この「テロとの戦い」を戦い抜くという計画に莫大きわまる資金が注ぎ込まれる中、世は完全な技術監視社会へと堕し、個人はどこにいようと常に衛星カメラや個人認証カード、コンピュータその他の技術によって監視される身となった（Ball & Webster, 2003; Parenti, 2003）。

そこで疑問が生じる——テロとは誰のことか、何を指すのか。また逆に、「自由の闘士」とは誰か、何か。「暴力」とは何か、その存続をうながす最大の黒幕は誰なのか。市民の非暴力不服従と「国内テロリズム」、あるいは倫理的に正当といえる資産の破壊と生命に対する理不尽な暴力とを区別するため、分析家（と市民）は企業、国家、マスメディアのつくる定義とプロパガンダに抵抗しなければならない（Chang, 2007; Chomsky, 2005）。ダグラス・ロングによれば「FBIは地球解放戦線、動物解放戦線の攻撃を、独自に定義するところの『エコテロリズム』すなわち『環境優先主義の自治組織が環境政治上の意図から罪なき犠牲者や資産を狙い、犯罪的暴力を行使ないし脅迫的に使用する行為、あるいは示威的意図等から標的以外の観衆に向けそれを実施する行為』に該当するとしている」（Long, 2004, p. 3–4）。思うに、地球解放戦線（ELF）と動物解放戦線（ALF）がただの「犯罪者」でなく「エコテロリスト」、国内最大の脅威とみなされるのは、何よりもその思想が社会の通念に背き（Del Gandio, 2008）、個人や企業に対する経済的妨害行為を通じ、資本主義に反旗を翻していることによるのだろう。しかし、その行為は犯罪といっても非暴力の犯罪であり、誰の身にも傷を負わせない。それは侵入、施設破壊、放火である。アメリカには人への危害を企てる差別集団が蔓延《はびこ》っており、批判的動物研究に携わる人間はこのことに対し質問を繰り返してきた——これら右翼の差別集団が国家にとってより大きな脅威でないなどという理屈が考えられるだろうか、と。対して多くの動物擁護運動参加者は、そうした右翼の差別集団らが保守派に属し、変革を起こす取り組みはしていないと聞かされる（現に右翼集団はより進歩程度の劣る時代へ回帰することを望む）。ＥＬＦとＡＬＦは反対に左翼集団であり、革命的社会変化を求める。経済的脅威を突き付けるに留まらず、彼等やその類似集団は一部の者からみて危険を孕むと思われる目標を掲げる。アメリカ的なあり方、あるいはその実、人間的なあり方に対する反抗である。ポッターは述べる。

彼等は、何千年ものあいだ人間性を導いてきた根本的な信念に挑むことを本質とする。それらは先行する社会正義運動では殆ど疑問に付されもしなかった。すなわち我々は、人間存在が宇宙の中心を占める、そして、自分たちの関心事は、元より他の種のそれや自然界よりも優れている、という信念を抱き続けてきたのだった。(Potter, 2011, p. 245)

人間以外の動物と自然を苦しめる全ての搾取を消し去らんがため、ＥＬＦ、ＡＬＦは国と世界に影響を及ぼす変化を欲する。現状これが意味するのは、ほぼ全ての産業、企業の抹消ということになろう。延いては資本主義の破壊が結論となる。

環境や人間以外の動物を標的とする破壊行為、搾取行為、自社のそれに向けられた批判の声を気にする企業が増える一方で、アメリカ連邦捜査局（ＦＢＩ）は自然の権利を守る活動家の戦略的取締りを強化しつつある。これは偶然ではなく、国が石油産業やガス産業、木材、酪農、肉牛、生体実験産業の言いなりになる中、権力に向かって真実を発する声を封殺せんとする戦略的な試みなのだ。産声を上げようとしているのは大衆を抑え込む政治的抑圧環境であり、国はそれを土台に地球、動物解放の闘士を狙う（Best & Nocella, 2006; Lovitz, 2010）。一九五〇年代の赤の恐怖と同じこと、その時アメリカ政府は共産主義者、無政府主義者、およびその他の政治活動家を攻撃したが、現在あるのは緑の恐怖で、その特徴は同様の国家戦略にあり、動物や自然を攻撃から守ろうとする人々が狙われる（Potter, 2011）。歴史は繰り返され、ある思想上の恐怖が別のそれに置き換えられる。それでいてその全ては資本主義を批判や抗議から保護しようとする政治的戦線に他ならないのである。(1)

緑の恐怖はＦＢＩのような取締り機関が主導するだけでなく、生体実験を行ない活動家から抗議されている企業、ハンティンドン ライフサイエンス、ブリストル・マイヤーズ スクイブ、プロクター＆ギャンブル、ジョンソン＆ジョンソン、クロロックス、他多数（People for the Ethical Treatment of Animals, 2012）もまたその音頭取りを務めている。この点はいくらでも強調しておきたい。こうした企業は活動家の告発を恐れている。地球と人間以外の動物を破壊、拷問する行為が市民に知られたら企業イメージに瑕《きず》が付き消費者の信頼を失う。消費者は代わりを探し、企業は利益を損なうだろう。地球、動物の解放活動家にとって、的は人々や政府ではなく、新たな超権力、グローバル企業である。活動家たちは合法的な抗議も行なえば違法の経済的妨害行為も行なない（プロクター＆ギャンブルやエクソンモービルといった世界的大企業に対抗する戦略は危険を極めたが成功を収めた）、ＧＡＰの非売運動からマクドナルド店舗の窓割りまで様々な作戦を駆使する。そこでＦＢＩの出番となるのだが、その使命を決めるのは合衆国議会であり、議会は企業の強力なロビー活動に左右されている。

このような事実がありながらなお、一九九二年の動物関連企業保護法（ＡＥＰＡ）の後身、二〇〇六年一一月二七日にジョージ・Ｗ・ブッシュの署名により成った動物関連企業テロリズム法（ＡＥＴＡ）は数種の動物擁護運動を違法化し、エコテロリズムに指定した（Best, 2007; Goodman, 2008; Lovitz, 2007; McCoy, 2008; Moore, 2005）。ＡＥＴＡはＡＬＦの活動のみならず、より伝統的な反対運動、たとえば毛皮販売店の前で抗議をする、食料品店の最高経営責任者《ＣＥＯ》宛てに手紙送付キャンペーンを立ち上げるといった行為までも規制の対象にする。『血塗られた札束―動物の権利の政治経済学（Making a Killing: The Political Economy of Animal Rights）』にボブ・トレスは記す。

> 特に二つの国内法、動物関連企業保護法（ＡＥＰＡ）と動物関連企業テロリズム法（ＡＥＴＡ）を参照してみれば、動物資産を不当に搾取する資産所有者が、アメリカという資本主義国家にあっていかにその利益を守られているかが手に取るように判るだろう。と同時に、搾取の力学が社会制度と化すさまもそこから窺い知ることができる。（Torres, 2007, pp. 72–73）

アメリカ政府が動物産業複合体（Noske, 1989）を守っている、という事実を疑う者があったとしたら、ＡＥＴＡとＡＥＰＡがはっきり市民に知らしめたことになるだろう、政府の目標はやはり、人間以外の動物を搾取する企業の保護に向けられていたのだと。ニューヨーク・シティに本拠をおく非営利団体「憲法上の権利センター」いわく、「ＡＥＴＡは合衆国憲法修正第一条に含まれる多くの活動、すなわちピケやボイコット、秘密捜査等についても、それが利益の損失という形で動物関連企業を『妨害』した場合は取り締まり対象になるとしている。したがって同法は事実上、動物や環境の擁護者が行なう平和的、合法的抗議活動をも封じることになる」(Center for Constitutional Rights, n.d., para.3)。

　AETAは動物擁護者や環境保護活動家を標的とした政治的抑圧の装置に他ならず、アメリカ自由人権協会、全米弁護士組合、アメリカ法的防衛基金など、数多くの団体がこれに抗議している(Equal Justice Alliance, n.d.)。AEPAが憲法修正第一条の保証する行為を犯罪に分類した法だとすれば、AETAはそうした不服従運動をテロリズムに分類した法といえ、非暴力の活動家たちが享受すべき法の保護はこれによって範囲を狭められた。見逃せないのは、AETAの法案が通過した背景に大資本を後ろ盾とする生物医学分野、アグリビジネスの業界団体によるロビー活動があったことで、その面子には動物《A》関連事《E》業《P》保護連合《C》、アメリカ《A》立法《L》交流《E》評議会《C》、消費者《C》の自由《C》センター《F》らが名を連ねるほか、ダイアン・ファインスタイン民主党上院議員やジェームズ・センセンブレナー共和党下院議員など、両党の立法府議員らによる支持も働いていた(Center for Constitutional Rights, n.d., para.1)。

　AETAの定める「動物関連企業」の定義は幅広く、それを妨害する「犯罪行為」の条件も多岐にわたるので、狡猾なロビイストや政府の協力者が対象を拡大解釈すれば、全ての社会運動を窒息させるのも訳はない。ほぼ全ての運動は何らかの形で人間以外の動物を扱う事業と関わっている。例えば刑務所廃止運動は刑務所と契約しているそれらの会社にも影響するだろう。大学の授業料値上げに対する抗議運動という例もある。大学は食事や衣服を外部の企業に注文するが、その企業は人間以外の動物を使用する。したがって直接的にも間接的にも動物関連企業を攻撃することのない運動など何一つない。なんとなれば、ほぼ全ての会社が人間以外の動物の搾取や殺害に関わっているからである――食料品店も、自動車販売業者も、石油会社も、靴・衣服会社も、コンピュータ会社も。

無論、法執行機関は独自の見解にもとづき、犯罪活動に従事する者を犯罪者に指定する必要がある。政府は犯罪者とテロリストの違いを説明し、両者を定義しなければならないが、これは困難な上に主観が入る。しかし、政府と警察機構は政治活動家をテロリスト呼ばわりする代わりに、急進的な社会変革を求める人々（つまりここでは動物擁護活動家）の動機と議論を理解するよう努めるべきなのだ。マクドナルドを破壊し、搾取の場から人間以外の動物を解放する人々を政府役員らはエコテロリストと呼ぶが、「緑の犯罪学者」（Beirne & South, 2007）にいわせれば、森を皆伐し、ビッグマックのために人間以外の動物を屠殺し、水と空気と土を汚染する企業こそが、法的主体としてみた時、真の犯罪者、真のテロリストの称号にふさわしい（緑の犯罪学については次節でより詳しく見ていく）。

活動家にテロリストの汚名を着せる――これは動物擁護運動に対する政治的抑圧行為に他ならない。『猿ぐつわ―反テロリズム法、マネー、政治が動物擁護活動におよぼす影響（Muzzling a Movement: The Effects of Anti-Terrorism Law, Money, & Politics on Animal Activism）』の中でダラ・ロヴィッツは論じる――「ただ一つの死も重傷もエコテロリズムから生じてはいないというのに、FBIはいわゆるエコテロ集団を合衆国内一の脅威に分類した」（Lovitz, 2010, p. 106）。二〇〇一年九月一一日のテロ攻撃が大きな原因だが、今日ではアメリカ政府から脅威とみなされた者すべてに「テロリスト」のレッテルが貼られる。何百年ものあいだ一般大衆は、いわゆる「冗談まぎれ」に人の名を汚す手段として、狂人、白痴、精神異常、気違い、知恵遅れ等、障害者を指す古いレッテルを用いてきた。今日では、依然これら健常者優位主義にもとづく語が生きている一方、「テロリスト」という言葉が語彙《ごい》に加わり、人の思想や運動戦略を貶めるのに使われる。

ロヴィッツは更に論じる。「他者を『テロリスト』と呼ぶかどうかは普通、相手の主義主張に共感するか反発するかで決まる」(2010, p. 106)。活動家や社会運動は社会なり政治なりの変革を求めるため、必然的に議論を巻き起こす存在となり、汚名を着せられるリスクを負う。「汚名は集団の悪評を意味し、その集団と関わることがそのまま不信や蔑視につながる。というのも集団自体が不信や蔑視を向けられるべきものと見られているからで、悪口その他の愚弄を介し外部の人間がとやかく言うかどうかに関係なく、このことに変わりはない」(Linden & Klandermans, 2006, p. 214)。政治的抑圧の手段として汚名を着せる目的は、個人ないし集団を社会的、政治的に欠陥あるものとして貶め、その信頼を失わせることにある。ゆえに政府がある運動に汚名を着せればその効果は大衆にまで及び、運動は文化的な戯れや危ない脅威ということにされてしまう。

批判的犯罪学の見地からすると、ブッシュ政権が9・11の犯人を攻撃するために確立した「テロとの戦い」は、むしろ多国籍企業の利益とネオコンの国際的軍産支配にとっての脅威とみられた人間に対する戦いと言った方が正しい(Fernandez, 2008)。9・11の後、「テロとの戦い」は〝民主主義との戦い〟を展開する完璧な口実となり果て、政府や企業、法執行部は市民の自由、自由言論、および国内にいる実質すべての反対派を攻撃する姿勢に出ている(Chomsky, 2005)。明らかなのは、「テロリズム」が単なる言葉ではないということ――それは兵器だ。定義の裏にはこの言葉を用いる者の政治的動機があり、矛先は特定の個人、集団に向けられる。

アメリカの州、地域の法執行機関が国内テロへの警戒を強め、強力な兵器類を揃えることによって軍事化を進める中、当地にて破壊活動や窃盗、殺人を遂行する者、更には反体制派の人間までもが、政治的計画を隠し持つと想定された上でテロリストに分類されてゆく。テロリスト指定は犯罪者指定の発想にもとづき、特定の立場に敵する者の動機や目標を中傷すべくテロリストの烙印を押す。反対者は悪として、逸脱者として言及され、汚名を着せる企ては合法化され擁護される。先述したようにこの戦略は人に障害者のレッテルを貼るのと同じことで、そこでは先の白痴、知恵遅れ云々や、びっこ、不具、盲などと呼ばれる人々が異常とみなされ、かたや科学界や医療業界、政界や教育界において権威を持つ者が「正常」の線を引くのである。

テロリスト指定は反対者なるものが現れた時から存在した。アメリカの法執行機関が軍事化するにつれ、反対者のテロリスト指定も現実のものとなった。この新しい発想の迫害理論は二つの研究領域、社会統制と政治的抑圧に分かれる。迫害のアメリカ史は長いが、その範囲と規模は二〇〇一年九月一一日以降、大いに拡大した。

振り返れば反対活動というものは「逸脱行為」の烙印を押され異端視されてきたもので、抑圧的な政治経済の趨勢に対する理性的、感情的な反応とみられる代わりに、しばしば精神障害、更には悪と捉えられてきた歴史があり、ことに社会変化の文脈ではこれが当て嵌まる。社会の流れに順応できない個人は逸脱者、精神病者、倒錯者とみなされた（Pfohl, 1994）。今日でもなお、取締り機関が心理学者、精神科医、政治学者、社会学者の言を頼りに信じるところでは、社会正義の名目によってある種の活動を行なう者は、「動機」ただ一つで動く人間、知的な思考ではなく感情に左右される人間、延いては精神の狂った者、忌避すべき人種ということになっている。理性的と非理性的、というこの二項対立は父権的な哲学の伝統に由来し、人を選り分ける概念として反対者の正しさを損なわしめる方向に機能する。テロリスト指定のもう一つの手段といってよい。

エコテロリズムに対する緑の犯罪学の見方

マクドナルドを破壊し、搾取施設に囚われた人間以外の動物を解放する者を、官職に就く者はテロリストと呼ぶが、企業や政府は森を皆伐し、人間以外の動物を屠殺し、水や空気や土地を汚染する。となれば緑の犯罪学、それに新たに誕生した緑の安全学は、法的主体としてみた彼等を、定義に従いテロリストと同定できるものでなければならないだろう。ＦＢＩは「テロリズム」という言葉に明確な定義がないことを強調しつつこう述べる。

テロリズムを説明する単一の普遍的定義はない。連邦規則集第二八巻セクション〇・八五では「政治的、社会的目標の達成を目指す中、政府、市民、ないしその一部を脅迫、威圧するため、人や資産に違法な武力、暴力を振るう行為」と定義される。(Federal Bureau of Investigation, 2005, p.iv)

緑の犯罪学者と法律は特に「違法」という言葉の定義をめぐり対立している。無論、動物擁護者や一部の環境活動家は土地やそこに暮らす人間以外の生息者を資産とみる見方に反対する。しかし現行の規範ではそう捉えられているので、伐採される樹木や屠殺される動物を守ろうと「武力、暴力」を行使すれば、その活動はすべてテロリズムの烙印を押され得る。一方、もし緑の犯罪学や批判的動物研究に携わる者が人間以外の動物や土地、空気、水を資産ではないものと定義すれば、その分類は連邦規則集に従う先のFBIの説明に則って「人」もしくは「その一部」となり、企業がうながすその殺害や破壊はテロリズムに該当することになる。ちなみにそれらの活動が「政治的、社会的目標の達成を目指す中」で実施されることも付け加えておかねばならない——生体実験、工場式畜産、動物を使う娯楽、ショッピングモールや大学を造るための森の皆伐、湖への毒物投棄、いずれも政治や社会に変化をもたらそうとして行なう活動だ。例えば森は多くの動植物が暮らす複雑な生態系（生物社会）であるが、モールの所有者が地域での経済成長を目当てにそこを切り拓くとした場合、「政治的、社会的目標」、つまり新しい有形事業に政府や地域からの投資を呼び込むという目標が判断に影響していることになる。

政府をテロリストとして論じた最初の緑の犯罪学者はナイジェル・サウスだった。その論考「企業と政府の環境犯罪」にはこうある。

> 国は「テロリズム」を批難するが、周知の通り、対立する集団と揉めた時にはいつでも好きなだけテロまがいの手段に訴えることができた。悪名高いのは一九八五年、ニュージーランドのオークランド港で環境NGOグリーンピースの旗艦レインボー・ウォーリア号を沈めた事件だろう。このテロ犯罪はフランス諜報機関の特殊部隊によって実行されたものだった。

著書『エコ戦争（Eco-Wars）』（Day, 1991）の中でデイは、国家支援を受けた暴力、脅迫行為が環境活動家やその団体に加えられた例を数多く紹介している。レインボー・ウォーリア号その他の事件を評した著者の言は、環境問題や環境政策を真剣に取り扱う新しい犯罪学の構想に深く関わってくるといえよう。（South, 1998, p. 447）

緑の犯罪学では企業の犯すテロリズムがエコテロリズムとされる。現状ではしかしAETAの定義に則り、政府や個人、法人に経済的損失をもたらす環境活動家、動物擁護者にこのレッテルが貼られる（Arnold, 1997; Liddick, 2006; Long, 2004; Miller & Miller, 2000）。テロリズムという言葉の問題は、それが政治的抑圧の道具とされ、ゆえに政府や企業の目標に合うよう自在に意味を歪曲し改変できてしまうところにある。ある人間にとってのテロリストは、別の人間からすれば自由の闘士になる、といってもいい。

「テロリズム」「テロリスト」といった強い言葉の定義を変えるとなると、面倒なことになりかねない。そこで、動物擁護者や環境活動家と政府や企業が対峙する政治的議論の場では、実のところ二種類のエコテロリストが存在する、と考えてはどうだろうか――第一に地球解放戦線（ELF）や動物解放戦線（ALF）など経済的損失をもたらすテロリスト、第二に工場式畜産場や石油、ガス会社など生態系の破壊を引き起こすテロリスト。すなわちデル・ガンディオのいう通り、

テロリストの烙印を押された者は自動的に悪とみなされる。例えば急進的な環境活動家をエコテロリストに指定（し、なおかつ告訴）するのは習慣となりつつある。これにはまるで納得がいかない。大量消費や化石燃料、汚染企業こそが真に環境を脅かす存在なのだから。（Gandio, 2008, p. 119）

したがって私の定義する「エコテロリズム」は、非暴力の直接行動に出る活動家たちが環境や人間以外の動物を守るために実施する活動でなしに、「社会的、政治的、経済的な目的をもって環境に甚大な被害をもたらし、あるいは人間以外の動物を殺害、拷問、捕獲する、その計画的な活動体系」を指す。伐採によって地球の森林を半分以下にまで減らす、野生界の霊長類を捕らえて痛ましい生体実験を行なう、工場式畜産場の廃物流出によって飲み水を汚染する、化学物質を投棄する、人間以外の動物を計画的に年一〇〇億以上も屠殺する、およびその他、企業後援のもと環境や人間以外の動物に行使される無数の恐ろしい暴力こそが、環境テロリズム、エコテロリズムの例に数えられる。環境を破壊して利益と権力を手にしようとする企業は緑の犯罪学に携わる者から犯罪者であると論じられるが、彼等は同時にエコテロリストでもあるのだ（White, 2008）。

変革と戦争放棄（2）

活動家たちも本書の執筆陣も、戦争の放棄と社会や組織の全面的な変革を望んでいる以上、戦争を定義したのと同じように変革もまた定義しなければならない。それは二人の個人という次元を越えるもので、一切の者が抑圧者と被抑圧者のつくる複雑な関係に接点を持ち、私たちが個に対する支配と暴力の体系すべてに対処対抗したとき初めてみなが解放される、という考えを重視する。革命と違って破壊の後に新しい何かを構築するというのではなく、また勝敗を付ける解決策でもなく（Skocpol, 1994; Tilly, 1978）、変革は世界中の全個人、制度、構造の変化を求める。

正義、平和・紛争研究、および教育の領域に私は関心を持ち、思想的な見方も培ってきたが、その向かう先を変革という一点に導いたのはモリス、レデラック、フックス、三名の著作だった（Morris, 2000; Lederach, 1995; hooks, 1994）。犯罪学ではモリスが変革的正義を、平和・紛争研究ではレデラックが紛争変革を、教育学ではフックスが変革的教授法を提唱しており、それぞれが互いを補い合いながら社会変革の実現について訓示している。レデラックはいう。

> 一歩退いてパウロ・フレイレ〔ブラジルの教育思想家〕の教育学枠組みに関連する大きな構想をみるのが有効だと分かった。『被抑圧者の教育学』（Freire, 1970）で彼は、識字教育、つまり読み書き技能の習得という一見とりわけ個人的な課題に思えるものを、社会変革の模索、促進の道具として用いる。フレイレはこれを〝意識化〟と呼び、状況内の自己を認識すると同時に個人的、社会的変革をうながすものとしている。（Lederach, 1995, p. 19）

一九九〇年代後期にカナダのクエーカー教徒ルース・モリスは、修復的正義が紛争における抑圧と不正、社会的不平等の問題に対処していないとしてこれを批判した。一方ドナ・コーカーによれば、「変革的」正義と「修復的」正義の二語は互いに置き換え可能と誤解されている。モリスの論じるように、修復的正義は報復をもとにした正義システムに異を唱え人々を結び付けるが、社会と政治、あるいは経済に関わる問題を顧みない。それに対処するのは変革的正義の領分となる（Coker, 2002）。

一例として、貧しい同性愛者の一四歳の少年が午前二時に閉店した店で盗みを働いた、というケースを考える場合、変革的正義は窃盗という犯罪だけでなく、少年がそれに至った理由にも目を向ける――同性愛を嫌悪する父親から家を追い出されたのではないか、衣食住を確保するため金が必要だったのではないか、等々。修復的正義が一被害者と一加害者の特定の争いにのみ対処するのに対し、変革的正義は争いを契機に社会と政治の関わるより大きな不正に挑もうとする。

更に、「修復的正義の手続きは極度に私事化された刑事司法制度をつくるおそれがある」（Coker, p. 129）。というのも、そこでは被害者対加害者の構図が設けられ、社会の抑圧という問題は蚊帳の外に置かれるからである。このゆえに家庭内暴力と戦うフェミニストや刑務所廃止論者の多くは、修復的正義が抑圧の問題に充分取り組めていないとの批判を展開する（Coker）。社会は貧困者と同性愛者を抑圧しているので犠牲者は少なくとも二種――したがって紛争解決を図るには個人間の調停ではなく地域全体を包含する方策をもって挑む必要がある。

変革的正義は社会に潜むあらゆる権威主義、支配、管理に対抗する。つまり刑事司法制度の代替案以上のものであり、しかも平和のための社会正義哲学として、その目標を達成する手段を備えている。そしてまたそれは定められた訓戒を垂れるのでなく手続きを重んじる哲学なので、独創的な解決策をもって紛争を変革することができ、また残虐行為や人種差別、性差別、階級差別、種差別、同性愛嫌悪、攻撃、虐待、説明義務、責任、喪失、そして何よりも大切な、癒しをめぐる問題に対処することができる。

「暴力に代わる道」プロジェクト（Alternatives to Violence Project＝AVP）や「子供たちを救う会」（Save the Kids）、「第五世代」（Generation Five）などの団体が掲げる原則をみると、変革的正義の中心理念と考えられる点を強調した共通の項目がある。

・変革的正義（TJ）は暴力、制裁、収容、投獄に反対する。
・犯罪は地域全体に根差す紛争の一形態であり、社会と政府も加害者たり得る者として関与している。
・TJは個性の問題を正義学の領域に持ち込む。その方途として、同性愛者、両性愛者、トランスジェンダー、両性具有者、無性愛者（以上まとめてGLBTQIA）、および女性、有色人種、貧困者、移民、障害者など、周縁に追いやられた集団に対する社会的、政治的な不正に向き合う。
・TJは調停や交渉、地域協力が紛争の変革を図る上で貴重なものであることを信じる。

抑圧される者たちと共に戦う時、社会正義活動家はしばしば抑圧者を敵とみてしまう。一方、変革的正義は抑圧とそれを醸成し維持する集団、組織、機関の役割に目を向けるものの、誰かを敵とみなすのではなく、全ての人々が自ら進んで安全かつ建設的、批判的な対話に臨むべきことを論じ、そこでみなが説明義務と責任、癒しの先駆者の役目を担う必要があると考える。他の人々とともに法執行機関、裁判官、法律家、受刑者、地域住民、教師、政治家、精神的指導者、活動家たちが一体となることを、それは意味する。

戦争は不正と病的な紛争の結果なのであるから、それらを処理する仕方も変えなければならない。個人間ないし集団間の紛争を解決する中で、紛争変革は変革的正義に似て、不公平や不正義、抑圧、支配の問題に取り組む。紛争解決といわれるものが特定の事件にのみ関わるのと違い、紛争変革はより視野の広い社会的、政治的関心を求める。紛争変革の主唱者ジョン・ポール・レデラックは中米での活動の後、この言葉を使い始めた。著書『紛争変革の覚書（The Little Book of Conflict Transformation）』（邦訳はジョン・ポール・レデラック『敵対から共生へ―平和づくりの実践ガイド』）の中で彼は述べる。

しかし間もなく、ラテン系の同僚たちがそういった概念［「紛争解決」や「紛争管理」］の意味するものについて疑問、あるいは疑念さえも抱いていることに気が付いた。彼等にとって〝解決〟は反対者を吸収する危険を孕むものだった。それは人々が真っ当な重要問題を提起している際に、紛争を消し去ってしまう試みである。〝解決〟が政策提言を行なう余地を残すのかどうかも判然としていなかった。彼等の経験では、根深い社会的、政治的問題を手っ取り早く解決しようとすると、美辞麗句ばかり沢山並べられて実質的な変化は何一つもたらされない。「争いは故あって起こるものなんだから」。彼等はよくそう口にした。「この〝解決〟っていう考えもやっぱり同じで、本当に必要な変化を覆い隠すものじゃないのかい？」（Lederach, 2003, p. 3）

紛争変革は戦争から個人間の争いまで、社会、政治、経済の変化に影響する一切の紛争に対処することを企図しており、同時にそれらの変化を特定の個人的争いに関する対話の場面に持ち込みもする。社会運動による介入や国際討論を行なうだけでなく、人間以外の動物に対する戦争も人間同士の戦争も全て視野に入れて解決を図る。そのため是非とも弁《わきま》えておかねばならないのは、必要なのが大規模の変革なのだということ――現行の支配体制に沿って、あるいはその内で、改革や活動を通し完全な社会正義の実現を目指すのは現実的ではない。地球全体の完全な社会正義は全支配体制が崩され、代わりに成員みなの間に敬意が行き渡る多様な共同体が成ったとき初めて訪れる、それが大規模の社会変革だ。

本章では人間以外の動物に関わる特異な三種の戦争があることを確認した。一つ目は本書が深く掘り下げているものであるが、無知無関心の内に人間以外の生命を害する人間対人間の戦争。いま一つはマッカーシーの論じる人間対人間以外の動物の戦争で、社会の構築する種差別主義がその支えになっている。そして最後が動物擁護者に対して企てられる戦争であり、その第一戦略は彼等に「テロリスト」の汚名を着せるという形をとる。すなわち、この星から戦争を一掃するには、人間同士の武力衝突、地球と人間以外の動物に対する暴力、そして「正常」という支配概念を介したいわゆる「他者」の迫害、この全てを断ち切らなければならない。

注

（1）この段落は Best, Steven, and Anthony J. Nocella II, "Clear Cutting Green Activists: The FBI Escalated the War on Dissent." *Impact*, Spring 2006（二〇〇三年一月一九日アクセス）より再掲。

（2）この節は Nocella, A. J. II. "An Overview of the History and Theory of Transformative Justice," Peace and Conflict Review, 6, no.1, 2011 より再掲。http://www.review.upeace.org/index.cfm?opcion=0&ejemplar=23&entrada=124（二〇一三年一月一九日アクセス）。

アラブ首長国連邦での空母停泊中、米軍福利厚生部が現地水兵の娯楽乗用に供したラクダたち。2004年9月10日、アメリカ合衆国海軍撮影。

日本軍国文化考——訳者あとがきに代えて

人間と家畜は元来、対等な仲間だった——という広く信じられている迷信とは違い、飼い馴らしが始まった時点から既にそこには「利用する者／される者」という確固たる主従関係が存在し、牧畜文化では母子隔離や精巣破壊、逃亡防止のための残酷な手段が考案された（Ucko & Dimbleby, 2007）。デビッド・ナイバートの言葉を借りれば、飼い馴らしとは動物を本来の地位から貶める営為、飼い貶《おと》しであった（Nibert, 2013）。そして人間の工夫の才が発達するとともに動物搾取の形態もまた様々に発展し、軍事と戦争におけるそれも歩みを同じくしたことは本書の詳述する通りである。このような因縁を考えるに、動物の軍事被害を検証するに際しては啻《ただ》に現在ばかりをみるのでなく、その現在を形づくった歴史的経緯にも光を当て、必要とあらばより広く人間と人間以外の動物との関係史まで視野に入れた上で、人間文化の搾取性、暴力性を摘発し修正していくことが求められよう。その意味で、多角的な視点から動物と戦争の問題に迫った本書の存在意義は大きい。

武士と自然征伐

ここで日本の文化的状況に目を向けたい。欧米圏では自然破壊の根源をキリスト教文化に見出し仏教文化にそれを克服する鍵があるとの議論がなされることがあり、日本の学者にも同じ観点から「日本人の自然観」や「森の文化」の優越性を得々と語る向きがあるが、現在の状況を鑑みるに、少なくとも近代以降の日本に大きな影響力を及ぼしたのは武士という「局地的武装集団」であったと考えるより他はない。殺生を業《わざ》とする彼等は軍馬を乗り回し、鹿狩、鷹狩、川狩を愉しみ、「狩倉」「狩庭」の名目で農民の土地を奪った。入間田《いるまだ》宣夫《のぶお》は、武人よりも文人に価値を置いた東アジア文化圏にあって日本が武人政権の誕生をみたのは「不幸な例外」であったとした上で指摘する——「文よりも武を尊ぶこの国の気風が近代にいたるまで払拭されきれず、あの侵略戦争の触媒となり、今日においてもまた蘇りの気配のあるを見よ」(入間田、一九八四)。山野を蹂躙し、庶民に犠牲を強いた武士の文化が列強諸国の思想と和合し、脱亜入欧の近代化を通して軍国主義へと姿を変えたのは理の当然だったといえる。そして平和憲法の制定を余儀なくされた後も、その精神は潰《つい》えなかった。

思うに戦後日本の自然破壊は、米英に髷《まげ》を切られた武人らが、その敗戦コンプレックスを物言わぬ自然にぶつけた結果でもあるのではないか。乱開発は侵略戦争の代用品になり「ブナ征伐」が行なわれた。虫という虫は「農林害虫」「都市害虫」もしくは「不快害虫」として根絶される破目に陥った。人間に害をなす動物、害をなす可能性がある動物は「害獣」として成敗される習わしとなった。「勧善懲悪という言葉が好きで、その考え方が教条的にインプットされているから、悪いやつは退治しなければならず、そのことによって世の中は明るくなると信じられているかのようである。その思想が、近年悪玉動物に対してどんどん加速度を増していっている」(河合、一九九五)。こうした例に表れている通り、現代日本人が自然に対してとる態度には、どこか言い知れぬ嫌悪と憎悪、更には支配欲が見て取れる。恐らく、敗戦国日本にとって「自然との戦い」に勝利することは本当の戦争勝利に代わる悲願だったのだろう。ルサンチマンに凝った軍国主義者の意志は乱伐工業化を高度成長と呼ぶ歴史教育を通じて暗々裡《あんあんり》に人々の思考に植え付けられ、開発という名の対自然戦争は国是《こくぜ》とされるに至った。民《たみ》は自然界に善悪の観念を持ち込み、野生生物を「敵」とみなし、その駆逐を幸福と繁栄に至る手段と信じるまでになった。

軍人精神は普通「敵」の身の上など考えない。危険を覚悟で人里へ降りてくる熊にどんな事情があるかを考えないのは、武力で劣る中東の武装集団がなぜアメリカに戦いを挑むのかを考えないのと同じ態度で、向かってくる者は「敵」、ゆえに抹殺されねばならない、それだけである。日本人は自然を憎んでいる、といっても過言ではあるまい。

暴力の文化

この古くから国内外の自然と人を大いに損なってきた武人の精神が暴力の文化を形成する。ペットショップで愛らしい子犬や子猫の売買が行なわれる影で、生後数ヶ月を過ぎ商品価値のなくなった動物は殺処分される。いわゆる「先進国」の中で日本だけは唯一、動物実験に何らの規制も設けず、既に充分過ぎるほど豊かで長生きの人間になお贅沢を提供しようと無数のノックアウトマウスやキメラマウスを造り出し、実験にかけ殺害する。食用動物に至っては海外から輸入する大量の畜産物、水産物のほか、わずか一日の内に広島と長崎の推定原爆死者数の数倍にあたる数を屠殺する。なるほど動物性食品は世界中で消費されているが、日本は欧米圏のように残忍な飼育施設の改善に取り組むことも、肉食自体の是非を広く議論することもない（代わりに食肉消費者が屠殺業者を差別するという醜悪な伝統があるばかりである）。東日本大震災が起きた際にも家畜を救助する動きは少数の民間団体の努力に限られ、三五〇〇頭いた牛の半数近く、三万頭いた豚の八割前後、六八万羽いた鶏のほぼ全てが飢えで死んでいくのを、そして残りが「安楽死処分」されるのを、都会人の多くは知っていながら見殺しにした。本書に紹介されたごとき軍用犬廃棄や戦中戦後の飼育動物放置の問題が起こっても、日本人は「可哀そう」の一言で済ませ等閑に付すのだろう。

　その他、動物福祉と環境保護の観点から他国に批判されている捕鯨を「文化」といって頑《かたく》なに続けようとする欺瞞《ぎまん》といい、東南アジアのマングローブ林をエビ養殖池に変え現地人に低賃金労働をさせる専《せん》横《おう》といい、食用油脂や洗剤のため油ヤシを栽培すべくボルネオの森林を惜し気もなく薙《な》ぎ払う獰悪《どうあく》といい、現状かくも多くの殺戮と搾取に依存する国の住人が、その生活に反省を加えずして軍事を無くせる訳がない。もとより他者の苦痛を察せられない貧弱な想像力が、軍事に伴う流血と慟哭《どうこく》に思いを馳せることなどどうしてできようか。その冷酷な人間性を、辺野古が証明した。

解決への方途

　無論、他にも病根はある。手段を選ばぬ欲望追求と終わりなき欲望の再生産に支えられた競争経済、誕生の時から人間帝国の拡大を目指し「知」を介しての自然支配を探究してきた近代科学など、様々な要素が絡み合って今日の暴力機構が成り立っており、その一角に《軍事‐動物産業》複合体が聳え立つ。

　現状を改めるには、政治や教育の見直し、メディア組織の批判に加え、市民みずからが変わらなければならない。第一には「敵」の理解であり、本書の説く紛争変革にあたる。我々はできているだろうか、「害獣」を始末する前に、彼等の住める山野を奪い過ぎたと気付くことが。また、中国、韓国を憎む前に、誠意ある謝罪をせず金で話をつけようとしてきた戦後日本の外交や、虐殺の事実に触れず侵略戦争をアジア防衛と言い張る歪んだ歴史観、民族差別感情に染まった現今の民間人による在日朝鮮人の迫害に、憎しみの連鎖の根源を見出すことが。相手が人間であるか人間以外であるかは関係ない、動植物の苦しみが解らぬ者には畢竟《ひっきょう》人間の苦しみも解らないだろう。あらゆる「敵」に対し日々理解に努められるか否かが、我々の行き先、すなわち協調の文化に向かうのか、暴力の文化に赴くのかを分かつ。

第二に、視野の広い加害者意識を持つことが求められる。日本人は何かにつけ被害者意識を持つといわれるが、平和論はまことに被害者意識一色の感がある。なるほど原爆投下は痛ましい出来事であった。語り継いでいくべき歴史には相違ない（いま語られていない膨大な部分も含めて）。しかし、これからの戦争、まして日本が行なうであろう戦争に抗するのであれば、アジア諸国の人々を苦しめた帝国日本兵の蛮行、日本国民の支援した湾岸戦争、イラク戦争の非道をこそ訴えるべきではないか。自国の被害だけを回顧して「このような悲劇を繰り返してはならない」とは、論理の摩り替えも甚だしい。同じく、自衛隊員が危険に曝されるから、あるいは自国民が「テロ」の標的にされるからと、そればかり心配して戦争に反対するのも、滑稽とはいわずとも軽率である。ならば自衛隊は安全な基地に隠れて無人機による攻撃に徹し、一般市民の生命は完璧なテロ対策やミサイル防衛によって守ることとする――そうすれば、地球の反対側で戦争を繰り広げること自体には何の問題もないのか。そうではない、と多くの人は言うであろうが、そうでないのなら戦後以来続いてきた、加害者意識の極めて希薄な反戦議論は何なのか。戦前も戦後も、日本は加害国であり続けた。その事実を看過した反戦・平和運動に大きな実りを期待することはできない。我々にとって「繰り返してはならない」のは加害者になる過ちであって、喰い止めねばならないのは勝てる戦争、有利な戦争、自分たちの側が何ら被害を受ける心配もなく一方的に相手を攻め落とせてしまう戦争であろう。

そしてここでもまた、それだけではない。本書を読み終えられた方にはもうお分かりの通り、軍事という人間の営為は人間以外の生きものを、人間以上に苦しめる。しかも彼等は、現政権を支持する五割強の日本国民が自らの意志で戦に巻き込まれたがっているのと違い、何の選択肢も与えられない。最大の被害者は彼等であり、戦争が起これば我々はどのような立場の人間であれ加害者になる――それでなくとも先に論じたごとく、我々は既に人間以外の生きものと戦争しており、既に加害者となっているのだから。平和論者も環境論者も、その点を見落としてはならない。いま求められているのは「平和」という概念そのものの変革である。我々は自国民のことだけ、自国の兵士のことだけ、自分の身内のことだけ、自分のことだけを憂えるといった狭い利己的平和観を棄却し、視界の外で日々葬られていく〝幾億幾兆〟の罪なき魂を思い、あたうかぎりの利他的平和をこそ追求しなければならない。いまだ生存権も顧慮されず、弾が当たっても見向きもされない存在がいる。この最も無防備な生命に光を当てて初めて、真に実りある平和運動も成るのではなかろうか。

＊　＊　＊

最後になりましたが、翻訳に当たり語学上の質問に懇切にお答えくださった上智大学の恩師マイク・ミルワード先生、本文の内容に一層の説得力を持たせる貴重な写真資料をご提供くださったＪＡＶＡ（ＮＰＯ法人　動物実験の廃止を求める会）、ＰＥＴＡ（動物の倫理的扱いを求める人々の会）のスタッフの方々、本訳書刊行の企画をご快諾くださり的確な助言で訳者を支えてくださった新評論の山田洋氏、および常にこの息子を励まし「あんたならやれる」と声を掛け続けてくれた最大の応援者である母に、心から御礼申し上げます。

参考文献

Nibert, David A. *Animal Oppression and Human Violence: Domesecration, Capitalism, and Global Conflict*, Columbia University Press, 2013.

Ucko, Peter J. and Dimbleby, G.W. *The Domestication and Exploitation of Plants and Animals*, Aldine Transaction, 2007.

入間田宣夫「守護・地頭と領主制」歴史学研究会・日本史研究会編『講座日本歴史3　中世1』東京大学出版会、一九八四年。

河合雅雄「総論　日本人の動物観研究への序章」河合雅雄・埴原和郎編『講座　文明と環境〈第8巻〉　動物と文明』朝倉書店、一九九五年。

力と構造的暴力の絶ちがたき連関を明かし、真の平和達成には環境正義の追求が欠かせないと説く。

レイチェル・ブレット＋マーガレット・マカリン著／渡井理佳子訳『世界の子ども兵―見えない子どもたち』（新評論、2009年）
＊見えない戦争犠牲者は人間以外の動物だけではない。本書は世界の子ども兵の現実、その社会的背景や軍内での処遇について、現地調査で得たデータを元に説き明かした労作である。

ジャン・ブリクモン著／菊地昌実訳『人道的帝国主義―民主国家アメリカの偽善と反戦平和運動の実像』（新評論、2011年）
＊人道的介入の名目によるアメリカ武力行使の欺瞞を暴き、「人権」「正義」「テロリスト」といった概念について再考を迫る。矛盾した現今の人権活動を見つめ直す契機ともされたい。

吉田健正著『戦争依存症国家アメリカと日本』（高文研、2010年）
＊世界戦略をめぐるアメリカの国情と沖縄の基地問題を主軸に据え、軍事と軍事協力の不合理性を暴く。日本国民がいかに自国政府とメディアの言論に欺かれているかが明らかに。

大石芳野著『アフガニスタン　戦禍を生きぬく―大石芳野写真集』（藤原書店、2003年）
＊戦地に生きる人々を追った長年にわたる取材の記録。丹念に一枚一枚の写真と向き合い、戦争被害の現実を知る手掛かりとしたい。かの地の歴史や風土破壊を綴った後記も重要。

あごら新宿編／広河隆一著『アメリカはイラクで何をしたか―広河隆一写真集』（BOC出版部、2003年）
＊日本が加担したイラク戦争の実態に迫る告発の写真集。頁数は決して多くないが、正義のための軍事という考えが虚構に過ぎないことを証明するには、本書一冊で充分である。

＋スコット・M・ラッシュ＋ジョン・セラーティ著／松原俊文監修／天野淑子訳『戦闘技術の歴史 1　古代編 3000BC－AD500』創元社、2008 年）
Scahill, 2008（ジェレミー・スケイヒル著／益岡賢・塩山花子訳『ブラックウォーター—世界最強の傭兵企業』作品社、2014 年）
Shiva, 1995（バンダナ・シバ著／松本丈二訳『バイオパイラシー—グローバル化による生命と文化の略奪』緑風出版、2002 年）
Singer, 1975（ピーター・シンガー著／戸田清訳『動物の解放』人文書院、2011 年）
Singer, 2009（P・W・シンガー著／小林由香利訳『ロボット兵士の戦争』日本放送出版協会、2010 年）
Spielberg, 2011（スティーブン・スピルバーグ監督『戦火の馬』ウォルト・ディズニー・ジャパン株式会社、2012 年）
Stanton, 2009（ダグ・スタントン著／伏見威蕃訳『ホース・ソルジャー—米特殊騎馬隊、アフガンの死闘』早川書房、2010 年）
Starhawk, 2005（メディア・ベンジャミン＋ジョディ・エヴァンス編／尾川寿江監訳／尾川寿江・眞鍋穣・米澤清恵訳『もう戦争はさせない！—ブッシュを追いつめるアメリカ女性たち』文理閣、2007 年に収録）
Tilly, 1978（チャールズ・ティリー著／堀江湛監訳『政治変動論』芦書房、1984 年）
Winterfilm Collective, 2008（ウィンター・フィルム製作『ウインター・ソルジャー　ベトナム帰還兵の告白』エデン、キングレコード、2010 年）
Xenophon, 2008（クセノポン著／松本仁助訳『クセノポン小品集』京都大学学術出版会、2000 年に収録）

更に深く学びたい人のために〔訳者〕

ここでは日本語で読める推薦図書を紹介する。本書で学んだ事柄をより広い文脈の中で捉えるのにきっと役立つことだろう。願わくはこれらの文献を読了した後、ふたたび本書を紐解いてほしい。初読の時とは違った光景が見えてくる筈である。

ロザリー・バーテル著／中川慶子・稲岡美奈子・振津かつみ訳『戦争はいかに地球を破壊するか—最新兵器と生命の惑星』（緑風出版、2005 年）
＊戦争と軍事研究が引き起こす環境汚染、資源枯渇、生態系破壊等を詳細に分析した上で、健全な安全保障のあり方を提唱する。軍事と地球生命の関わりについて学ぶのに必読。

チャールズ・パターソン著／戸田清訳『永遠の絶滅収容所—動物虐待とホロコースト』（緑風出版、2007 年）
＊動物屠殺産業と人間の大量虐殺に密接な繋がりがあることを明かした研究書。人間文化が他の動物を搾取し続けるかぎり、差別と暴力の伝統は絶えないと教えてくれる。

戸田清著『環境学と平和学』（新泉社、2003 年）
＊環境を破壊する浪費社会は自らの延命を図り戦争を引き起こす。この直接的暴

べ』日本経済新聞出版社、2010年）
Chomsky, 2005（ノーム・チョムスキー著／岡崎玲子訳『すばらしきアメリカ帝国』集英社、2008年）
Derr, 1997（マーク・デア著／中村凪子・水野尚子訳『美しい犬、働く犬—アメリカの犬たちはいま…』草思社、2001年）
Diamond, 1997（ジャレド・ダイアモンド著／倉骨彰訳『銃・病原菌・鉄』上・下、草思社、2012年）
Foucault, 1988（ミシェル・フーコー著／渡辺守章訳『性の歴史Ⅰ　知への意志』新潮社、1986年）
Gandhi, 1993（M・K・ガーンディー著／田中敏雄訳注『ガーンディー自叙伝—真理へと近づくさまざまな実験』平凡社、2000年など）
Grandin, 2005（テンプル・グランディン＋キャサリン・ジョンソン著／中尾ゆかり訳『動物感覚—アニマル・マインドを読み解く』日本放送出版協会、2006年）
Grossman, 2009（デーヴ・グロスマン著／安原和見訳『戦争における「人殺し」の心理学』筑摩書房、2004年）
Hardt, 2004（アントニオ・ネグリ＋マイケル・ハート著／幾島幸子訳／水嶋一憲・市田良彦監修『マルチチュード—〈帝国〉時代の戦争と民主主義』日本放送出版協会、2005年）
Harris, 1983（Robert Harris＋Jeremy Paxman著／大島紘二訳『化学兵器—その恐怖と悲劇』近代文芸社、1996年）
Hausman, 1997（ジェラルド・ハウスマン＋ロレッタ・ハウスマン著／池田雅之ほか訳『犬たちの神話と伝説』青土社、2000年）
hooks, 1994（ベル・フックス著／里見実監訳／里見実・朴和美・堀田碧・吉原令子訳『とびこえよ、その囲いを—自由の実践としてのフェミニズム教育』新水社、2006年）
Keegan, 1994（ジョン・キーガン著／遠藤利国訳『戦略の歴史　抹殺・征服技術の変遷—石器時代からサダム・フセインまで』心交社、1997年）
Klein, 2008（ナオミ・クライン著／幾島幸子・村上由見子訳『ショック・ドクトリン—惨事便乗型資本主義の正体を暴く』岩波書店、2011年）
Lawrence, 1997（T・E・ロレンス著／J・ウィルソン編／田隅恒生訳『知恵の七柱』平凡社、2008－2009年）
Lederach, 2003（ジョン・ポール・レデラック著／水野節子・宮崎誉訳／西岡義行編『敵対から共生へ—平和づくりの実践ガイド』ヨベル、2010年）
Lilly, 1996（ジョン・C・リリー著／菅靖彦訳『サイエンティスト—脳科学者の冒険』平河出版社、1986年）
Mayor, 2003（エイドリアン・メイヤー著／竹内さなみ訳『驚異の戦争—古代の生物化学兵器』講談社、2006年）
Plato, 2004（original work 380 B. C.）（プラトン著／藤沢令夫訳『国家』岩波書店、1979年など）
Radhakrishnan, 1989（S・ラーダークリシュナン著／三枝充悳・羽矢辰夫訳『インド仏教思想史』大蔵出版、2001年）
Rice, 2006（サイモン・アングリム＋フィリス・G・ジェスティス＋ロブ・S・ライス

Women's International League for Peace and Freedom. "Chemical Weapons." *Reaching Critical Will,* n.d. www.reachingcriticalwill.org/legal/cw/csindex.html (accessed October 14, 2012).

Woolf, Marie. "Military Lab Tests on Animals Double in Five Years." *Independent,* May 14, 2006. http://www.independent.co.uk/news/uk/politics/military-lab-tests-on-live-animals-double-in-five-years-478165.html (accessed February 21, 2013).

World Health Organization/Food and Agriculture Organization. "Human Vitamin and Mineral Requirements." 2010. www.fao.org/docrep/004/Y2809Ey2809e00.htm (accessed January 18, 2012).

World Society for the Protection of Animals. "Situation Critical for Gaza's Animals." January 23, 2009. http://www.wspa-international.org/latestnews/2009/animal_welfare_gaza.aspx (accessed February 6, 2013).

Wylie, Dan. *Elephant.* London, UK: Reaktion Books, 2008.

Wynter, Philip. "Elephants at War: In Burma, Big Beasts Work for Allied Army." *Life,* April 10, 1944. http://www.lifemagazineconnection.com/LIFE-Magazines-1940s/LIFE-Magazines-1944/1944-April-10-WWII-LIFE-Magazine-Burma-Cassino (accessed February 6, 2013).

Xenophon. *The Works Of Xenophon V3: Part 2, Three Essays On The Duties Of A Cavalry General, On Horsemanship, And On Hunting (1897)*, translated by. H. G. Dakyns. Whitefish, MT: Kessinger Publishing, 2008.

Yager, Jordy. "A Nose for Explosives." *The Hill,* May 25, 2010. http://thehill.com/capital-living/cover-stories/99617-a-nose-for-explosives (accessed February 6, 2013).

Yale Peabody Museum. "Fossil Fragments: The Riddle of Human Origins." New Haven, CT: Permanent Exhibit, n.d.

Young, Iris M. *Justice and the Politics of Difference.* Princeton, NJ: Princeton University Press, 1990.

邦訳のあるもの

Adams, 1997（キャロル・J・アダムズ著／鶴田静訳『肉食という性の政治学―フェミニズム－ベジタリアニズム批評』新宿書房、1994 年）

Basham, 1968（A・L・バシャム著／日野紹運・金沢篤・水野善文・石上和敬訳『バシャムのインド百科』山喜房佛書林、2014 年）

Begich, 1995（ニック・ベギーチ＋ジーン・マニング著／宇佐和通訳／並木伸一郎監修『悪魔の世界管理システム「ハープ」』学習研究社、1997 年）

Benjamin, 2005（メディア・ベンジャミン＋ジョディ・エヴァンス編／尾川寿江監訳／尾川寿江・眞鍋穣・米澤清恵訳『もう戦争はさせない！―ブッシュを追いつめるアメリカ女性たち』文理閣、2007 年）

Biggs, 2008（バートン・ビッグス著／望月衛訳『富・戦争・叡智―株の先見力に学

War Resisters League. "Where Your Income Tax Money Really Goes: U.S. Federal Budget 2012 Fiscal Year." 2011. www.warresisters.org/sites/default/files/FY2012piechart-color.pdf (accessed February 6, 2013).
Webb, Robin. "Animal Liberation—By 'Whatever Means Necessary.' In *Terrorists or Freedom Fighters: Reflections on the Liberation of Animals*, edited by Steve Best Anthony J. Nocella. Lantern, 2004, 75-80.
Weiss, Rick. "Dragonfly or Insect Spy? Scientists at Work on Robobugs." *The Washington Post*, October 9, 2007. http://www.washingtonpost.com/wp-dyn/content/article/2007/10/08/AR2007100801434.html (accessed 4 November 2013).
Westing, Arthur H. "Environmental Warfare II: 'Levelling the Jungle.'" *Bulletin of Peace Proposals,* 4, no. 38 (1973a).
___. "Environmental Warfare II: 'The Big Bomb.'" *Bulletin of Peace Proposals,* 4, no. 40 (1973b).
___. "Environmental Consequences of the Second Indochina War: A Case Study." *Ambio,* 4, no 5 (1975): 216-222.
White, Rob. *Crimes Against Nature: Environmental Criminology and Ecological Justice.* Portland: William, 2008.
White, Thomas I. *In Defense of Dolphins: The New Moral Frontier.* Oxford, UK: Blackwell Publishing, 2007.
Whitehouse, David. "Here Come the Ratbots." BBC News, May 1, 2002. http://news.bbc.co.uk/2/hi/science/nature/1961798.stm (accessed February 6, 2013).
Wildlife Conservation Society. "Afghanistan's First National Park." 2009. www.wcs.org/conservation-challenges/local-livelihoods/recovering-from-conflict-and-disaster/afganistan-first-national-park.aspx (accessed February 6, 2013).
Wildlife Extra. "Pigmy Hippos Survive Two Civil Wars in Liberia's Sapo National Park." 2008. http://www.wildlifeextra.com/go/news/pygmy-hippos872.html#cr (accessed February 6, 2013).
___. Wildlife Extra. "Sierra Leone & Liberia Create Major Trans-Boundary Park." 2009. http://www.wildlifeextra.com/go/news/leone-liberia009.html#cr (accessed February 6, 2013).
Wilcox, Fred. *Scorched Earth: Legacies of Chemical Warfare in Vietnam.* New York: Seven Stories, 2011.
Wincer, Simon. *The Lighthorsemen,* Film written by Ian Jones and directed by Simon Wincer. (1987; Sydney, AU: Hoyts). DVD.
Winterfilm Collective. *Winter Soldier.* Film produced by the Winterfilm Collective. (2008; United States: Millarium Zero). DVD.

U. S. Army Medical Research Institute of Chemical Defense. "Chemical Casualty Care Resuscitation Practical Exercise Using the Nonhuman Primate Model." 2005a. http://www.gevha.com/home/51-general/821-pcrm (accessed October 12, 2012).
___. "Medical Management of Chemical Casualties, Laboratory Exercise Worksheet." 2005b. video.onset.freedom.com/nwfdn/kf8sgk-18pigs.pdf (accessed February 7, 2013).
U.S. Department of Agriculture. "Memo: Complaint #E10-197 Tactical Medics International." July 29, 2010. (Private Resource).
U.S. Department of Army, Navy, Air Force, Defense Advanced Research Projects Agency, and Uniformed Services University of Health Sciences. "The Care and Use of Laboratory Animals in DOD Programs." 2005. www.apd.army.mil/pdffiles/r40_33.pdf (accessed February 7, 2013).
U.S. Department of Defense. "DOD Biomedical Research Database (BRD)." 2010. http://www.dtic.mil/biosys/brd/index.html (accessed February 6, 2013).
U.S. Department of Justice Federal Bureau of Investigation. "Terrorism: 2002-2005." n.d. http://www.fbi.gov/stats-services/publications/terrorism-2002-2005 (accessed February 6, 2013).
U.S. Medicine Institute for Health Studies. December 3, 2002. "Computer, Robots, and Cyberspace: Maximizing the Cutting Edge."
Vandiver, John, and Marcus Kloecker. "German Ruling Puts USAREUR Plans for Live-Animal Medical Training on Hold." *Stars and Stripes,* August 17, 2010. www.stripes.com/news/german-ruling-puts-usareur-plans-for-live-animal-medical-training-on-hold-1.114989 (accessed February 6, 2013).
Van Strum, Carol. "Action Alter: Pacific NW Residents—Stop the Navy's Coastal Weapons Testing." *Daily Kos,* Ocober 21, 2010. http://www.dailykos.com/news/coastal%20protection# (accessed February 6, 2013).
Varner, John G., and Jeannette J. Varner. *Dogs of the Conquest.* Norman: University of Oklahoma.
Vastag, Brian. "Army to Phase Out Animal Nerve-Agent Testing." *Washington Post,* October 13, 2011. articles.washingtonpost.com/2011-10-13/national/35277114_1_green-monkeys-nerve-gas-vervet (accessed February 6, 2013).
Waisman, Amir, Mor, Mimouni "Pediatric Life Support (PALS) Courses in Israel: Ten Years of Experience." *Israel Medical Association Journal,* 7, no. 10 (2005): 639-642. (accessed February 6, 2013).
Walmsley, Robert. *Peterloo.* Manchester, UK: Manchester University Press, 1969.

Teh, Kong Soon, Shang Ping Lee, and Adrian David Cheok. "Poultry Internet: A Remote Human-Pet Interaction System." In *CHI '06 Extended Abstracts on Human Factors in Computing Systems,* (2006): *251-254.*http://dl.acm.org/citation.cfm?id=1125505&dl=ACM&coll=DL&CFID=274800838&CFTOKEN=87688175 (accessed February 7, 2012).

Telegraph. "Terrorists Tie Bomb Belt to Dog in Iraq." May 27, 2005. http://www.telegraph.co.uk/news/worldnews/middleeast/iraq/1490888/Terrorists-tie-bomb-belt-to-dog-in-Iraq.html

Thomas, William. *Scorched Earth: The Military Assault on the Environment.* Philadelphia, PA: New Society Publishers, 1995.

Tier One Group. "Instructing Combat Trauma Mangement to Trainees." March 16, 2008. (Private Resource).

Tilly, Charles. *From Mobilization to Revolution.* New York, NY: McGraw-Hill Publishing, 1978.

Torres, Bob. *Making a Killing: The Political Economy of Animal Rights.* Oakland, CA: AK Press, 2007.

Tsolidis, Georgina. (2010) "Simpson, His Donkey and the Rest of Us: Public Pedagogies of the Value of Belonging." *Educational Philosophy and Theory,* 42, no. 4 (2010): 448 - 461.

Tucker, Spencer C. *Almanac of American Military History: Volume One, 1000-1830.* Santa Barbara, CA: ABC-CLIO, 2012.

Twine, Richard. *Animals as Biotechnology: Ethics, Sustainability and Critical Animal Studies.* Oxford, UK: Routledge, 2010.

___. "Revealing the 'Animal-Industrial-Complex': A Concept and Method for Critical Animal Studies." *Journal for Critical Animal Studies,* 10, no. 1 (2012): 12-39.

Ulansey, David, *Call of Life: Facing the Mass Extinction,* Film directed by Monty Johnson (2010; New York: Species Alliance.) DVD.

Uniformed Services University of the Health Sciences. "Live Animal Purchases for Use in Student Education." Washington, DC: n.d.

United Nations. "End Nuclear Testing." *International Day Against Nuclear Tests.* n.d. www.un.org/en/events/againstnucleartestsday/history.shtml (accessed February 6, 2013).

University of Kansas Natural History Museum. "Comache Preservation." n.d. http://naturalhistory.ku.edu/explore-topic/comanche-preservation/comanche-preservation (accessed February 21, 2013).

U.S. Army Europe Command Surgeon. Internal Memorandum, 2010. (Private Resource).

U.S. Army Medical Department, Office of the Surgeon General. "HQDA EXORD 096-09, "Mandatory Pre-Deployment Trauma Training (PDTT) for Specified Medical Personnel." 2009. www.documbase.com/HQDA-Exord-048-10.pdf (accessed October 12, 2012).

Society for the Prevention of Cruelty to Animals (SPCA). "Retired Working Dogs Stranded in Iraq." March 12, 2011. http://www.spcai.org/index.php/news-and-blog/spcai-news/item/522-retired-working-dogs-stranded-in-iraq.html (accessed February 6, 2013).

South, Nigel. "Corporate and State Crimes Against the Environment: Foundations for a Green Perspective in Europe." In *The New European Criminology: Crime and Social Order in Europe,* 443-461. New York: Routledge, 1998.

Spielberg, Steven. *War Horse,* Film directed by Steven Spielberg (2011; Burbank, CA: Walt Disney).

Stannard, David E. *American Holocaust.* New York: Oxford University Press, 1992.

Stanton, Doug. *Horse Soldiers: The Extraordinary Story of a Band of US Solders Who Rode to Victory in Afghanistan.* New York: Scribner, 2009.

Starhawk. "Feminist Voices for Peace." In *Stop the Next War Now: Effective Responses to Violence and Terrorism,* edited by Jodie Evans and Medea Benjamin, 84-86. Novato, CA: New World Library, 2005.

Stockholm International Peace Research Institute (SIPRI). *Warfare in a Fragile World: Military Impact on the Human Environment.* New York: Crane, Russak, 1980.

___. *Background paper on SIPRI Military Expenditure Data.* April 11, 2010. http://www.sipri.org/databases/milex (accessed February 6, 2012).

Stuart, Hunter. "Sharktopus Trailer Released and It Is Awesome." *Huffington Post,* September 16, 2010. http://www.huffingtonpost.com/2010/07/17/sharktopus-trailer-releas_n_650081.html (accessed February 6, 2013).

Sulfigar, Ali. "PESHAWAR: Wildlife Too Bearing the Brunt." *Dawn,* November 5, 2011. http://archives.dawn.com/2001/11/05/local28.htm (accessed February 21, 2013).

Sullivan, Shannon, and Nancy Tuana, Editors. *Race and Epistemologies of Ignorance.* Albany: State University of New York (SUNY) Press, 2007.

Sutherland, Donald M. G. *The French Revolution and Empire: The Quest for a Civic Order.* Oxford, UK: Blackwell, 2003.

Swart, Sandra. "Horses in the South African War, c. 1899-1902." *Society & Animals* 18, no. 4 (2010a): 348-366.

___. "'The World the Horses Made': A South African Case Study of Writing Animals into Social History." *International Review of Social History.* 55, no. 2 (2010b). 241-263

Tait, Cindy. "On the Differences Between a Child and a Kitten." *Journal of Emergency Nursing,* 36, no. 1 (2010): 78-80.

Tan, Michelle. "Dogs Bring Home Stress Too." *Army Times,* December 30, 2010.

Sawyer, Taylor, Agnes Sierocka-Castaneda, Debora Chan, Benjamin Berg, and Mark W. Thompson "High Fidelity Simulation Training Results in Improved Neonatal Resuscitation Performance." *American Academy of Pediatrics National Conference,* October 1, 2010.

Scahill, Jeremy. *Blackwater: The Rise of the World's Most Powerful Mercenary Army.* New York: Nation Books, 2008.

Schafer, Edward H. "War Elephants in Ancient and Medieval China." *Oriens,* 10, no. 2 (1957): 289-291.

___. *Ancient China.* New York: Time-Life Books, 1967.

Schaffer, E. *Animals, World War!"* Encyclopedia S-z (Volume 4).

Scharrer, Gary. "Indian Group Objects to Buffalo Soldier Plates." *Houston Chronicle,* November 26, 2011. http://www.chron.com/news/houston-texas/article/Indian-group-takes-issue-with-Buffalo-Soldier-2293128.php (accessed February 6, 2013).

Schirch, Lisa. *The Little Book of Strategic Peacebuilding.* Intercourse, PA: Good Books, 2004.

Science Clarified. "Agent Orange." n.d. http://www.scienceclarified.com/A-Al/Agent-Orange.html (accessed February 6, 2013).

Scigliano Eric. *Love, War, and Circuses: The Age-Old Relationship Between Elephants and Humans.* Boston, MA: Houghton Mifflin Co., 2002.

Seligman, Martin. "Learned Helplessness." *Annual Review of Medicine.* 23, no. 5 (1972):407-412.

Shambaugh, James, Judy Oglethorpe, and Rebecca Ham. *The Trampled Grass: Mitigating the Impacts of Armed Conflict on the Environment.* Washington, DC: Biodiversity Support Program, 2001. pdf.usaid.gov/pdf_docs/PNACN551.pdf (accessed February 6, 2013).

Shaw, J. C. *The Paston Papers Siam 1688*, Craftsman Press: Bangkok, 1993.

Shelton, Jo-Ann. "Elephants as Enemies in Ancient Rome." *Concentric: Library and Cultural Studies,* 32, no 1 (2006): 3-25.

Shiva, Vandana. *Biopiracy: The Plunder of Nature and Knowledge.* Boston, MA: Southend Press, 1995.

Singer, Peter. *Animal Liberation: A New Ethics for Our Treatment of Animals,* London, UK: Pimlico Press, 1975.

Singer, Peter W. *Wired for War: The Robotics Revolution and Conflict in the Twenty-First Century.* New York: Penguin Books, 2009.

Singh, Upinder. *A History of Ancient and Early Medieval India: From Stone Age to the 12th Century.* New Delhi, IN: Dorling Kindersley, 2008.

Singleton, John. "Britain's Military Use of Horses 1914-1918." *Past and Present.* 193, no. 1 (1993):178-203.

Skocpol, Theda. *Social Revolutions in the Modern World.* Cambridge, UK: Cambridge University Press, 1994.

Roberts, Adam M., and Kevin Stewart "Landmines: Animal Casualties of the Underground War." *Animals' Agenda,* 18, no. 2 (1998): 224-234. http://ecn.ab.ca/~puppydog/aa-art.htm (accessed February 6, 2013).

Robles De-La-Torre, Gabriel. "Haptic Technology, an Animated Explanation." n.d. http://www.isfh.org/comphap.html (accessed February 6, 2013).

Robson, Seth, and Marcus Kloeckner. "Army Looking to Conduct Combat Medic Training on Live Animals in Germany." *Stars and Stripes,* June 2, 2010. http://www.stripes.com/news/europe/army-looking-to-conduct-combat-medic-training-on-live-animals-in-germany-1.105621 (accessed February 6, 2013).

Routley, Richard. "Is There a Need for a New Environmental Ethic?" *Proceedings of the XV World Congress of Philosophy,* Volume 1 (1973): 205-210.

Routley, Richard, and Val Routley. "Against the Inevitability of Human Chauvinism." In *Ethics and Problems of the 21st Century,* edited by Kenneth E. Goodpaster and Kenneth M. Sayre, 36-58. Notre Dame, IN: University of Notre Dame Press, 1979.

___. "Human Chauvinism and Environmental Ethics. In *Environmental Philosophy,* edited by Mannison McRobbie and Richard Routley, 96-189. Canberra, AUS: Australian National University Press, 1980.

Rupert, Mark E. "Academia and the Culture of Militarism. In *Academic Repression: Reflections from the Academic Industrial Complex,* edited by Anthony J. Nocella, II, Steven Best, and Peter McLaren, 428-436. Oakland, CA: AK Press, 2010.

Saenz, Aaron. "Free Flying Cyborg Beetles." *Singularity Hub,* October 7, 2009. http://singularityhub.com/2009/10/07/free-flying-cyborg-beetles/ (accessed February 6, 2013).

___. "Eye Popping Pics of Cyborg Animals from Photoshop Contest." *Singularity Hub,* March 15, 2010. http://singularityhub.com/2010/03/15/eye-popping-pics-of-cyborg-animals-from-photoshop-contest/ (accessed February 6, 2013).

Sanbonmatsu, John. "Blood and Soil: Notes on Leirre Keith, Locavores, and Death Fetishism."*Upping the Anti,*" no. 12 (2011).

___. "John Snabonmatsu Replies to Derrick Jensen." *Upping the Anti,* no. 13 (2011)

Sanders, Barry. *The Green Zone: The Environmental Impact of Militarism.* Oakland, CA: AK Press, 2009.

Sanua, Victor D., Editor. *Fields of Offering: Studies in Honor of Raphael Patai.* Cranbury: Associated University Press, 1983.

Saunders, John Joseph. *The History of the Mongol Conquests*. Philadelphia: University of Pennsylvania Press, 2001.

Saunders, Nicholas J. *Ancient Americas: The Great Civilisations*, Sutton Publishing Limited: United Kingdom, 2004.

Pilger, John, and Alan Lowery. *The War You Don't See*, Film, directed, written and produced by John Pilger and Alan Lowery; (2010; London, UK: Dartmouth TV1).

Plato. *The Republic*, translated by Christopher Rowe. New York: Barnes & Noble, 2004 (original work 380 B.C.).

Plumwood, Val. *Feminism and the Mastery of Nature*. London, UK: Routledge, 1993.

Poole, R "By the Law of the Sword: Peterloo Revisited." *History*, 91, no 302 (2006): 254-276.

Potter, Will. *Green is the New Red: An Insiders Account of a Social Movement Under Siege*. San Fancisco, CA: City lights Books, 2011.

Quade, Alex. "Monument Honors U.S. 'Horse Soldiers' Who Invaded Afghanistan." *CNN.com*. October 6, 2011. http://www.cnn.com/2011/10/06/us/afghanistan-horse-soldiers-memorial/

Radhakrishnan, Sarvepalli, and Charles A. Moore. *A Source Book: Indian Philosophy*. Princeton, NJ: Princeton University Press, 1989.

Ramanthapillai, Rajmohan. "Modern Warfare and the Spiritual Disconnection From Land." *Peace Review*, 2, no. 1 (2008): 113-120. www.tandfonline.com/doi/abs/10.1080/10402650701873825 (accessed February 6, 2013).

Rance, Philip. "Elephants in Warfare in Late Antiquity." *Acta Antiqua*, 43, no. 3-4 (2003): 355-384. http://www.akademiai.com/content/p427216360x17417/ (accessed February 6, 2013).

Ravitz, Jessica. "War Dogs Remembered, Decades Later." *CNN.com*. February 12, 2010. http://www.cnn.com/2010/LIVING/02/12/war.dogs/

Read, Donald. *Peterloo: The Massacre and Its Background*. Manchester, UK: Manchester University Press, 1958.

Resner, Benjaman I. "Rover @ Home: Computer Mediated Remote Interaction Between Humans and Dogs." *Massachusetts Institute of Technology*, 2001. http://dspace.mit.edu/handle/1721.1/62357 (accessed February 6, 2013).

Resources News, n.d. "Birds Also Victims in Afghan War." http://www.mts.net/~dkeith2/dec-5.html

Rice, Rob S., Simon Anglim, Phyllis Jestice, Scott Rusch, and John Serrati *Fighting Techniques of the Ancient World: 3000 B.C. – 500 A. D. Equipment, Combat Skills, and Tactics*. New York: Thomas Dunne Books, 2006.

Richardson, Edwin H. *British War Dogs: Their Training and Psychology*. London, UK: Skeffington & Son, 1920.

Ritter, Matt E., and Mark Bowyer "Simulation for Trauma and Combat Casualty Care." *Minimally Invasive Therapy & Allied Technologies*, 14, no. 4 (2005): 224-234.

People for the Ethical Treatment of Animals (PETA). "Peta's Caring Consumer Program: Companies That Do Tests on Animals." www.mediapeta.com/peta/PDF/companiesdotest.pdf (accessed February 6, 2013).
Peterson, Dale. *The Moral Lives of Animals.* New York: Bloomsbury Press, 2011.
Pfohl, Stephen. *Images of Deviance and Social Control: A History.* New York: McGraw-Hill, 1994.
Phillips, Gervase. "'Who Shall Say That the Days of Cavalry are Over?' The Revival of the Mounted Arm in Europe, 1853-1914." *War In History.* 18, no. 1 (2011):5-32.
Phillips, Michael M. "Shell-Shocked Dog of War Finds a Home with the Family of a Fallen Hero. Jason's Death in Iraq Left Room for a Marine at the Dunhams' House; Gunner Fit the Bill." *Wall Street Journal,* October 6, 2010.
Phillips, Peter, and Project Censored. *Censored 2000: The Year's Top Censored Stories.* New York: Seven Stories Press, 2003.
Physicians Committee for Responsible Medicine. "Frequently Asked Questions: Implementing Non-Animal Training Methods in U.S. Military Medical Courses." n.d. http://www.pcrm.org/research/edtraining/military/faqs-implementing-nonanimal-training-methods (accessed February 6, 2013).
___. "New Videos and Website Expose Cruel Military Training." 2009. http://www.pcrm.org/good-medicine/2009/summer/new-videos-and-web-site-expose-cruel-military (accessed February 6, 2013).
___. "Live Animal Use in Advanced Trauma Life Support Courses in the U.S. and Canadian Programs: An Ongoing Survey." April 26, 2012. http://www.pcrm.org/pdfs/research/education/pcrm_survey_list_us_canada_atls_programs.pdf (accessed February 6, 2013).
___. "Live Animal Use for the Teaching of Endotracheal Intubation in Pediatrics Residency Programs in the United States." August 6 ,2012. www.pcrm.org/.../EthicsinPediatricsTrainingSurveyResults.pdf (accessed February 6, 2013).
Physicians for Human Rights. "Physicians for Human Rights Calls for Pentagon Inspector General Inquiry Into Alleged "No-Bid" Contract to Dr. Martin Seligman." October 14, 2010. http://physiciansforhumanrights.org/press/press-releases/news-2010-10-14-seligman.html (accessed February 6, 2013).
Pickrell, John. "Dolphins Deployed as Undersea Agents in Iraq." 2011. *National Geographic News,* March 28,2003. news.nationalgeographic.com/news/2003/03/0328_030328_wardolphins.html (accessed February 6, 2013).
Piggot, Stuart. "Chariots in the Caucasus and China." *Antiquity.* 48, no. 89 (1974):16-24

Nocella, A. J. II. "An Overview of the History and Theory of Transformative Justice," *Peace and Conflict Review,* 6, no. 1 (2011). http://www.review.upeace.org/index.cfm?opcion=0&ejemplar=23&entrada=124 (accessed February 19, 2013).

Noske, Barbara. *Beyond Boundaries: Humans and Animals.* New York: Black Rose Books, 1997.

O'Donnell, John E. *None Came Home: The War Dogs of Vietnam*. Bloomington: Authorhouse, 2001.

Olson, Lacie. "Analysis of FY 2012 Budget Request. The Center for Arms Control and Non-Proliferation." *Washington, DC Center for Arms Control and Non-Proliferation,* 2011. http://armscontrolcenter.org/issues/securityspending/articles/fy_2012_briefing_book/ (accessed February 4, 2013).

___. "Fiscal Year 2012 Defense Spending Request Briefing Book." *Washington, DC Center for Arms Control and Non-Proliferation,* February 14, 2011. http://armscontrolcenter.org/issues/securityspending/articles/fy_2012_briefing_book/ (accessed February 4, 2013).

Ornes, Stephen. "The Pentagon's Beetle Borgs." *Discover,* May, 2009. http://discovermagazine.com/2009/may/30-the-pentagons-beetle-borgs#.URFy_-goXeY (accessed February 4, 2013).

Padilla, Abel. "The Mighty M4." *War Wolf,* September 21, 2009. http://themightym4.blogspot.com/2009/09/war-wolf.htmln (accessed February 4, 2013).

Parenti, Christian. *The Soft Cage: Surveillance in America from Slavery to the War on Terror.* New York: Basic Books, 2003.

Parenti, Michael. *Against Empire.* San Francisco, CA: City Lights Publishers, 1995.

Paul, E. S., and Anthony L. Podberscek "Veterinary Education and Students' Attitudes Toward Animal Welfare." *Veterinary Record,* 146, no. 10 (2000): 269-272.

Pearl, Mary C. "Natural Selections Roaming Free in the DMZ." *Discover,* November 13, 2006. http://discovermagazine.com/2006/nov/natural-selections-dmz-animals (accessed February 4, 2013).

Pearn, John, and David Gardner-Medwin. "An Anzac's Childhood: John Simpson Kirkpatrick (1892-1915)." *The Medical Journal of Australia*, 178, no. 8 (2003): 400-402.

People for the Ethical Treatment of Animals (PETA). *Military Stabbing Live Dogs*. Online Video. n.d. http://www.peta.org/tv/videos/peta2-investigations/959533349001.aspx (accessed February 4, 2013).

People for the Ethical Treatment of Animals (PETA). "Victory! Army to Discharge Monkeys from Lab." October 13, 2011. www.peta.org/b/thepetafiles/archive/2011/10/13/victory-army-to-discharge-monkeys-from-lab.aspx (accessed February 6, 2013).

MSNBC. "More bird fall from the sky – this time in Louisiana." *MSNBC,* January 24, 2011.
http://www.msnbc.msn.com/id/40904491/ns/us_news-environment/ (accessed March 12, 2011)

Munson, Mary. "There Ought to Be a Law to Protect Animals." *Miami Herald,* November 24, 2008. https://www.commondreams.org/view/2008/11/24-2 (accessed February 4, 2013).

Muwankida, Vincent B., Silvester Nyakaana, and Hans R. Siegismund. "Genetic Consequences of War and Social Strife in Sub-Saharan Africa: The Case of Uganda's Large Mammals." *African Zoology,* 40, no. 1 (2005): 107-113. http://www.nbi.ku.dk/english/staff/publicationdetail/?id=4737b700-74c3-11db-bee9-02004c4f4f50 (accessed February 4, 2013).

Mydans, Seth. April 17, 2003. "Researchers Raise Estimate on Defoliant Use in Vietnam War." *New York Times.* http://www.nytimes.com/2003/04/17/world/researchers-raise-estimate-on-defoliant-use-in-vietnam-war.html

National Army Museum. "Boney's Mount." April 20, 2011. http://www.nam.ac.uk/exhibitions/permanent-galleries/changing-world-1784-1904/gallery-highlights/boneys-mount (accessed February 20, 2013).

National Museum of Denmark. "Weapons, Violence and Death in the Neolithic Period." *Historic Viden, Danmark.* n.d. oldtiden.natmus.dk/udstillingen/bondestendlaeren/slebne_oekser_af_flint/vaaben_vold_og_doed_i_bondestenalderen/language/uk (accessed February 4, 2013).

Nautilus Institute for Security and Sustainability. "Toxic Bases in the Pacific." 2005. nautilus.org/apsnet/toxic-bases-in-the-pacific/ (accessed February 4, 2013).

Naval Medical Center, Portsmouth. "Protocol # NMCP.2008.A034. Pediatric Intubation Training Using the Ferret Model." 2008. http://www.dtic.mil/dtic/brd/2008/34672.html (accessed February 4, 2013).

Naval Medical Center, Portsmouth. February 23, 2009. Internal Memorandum. (Private Resource).

New Scientist. "Mongoose-Robot Duo Sniff Out Landmines." April 26, 2008. http://www.newscientist.com/article/mg19826535.900-mongooserobot-duo-sniffs-out-landmines.html (accessed February 4, 2013).

Nibert, D "Conflict, Violence, & the Domestication of Animals." Paper Presented at the 10th Annual North American Conference for Critical Animal Studies. Brock University, Ontario, Canada: March 31, 2011.

Nichols, Bob. "D.I.M.E. Bombs: Closer to Fallujua's Puzzle." *Veterans Today: Military and Foreign Affairs Journal,* October 30, 2010. www.veteranstoday.com (accessed February 4, 2013).

McLaughlin, Elliott C. "Giant Rats Put Noses to Work on Africa's Land Mine Epidemic." *CNN.com,* September 8, 2010. www.cnn.com/2010/WORLD/Africa/09'07/herorats.detect.landmines/index.html (accessed February 4, 2013).
Mendoza, Monica. "Man's Best Friend Not Immune to Stigmas of War; Overcomes PTSD." *Official Website of the U. S. Airforce,* July 27, 2010. http://www.af.mil/news/story.asp?id=123215014 (accessed February 4, 2013).
Miller, Lloyd E. *Lyme Disease: General Information and FAQ.* n.d. www.cs.cmu.edu/afs/cs.cmu.edu/usr/jake/mosaic/lyme.html (accessed February 4, 2013).
Miller, Joseph A., and R. M. Miller. *Eco-Terrorism and Eco-Extremism Against Agriculture.* Arlington, VA: Joseph A. Miller, R. M. Miller, 2000.
Mills, C. Wright. *The Power Elite.* New York, Oxford University Press, 1999.
Milstein, Mati. "Lebanon Oil Spill Makes Animals Casualties of War." *National Geographic News,* July 31, 2006. http://news.nationalgeographic.com/news/2006/07/060731-lebanon-oil.html (accessed February 4, 2013).
Mohanty, Chandra Talpade, Pratt, Minnie Bruce, Riley, Robin L. "Introduction: feminism and US wars—mapping the ground. In *Feminism and War: Confronting U.S. Imperialism*, edited by Robin L. Riley, Chandra Talpade Mohanty, and Bruce Pratt. Zed Books, 2008, 1-16.
Moore, Andrew N. I. "Caging Animal Advocates' Political Freedoms: The Unconstitutionality of the Animal and Ecological Terrorism Act." *Animal Law,* 11 (2005): 255-282. http://www.animallaw.info/articles/arus11animall255.htm (accessed February 4, 2013).
Morehouse, David. "Live Tissue Training Point Paper. bloximages.chicago2.vip.townnews.com/nctimes.com/content/tncms/assest/v3/editorial/2/0c/20c128fa-83ab-11de-b0a8-001cc4c002e0/20c128fa-83-ab-11de-b0a8-001cc4c002e0.pdf (accessed December 20, 2012).
Moret, Leuret. "U.S. Nuclear Policy and Depleted Uranium." Testimony at the International Criminal Tribunal for War Crimes in Afghanistan. Chiba, Chiba Prefecture, JP: June 28, 2003. http://www.grassrootspeace.org/TribTest062803.html. (accessed February 4, 2013).
Morillo, Stephen. "The Age of Cavalry Revisited." In *The Circle of War in the Middle Ages: Essays on Medieval Military and Naval History*, edited by Donald J. Kagay and L.J. Andrew Villalon. Rochester: Boydell Press, 1999, 45-58.
Morris, Ruth. *Stories of Transformative Justice.* Toronto, CA: Canadian Scholars Press, 2000.

Lubow, Robert E. *The War Animals.* Garden City: Doubleday, 1977.
Lucas, Alfred. *Ancient Egyptian Materials and Industries.* London, UK: Arnold Publishers, 1962.
Mabry, Robert L. "Use of a Hemorrhage Simulator to Train Military Medics." *Military Medicine,* 170, no 11 (2005): 921-925.
MacDonald, Mia. "War News: Animals in Afghanistan." *Satya,* February 15, 2002. www.miamacdonald.com/a.php?id=16 (accessed February 4, 2013).
Madigan Army Medical Center. "Department of Clinical Investigation: Annual Research Progress Report: Fiscal Year 2006." 2007. www.dtic.mil/cgi-bin/GetTRDoc?AD=ADA492477 (accessed February 4, 2013).
Majumdar, Ramesh C., Hem Chandra Raychaudhuri, and Kalikincar Datta. *An Advanced History of India.* London, UK: Macmillan Publishers India LTD, 1950.
Mallawarachi, Bartha. "Sri Lankan War Zone to Become Wildlife Sanctuary." *Seattle Times,* December 1, 2010. http://seattletimes.com/html/nationworld/2013560287_apassrilankawildlife.html (accessed February 4, 2013).
Maps of World. "Wildlife in Marshall Islands." n.d. travel.mapsofworld.com/marshall-islands/marshall-islands-tours/wildlife-in-marshall-islands.html (accessed February 4, 2013).
Margawati, Endang T. "Transgenic Animals: Their Benefits to Human Welfare." *Action Bioscience,* January 2003. www.actionbioscience.org/biotech/margawati.html?ref-Klasistanbul.Com (accessed February 4, 2013).
Marshall, S. L. A. "Slam." *Men Against Fire: The Problem of Battle Command.* Norman: University of Oklahoma Press, 2000.
Martin, Brian. *Social Defense, Social Change.* London, UK: Freedom Press, 1993.
Mayor, Adrienne. *Greek Fire, Poison Arrows, and Scorpion Bombs: Biological and Chemical Warfare in the Ancient World.* New York, Overlook, 2003.
McCabe, Richard E. *Prarie Ghost: Pronghorn and Human Interaction in Early America.* Boulder: University of Colorado Press, 2004.
McCarthy, Colman. *All of One Peace: Essays on Nonviolence.* New Brunswick, NJ: Rutgers University Press, 1999.
McCoy, Kimberley E. "Subverting Justice: An Indictment of the Animal Enterprise Terrorism Act." *Animal Law Journal,* 14 (2008): 1-18.
McCrummen, Stephanie. "After War, Wildlife Returns to the Sudan." *Boston Globe,* October 11, 2009. www.boston.com/news/world/Africa/articles/2009/10/11/after_war_wildlife_returns_to_sudan (accessed February 4, 2013).
McDonald, Mia. "War News: Animals in Afghanistan." *Satya,* February 15, 2002. http://www.miamacdonald.com/a.php?id=16 (accessed February 4, 2013).

Lin, Guy, Yahav Oron, Ron Ben-Abraham, Dafna Barsuk, Haim Berkenstadt, Amitai Ziv, and Amir Blumenfeld. (2003). "Rapid Preparation of Reserve Military Medical Teams Using Advanced Patient Simulators." *TraumaCare* 13(2): 52

Lilly, John C. *The Scientist: A Metaphysical Autobiography.* Berkley, CA: Ronin Publishing, 1996.

Lin, Guy, Yahav Oron, Ron Ben-Abraham, Dafna Barsuk, Haim Berkenstadt, Haim Ziv, and Amir Blumenfeld "Rapid Preparation of Reserve Military Medical Teams Using Advanced Patient Simulators." *International Trauma and Anesthesia and Critical Care Society Conference,* May 15, 2003. www.itaccs.com/traumacare/archive/spring_03/Friday_pm.pdf (accessed February 4, 2013).

Linden, Annette, and Klandermans, Bert. "Stigmatization and repression of extreme-right activism in the Netherlands." *Mobilization,* 11, no 2 (2006), 213-228.

Lindow, Megan. "The Landmine Sniffing Rats of Mozambique." *Time,* June 2, 2008. http://www.time.com/time/world/article/0,8599,1811203,00.html (accessed February 3, 2013).

Little, Robert. "Army's Claims for Survival Rate in Iraq Don't Hold Up." *Baltimore Sun,* Narcg 29, 2009. www.baltimoresun.com/news/nation-world/bal-military-medicine-statistics-0329,0,1407580.story (accessed February 4, 2013).

Long, Douglas. *Ecoterrorism.* New York: Facts on File, 2004.

Looking-Glass. n.d. *Animals in War.* www.looking-glass.co.uk/animalsinwar/ (accessed February 20, 2009).

Loretz, John "The Animal Victims of the Gulf War." *PSR Quarterly,* (1991): 221-225. fn2.freenet.edmnton.ab.ca/~puppydog/gulfwar.htm (accessed February 4, 2013).

Lousky, Tamir. "Training, Research and Testing in Israel." *Alternatives to Animal Testing and Experimentation,* 14, Special Issue (August 2007): 261-264. altweb.jhsph.edu/bin/s/q/paper261.pdf (accessed February 4, 2013).

Love, Ricardo M. "Psychological Resistance: Preparing Our Soldiers for War." 2011. msnbcmedia.msn.com/i/.../120103_PTSD_Army_Paper.pdf (accessed February 4, 1013).

Lovley, Erika. "Lawmaker Says DOD 'Tortures' Animals." *Politico,* February 3, 2010. www.politico.com/news/stories/0210/32496.html (accessed February 4, 2013).

Lovitz, Dara. "Animal Lovers and Tree Huggers Are the New Cold-Blooded Criminals?" *Journal of Animal Law,* 3 (2007): 79-98. http://www.animallaw.info/articles/arus3janimall79.htm (accessed February 4, 2013).

___. *Muzzling a Movement: The Effects of Anti-Terrorism Law, Money, & Politics on Animal Activism.* New York: Lantern Books, 2010.

Kovach, Bob. "Riderless Horse Adds Poignancy to Military Burials." *CNN.com.* March 23, 2008. http://www.cnn.com/2008/LIVING/05/23/arlington.riderless.horse/

Kovach, Gretel C. "Marine Corps Expands Infantry Bomb Dog Program: Camp Pendleton Handlers Tout Results." *UT San Diego News,* June 16, 2010. www.signonsandiego.com/news/2010/ddec/04/marine-corps-expands-infantry-bomb-dog-program (accessed February 4, 2013).

Kristof, Nicholas D. "Dad Will Really Like This." *New York Times,* June 16, 2010. http://www.nytimes.com/2010/06/17/opinion/17kristof.html (accessed February 4, 2013)

Lackland Air Force Base. "Protocol #FWH20090154AT Intubation Instruction and Training Using a Ferret." (July 27, 2009): Private Resource.

Langley, Andrew. *Ancient Egypt.* Chicago, IL: Raintree, 2005.

LaPrensa. "El Giobierno Prohibe a los Militaires Sacrificat Animales." *FM Bolivia,* March 31, 2009. www.fmbolivia.com/noticia10332-el-gobierno-prohibe-a-los-militares-sacrificar-animales-html (accessed October 12, 2012).

Last, Alex. "Victory on the Back of a Donkey." *BBC News,* 2000. http://news.bbc.co.uk/2/hi/africa/755624.stm (accessed February 12, 2013).

Lawrence, Thomas E. *Seven Pillars of Wisdom.* New York: Penguin, 1997.

Le Chene, Evelyn *Silent Heroes: The Bravery and Devotion of Animals in War.* London, UK: Souvenir Press, 1994.

Lederach, John P. *Preparing for Peace: Conflict Transformation Across Cultures.* Syracuse, NY: Syracuse University Press, 1995.

___. *The Little Book of Conflict Transformation: Clear articulation of the guiding principles by a pioneer in the field.* New York, NY: Good Books, 2003.

Leighton, Albert C. "Secret Communication Among the Greeks and Romans." *Technology and Culture,* 10, no. 2 (1969): 139-154. www.jstor.org/discover/10.2307/3101474?uid=3739256&uid=2129&uid=2&uid=70&uid=4&sid=21101750261877 (accessed February 3, 2012).

Lemish, Michael. *War Dogs: A History of Loyalty and Heroism.* Dulles, VA: Potomac Books, 1996.

Lendman, Stephen. "Depleted Uranium—a Hidden Looming Worldwide Calamity." *Global Research,* January 19, 2006. depleteduraniumthechildkiller.com/depleted_uranium_a_worldwide_calamity.htm (accessed February 4, 2013).

Leopold, Aldo. *The Land Ethic: In a Sand County Almanac.* Oxford, UK: Oxford University Press, 1966.

Levy, Debbie. *The Vietnam War.* Minneapolis, MN: Lerner Publishing Group, 2004.

Liddick, Donald. *Eco-Terrorism: Radical Environmental and Animal Liberation Movements.* Westport, CT: Praeger Publishers, 2006.

Judy, Jack. "Hybrid Insect MEMS (HI-MEMS) Programs." *Microsystem Technology Office*, March 5, 2010. www.derpa.mil/mto/programs/himems/indes.html#content (accessed December 20, 2012).

Kailasapathy, Kanakacapapati. *Tamil Heroic Poetry*. Clarendon, UK: Oxford University Press, 1968.

Katagiri, Nori. "Containing the Somali Insurgency: Learning from the British Experience in Somaliland." *African Security Review*, 19, no. 1 (2010): 33-45.

Katzman, Gerald H. "On Teaching Endotracheal Intubation." *Pediatrics*, 70, no. 4 (1982): 656.

Keegan, John. *A History of Warfare*. New York, First Vintage Books, 1994.

Keesler Air Force Base. "Protocol #FKE20070008A Endotracheal Intubation Training Exercise Using a Ferret Model." July 26, 2007. (Private Resource)

Kelly, Jeffrey A. "Alternatives to Aversive Procedures with Animals in the Psychological Teaching Setting." In *Advances in Animal Welfare Science*, edited by Michael W. Fox and Linda D. Mickley. Washington, DC: The Humane Society of the United States (1985): 165-184.

Kennedy, Phoebe. "Why Burma's Dictatorship Is Desperately Hunting for a While Elephant." *Independent*, April 2, 2010. http://www.independent.co.uk/news/world/asia/why-burmas-dictatorship-is-desperately-hunting-for-a-white-elephant-1934018.html (accessed February 3, 2013).

Kenner, Charles L. *Buffalo Soldiers and Officers of the Ninth Cavalry, 1867-1898: Black and White Together*. Norman: University of Oklahoma Press, 1999.

Kimberlin, Joanne. "Military contractor cited for treatment of goats." *The Virginian Pilot*, June 30, 2012. http://hamptonroads.com/2012/06/military-contractor-cited-treatment-goats

King, Jessie. "Vietnamese Wildlife Still Paying a High Price for Chemical Warfare." *The Independent*, June 8, 2006. http://www.independent.co.uk/environment/vietnamese-wildlife-still-paying-a-high-price-for-chemical-warfare-407060.html (accessed February 2, 2013).

Kirkham, Sophie. "Training Day for the Dog Soldiers." *Sunday Times*, December 15, 2002. http://www.sundaytimes.lk/021215/index.html (accessed October 12, 2012).

Kistler, John M. *Animals in the Military: From Hannibal's Elephants to the Dolphins of the U. S. Navy*. Santa Barbara, CA: ABC-CLIO, 2007.

Klein, Naomi. *The Shock Doctrine: The Rise of Disaster Capitalism*. London, UK: Routledge, 2008.

Knapp-Fisher, Harold C. *Man and His Creatures*. London, UK: Routledge & Sons, 1940.

Huff , Mickey, Andrew Lee Roth, and Project Censored. *Censored 2011*. New York: Seven Stories Press, 2010.

Hui, Sylvia. "Films Tell Story of WWII Elephant Rescue in Burma." *Guardian,* November 1, 2010. www.guardian.co.uk/workd/feedarticle/9339643 (accessed February 3, 2013).

Human Rights Watch, July 24, 1990. "Ethiopia 'Mengistu has Decided to Burn Us like Wood' Bombing of Civilians and Civilian Targets by the Air Force." http://www.hrw.org/reports/archives/africa/ETHIOPIA907.htm

Hussain, Farooq. "Whatever Happened to Dolphins?" *New Scientist* (January 25, 1973): 182-184.

Hyland, Ann. *The Warhorse: 1250-1600*. Stroud, UK: Sutton, 1998.

___. *The Horse in the Middle Ages*. Stroud, UK: Sutton, 1999.

Hyland, Ann and Lesley Skipper. *The warhorse in the modern era : the Boer War to the beginning of the second millennium*. Stockton-on-Tees: Black Tent Publications, 2010.

Institute for War and Peace Reporting, August 1, 2011. "Report Spurs Action on Afghan Bird Poaching." http://iwpr.net/report-news/report-spurs-action-afghan-bird-poaching-0

International Campaign to Ban Landmines (ICBL). "What is a Landmine?" n.d. www.icbl.org/index.php.icbl/Problem/Landmines/What-is-a-Landmine (accessed October 14, 2012).

International Coalition to Ban Uranium Weapons (ICBUW). "A Concise Guide to Uranium Weapons, the Science Behind Them, and Their Threat to Human Health and the Environment." n.d. www.bandepleteduranium.org/en/i/77.html#1 (accessed October 12, 2012).

Intergovernmental Panel on Climate Change. "Climate Change 2013: The Physical Science Basis, 2013." http://www.climatechange2013.org (accessed November 13, 2013)

Jager Theodore F. *Scout, Red Cross and Army Dogs: A Historical Sketch of Dogs in the Great War and a Training Guide for Rank and File of the United States Army*. Rochester, NY: Arrow, 1917.

Jenson, Eric T. "The International Law of Environmental Warfare: Active and Passive Damage During Times of Armed Conflict." *Vanderbilt Journal of Transnational Law, 38* (January 2005): 145. papers.ssrn.com/so13/papers.cfm?abstract_id=987033 (accessed October 14, 2012).

Johnston, Steven. "Animals in War: Commemoration, Patriotism, Death." *Political Research Quarterly*, 65, no. 2 (2012): 359-371.

Joy, Melanie. *Why We Love Dogs, Eat Pigs and Wear Cows*. San Francisco, CA: Conari Press, 2010.

Hamilton, Jill. *Marengo – The Myth of Napoleon's Horse*. Toronto: Harper Collins Canada/Fourth Estate, 2000.

Hanson, Thor, Thomas M. Brooks, Gustavo A. B. Da Fonseca, Michael Hoffman, John F. Lamoreux, Gary Machlis, Cristina G. Mittermeier, Russell A. Mittermeier, and John D. Pilgrim. "Warfare in Biodiversity Hotspots." *Conservation Biology,* 23, no 3 (2009): 578-587.

Harding, Lee E., Omar F. Abu-Eld, Nahsat Hamidan, and Ahmad al Sha'Ian. "Reintroduction of the Arabian oryx *Oryx leucoryx* in Jordan: war and redemption" *Oryx.* 41, no. 4 (2007): 478.

Hardt, George L., and Hank Heifetz, translators. *The Four Hundred Songs of War and Wisdom: An Anthology of Poems from the Classical Tamil (The Purananuru).* New York: Columbia University Press, 1999.

Hardt, Michael, and Antonio Negri. *Multitude: War and Democracy in the Age of Empire.* New York: Penguin, 2004.

Harris, Robert, and Jeremy Paxman. *A Higher Form of Killing: The Secret History of Chemical and Biological Warfare.* New York: Random House, 1983.

Hatton, J., M. Couto, and J. Oglethorpe. *Biodiversity and War: A Case Study from Mozambique. 2001.* www.worldwildlife.org/bsp/publications/Africa/146/Mozambique.pdf (accessed October 12, 2012).

Hausman, Gerald, and Loretta Hausman. *The Mythology of Dogs: Canine Legend.* New York: Macmillan, 1997.

Hofmeister, Erik H., Cynthia M. Trim, Saskia Kley, and Karen Cornell. "Traumatic Endotrachial Intubation in the Cat." *Veterinary Anaesthesia and Analgesia,* 34, no 3 (2007): 213-216.

Hogsed, Sarah. "Live Goats Used in Fort Campbell Medic Training." *Eagle Post,* January 20, 2010. www.theeaglepost.us/fort_campbell/article_4da5e92f-10d9-513e-ad61-19157ad63a29.html (accessed February 3, 2013).

Holmes, Bob. "New Tools Fuel Progress on Development of Genetically Engineered Farm Animals." *Health,* July 14, 2010. www.ihavenet.com/Health-New-Tools-Fuel-Progress-on-Development-of-Genetically-Engineered-Farm-Animals-New-Scientist.html (accessed December 31, 2010).

hooks, bell. *Teaching to Transgress: Education as the Practice of Freedom.* New York: Routledge, 1994.

Hotakainen, Rob. "Is Navy Plan a Threat to World's Oldest Killer Whales?" *McClatchy Newspapers,* December 24, 2010. article.wn.com/view/2010/12/24/Environmentalists_fear_Navy_plan_could_harm_whales/ (accessed October 14, 2012).

Hribal, Jason. *Fear of the Animal Planet: The Hidden History of Animal Resistance.* Oakland, CA: AK Press.

Goodman, Jared S. "Shielding Corporate Interests from public dissent: An examination of the undesirability and unconstitutionality of 'eco-terrorism' legislation. *Journal of Law and Policy*, 16, no. 2 (2008): 823-875.

Gouveia, Lourdes, and Arunas Juska. "Taming Nature, Taming Workers: Constructing the Separation Between Meat Consumption and Meat Production in the U.S." *Socologica Ruralis*, 42, no. 4 (2002): 370-390.

Gowers, Sir Willia. "The African Elephant in Warfare." *African Affairs*. 46, no. 182 (1947): 42-49

Grandin, Temple, and Catherine Johnson. *Animals in Translation: Using the Mysteries of Autism to Decode Animal Behavior*. New York: Simon & Schuster, 2005.

Greenhalgh, P. A. L. *Early Greek Warfare: Horsemen and Chariots in the Homeric and Archaic Ages*. Cambridge: Cambridge University Press, 2010.

Grichting Anna. "From Military Buffers to Transboundary Peace Parks: The Case of Korea and Cyprus." Paper presented at the Parks, Peace and Partnership Conference, Waterton, Montana, September 9-11, 2007. http://www.beyondintractability.org/citations/9976 (accessed February 3, 2013).

Griffith, Samuel B. *On Guerilla Warfare*. Chicago, IL: University of Illinoise Press, 2000.

Grossman, Dave. *On Killing: The Psychological Cost of Learning to Kill in War and Society*. New York: Back Bay Books, 2009.

Guardian/UK, February 1 2003. "War: Hell for Animals." http://www.animalaid.org.uk/h/n/NEWS/archive/ALL/882/ (accessed April 29, 2013).

Guizzo, Erico. "Moth Pupa + MEMS Chip = Remote Control Cyborg Insect." IEEE Spectrum: Automaton. February 17, 2009. spectrum.ieee.org/automaton/robotics/robotics-software/moth_pupa_mems_chip_remote_controlled_cyborg_insect (accessed February 3, 2013).

Haddon, Celia. "So Can a Dog Really Die of a Broken Heart?" *Daily Mail*, March 4, 2011. www.dailymail.co.uk/femail/article-1362789/So-dog-really-die-broken-heart.html (accessed February 4, 2013).

Haggis, Jane. "Thoughts on a Politics of Whiteness in a (Never Quite Post) Colonial Country: Abolitionism, Essentialism and Incommensurability." In *Whitening Race: Essays in Social and Cultural Criticism*, edited by Aileen Moreton-Robinson. Canberra, AUS: Aboriginal Studies, 2004.

Hall Andrew B. "Randomized Objective Comparison of Live Tissue Training Versus Simulators for Emergency Procedures." *The American Surgeon*, 77 no 5 (2011): 561-565.

Hambling, David. "U.S. Denies Incendiary Weapon Use in Afghanistan." May 15, 2009. www.wired.com/dangerroom/2009/05/us-incendiary-weapon-in-afghanistan-revealed (accessed February 3, 2013).

Frank, Joshua. "Bombing the Land of the Snow Leopard: The War on Afghanistan's Environment." *Counterpunch,* January 17, 2010. http://www.counterpunch.org/2010/01/07/the-war-on-afghanistan-s-environment/ (accessed February 2, 2013).

Frankel, Rebecca "War Dog." *Foreign Policy,* May 4, 2011. www.foreignpolicy.com/articles/2011/o5/04/war_dog (accessed February 4, 2013).

Fuentes, Gidget. "Navy's Underwater Allies: Dolphins." *North Country Times,* May 6, 2001. http://simonwoodside.com/content/writing/dolphins/2001-05-06-nctimes.txt (accessed February 4, 2013).

Gabriel, Richard A. *The Ancient World: Soldiers' Lives Through History.* Westport, CT: Greenwood Publishing Group, 2007a.

___. *Muhammad: Islam's First Great General.* Norman, OK: University of Oklahoma Press. 2007b

Gala, Shalin G., Goodman, Justin R., Murphy, Michael P., & Balsam, Marion J. (2012). "Use of Animals by NATO Countries in Military Medical Training Exercises: An International Survey." *Military Medicine*, 177(8), 907-910.

Gallagher, Carole. *American Ground Zero: The Secret Nuclear War.* Cambridge, MA: Massachusetts Institute of Technology, 1993.

Galtung, John, and Carl G. Jacobsen. *Searching for Peace: The Road to TRANSCEND.* London, UK: Pluto Press, 2000.

Gandhi, Mohandus K. *Gandhi, an Autobiography: The Story of My Experiences with Truth.* Boston, MA: Beacon Press, 1993.

Gardiner, Juliet. *The Animals' War: Animals in Wartime from the First War to the Present Day.* London, UK: Portrait, 2006.

Wilhelm (Trans). *Culavamsa: Being the More Recent part of the Mahavamsa,* Asian Educational Services: Chennai, 2003.

Ghebrehiwet, Teame. "The Camel in Eritrea: An All-Purpose Animal." *World Animal Review,* 91, no. 2. 1998. www.fao.org/docrep/W9980T/w9980T6.htm (accessed January 30, 2013).

Gianoli, Luigi, and Mario Monti. *Horses and Horsemanship Through the Ages.* New York: Crown Publishers, 1969.

Gibson, J. W. "The New War on Wolves." *Los Angeles Times,* December 8, 2011. http://articles.latimes.com/2011/dec/08/opinion/la-oe-gibson-the-war-on-wolves-20111208 (accessed February 19, 2013).

Gilbert, Scott. "Environmental Warfare and U.S. Foreign Policy: The Ultimate Weapon of Mass Destruction." *Global Research.* January 1, 2004. http://www.globalresearch.ca/environmental-warfare-and-us-foreign-policy-the-ultimate-weapon-of-mass-destruction-2/5357909 (accessed January 30, 2013).

Drury, Ian. "Their Last Journey: Tragic Bomb Dog Theo in Line for an 'Animal VC' as He and His Master's Body are Flown Home Together." *Daily Mail*, March 5, 2011. www.dailymail.co.uk/news/article-1362837/Bomb-sniffing-Army-dog-master-repatriated-Wootton-Bassett.html (accessed February 2, 2013).

Dube, Mathieu. "Strathconas Celebrate the Battle of Moreuil Wood. Lord Strathcona's Horse (Royal Canadians)." www.strathconas.ca/strathconas-celebrate-the-battle-of-moreuil-wood?id=835 (accessed October 12, 2012).

Duiker, William J., and Jackson J. Speilvogel. *World History* (6th ed.). Boston, MA: Wadsworth, 2010.

Dunayer Joan. *Animal Equality: Language and Liberation*. Derwood, MD: Ryce, 2001.

Dupuy, Trevor N. *The Evolution of Weapons and Warfare*. New York: Bobbs-Merrill, 1980.

Ellul, Jacques. *The Technological Bluff*. Grand Rapids, MI: William B. Eerdmans Publishing Company, 1990.

Enzler, Svante M. "Environmental Effects of Warfare." 2006. www.lennntech.com/environmental-effects-war.htm (accessed February 2, 2013).

Equal Justice Alliance. "Our allies." n.d. http://www.equaljusticealliance.org/allies.htm (accessed March 1, 2012).

Falck, A J., M. B. Escobedo, J. G. Baillargeon, L. G. Villard, and J. H. Gunkel "Proficiency of Pediatric Residents in Performing Neonatal Endotracheal Intubation." *Pediatrics, 112*, no. 6 (2003): 1242-1247.

Fang, Irving. "Alphabet to Internet: Mediated Communication in Our Lives." 2008. www.mediahistory.umn.edu/archive/PigeonPost.html

Felton, Debbie. *Haunted Greece and Rome: Ghost Stories from Classical Antiquity*. Austin: University of Texas Press, 1999.

Fernandez, Luis A. *Policing Dissent: Social Control in the Anti-Globalization Movement*. Piscataway, NJ: Rutgers University Press, 2008.

Filner, Bob. "The Battlefield Excellence Through Superior Training (BEST) Practices Act-H. R. 1417. *The PETA Files*, April 8, 2011. *www.peta.org/b/thepetafiles/archive/tags/BEST.../default.aspx* (accessed February 2, 2013).

Foster, Robert E., Ellen P. Embrey, David J. Smith, Annette K. Hildabrand, Paul R. Cordts, and Mark W. Bowyer. "Final Report of the Use of Live Animals in Medical Education and Training Joint Analysis Team." 2009. www.mediapeta.com/ulamet/ulamet_jat.pdf (accessed February 3, 2013).

Foucault, Michel. *The History of Sexuality, Volume 1: The Will to Knowledge*. London, UK: Penguin, 1988.

Fox News. "Afghan Police Stop Bombing Attack From Explosives-laden Donkey." June 8, 2006. http://www.foxnews.com/story/2006/06/08/afghan-police-stop-bombing-attack-from-explosives-laden-donkey/

Dart, Raymond A. "Australopithecus Africanus: The Man-Ape of South Africa." In *A Century of Nature: Twenty-One Discoveries That Changed Science and the World,* edited by Laura Garwin and Tim Lincoln, 10-20. Chicago, IL: University of Chicago Press, 1925.

David Grant Medical Center. "Protocol #FDG20050030A: Neonatal Resuscitation Training in the Laboratory Animal." www.travis.af.il/units/dgmc/ (accessed October 14, 2012).

Davis, Jeffrey S., Jessica Hayes-Conroy, and Victoria M. Jones. "Military Pollution and Natural Purity: Seeing Nature and Knowing Contamination in Vieques, Puerto Rico." *Geojournal*, 69, no, 3 (2007): 165-179.

Dearing, Stephanie. "Dogs of War: Iraq's Feral Dog Population on the Rise." *Digital Journal,* January 18, 2010. www.digitaljournal.com/print/article/285913 (accessed October 14, 2012).

Deen, Thalif. "Despite Recession, Global Arms Race Spirals." *Inter Press Service News Agency,* March 16, 2010. http://www.ipsnews.net/2010/03/disarmament-despite-recession-global-arms-race-spirals/ (accessed February 2, 2013).

Del Gandio, Jason. *Rhetoric for Radicals: A Handbook for Twenty-First Century Activists.* San Francisco, CA: New Society Publishers, 2008.

Dempewolff, Richard E. *Animal Reveille.* New York: Doubleday, Doran & Company, 1943.

Department of the Air Force. "Freedom of Information Act (FOIA) 08-0051-HS, C-STARS Courses." August 28, 2008. Private Resource.

Department of Defense. "Animal Care and Use Programs Fiscal Year 2002-2003." 2003. zoearth.org/tag/pigs (accessed October 12, 2012).

Department of Veterans Affairs. "M is for Mates. Animals in Wartimes Ajax to Zep." Canberra, AUS: Department of Veteran Publication in Association with the Australian War Memorial, 2009.

Derr, Mark. *Dog's Best Friend: Annals of the Dog-Human Relationship.* New York: H. Holt and Company, 1997.

Derry, Margaret E. *Horses in Society.* Toronto, Canada: University of Toronto Press, 2006.

Diamond, Jared. *Guns, Germs and Steel: The Fates of Human Societies.* New York: W. W. Norton and Company, 1997.

Dijk, Ruud V., ed. *Encyclopedia of the Cold War (Volume One).* Agingdon, UK: Routledge, 2008.

Doctors Against Animal Experiments Germany. *Military Experiments on Living Animals Prohibited.* August 11, 2010. www.aerzte-gegen-tierversuche.de/en/component/content/article/55-resourses/262-military-esperiments-on-living-animals-prohibited (accessed October 14, 2012).

Coker, Donna. "Transformative Justice: Anti-Subordination Processes in Cases of Domestic Violence." In *Restorative Justice and Family Violence,* edited by Heather Strang and John Braithwaite, 128-152. Cambridge, UK: Cambridge University Press, 2002.

Collins, John J. *Introduction to Hebrew Bible.* Minneapolis, MN: Fortress Press, 2004.

Costs of War. n.d. http://costsofwar.org/article/environmental-costs (accessed February 21, 2013).

Crawford, Angus. "UK Misses Falklands Mine Deadline." *BBC News,* November 24, 2008. http://news.bbc.co.uk/2/hi/uk_news/politics/7742661.stm (accessed October 14, 2012).

Creel, Herrlee G. "The Role of the Horse in Chinese History." *American Historical Review.* LXX (1965):647-672

Cunningham, Erin. "In Gaza, Alarm Spreads Over Use of Lethal New Weapons. *Antiwar,* January 23, 2009. http://www.antiwar.com/ips/cunningham.php (accessed February 2, 2013).

Curry, Ajaye. "Animals: The Hidden Victims of War." *Animal Aid,* 2003. www.animalaid.org.uk/images/pdf/waranimals.pdf (accessed February 2, 2013).

Daily Mail. "Forgotten Heroes: A million horses were sent to fight in the Great War - only 62,000 came back." November 9, 2007. http://www.dailymail.co.uk/columnists/article-492582/Forgotten-Heroes-A-million-horses-sent-fight-Great-War--62-000-came-back.html#ixzz2k5AMKSGc

Daily Mail "Black Labrador Treo Becomes 23rd Animal to Receive the Dickin Medal After Serving in Afghanistan." February 24, 2010. www.dailymail.co.uk/news/article-1253312/Black-Labrador-Treo-23rd-animal-receive-Dickin-Medal (accessed October 12, 2012).

Daily Mail. "Huge Rise in Vivisection as 3.7m Experiments on Animals Are Carried Out in a Year." July 14, 2011 www.dailymail.co.uk/sciencetech/article-2014279/Huge-rise-vivisection-3-7m-experiments-animals-carried-yuear.html#ixzz1idSWDlkz (accessed October 12, 2012).

Daly, Peter M. *Literature in the Light of the Emblem.* Toronto, Canada: University of Toronto Press, 1979.

Dance, Amber. "50 Years After the Blast: Recovery in Bikini Atoll's Coral Reef." May 27, 2008. print.news.mongabay.com/2008/0526-dance_bikini.html?print (accessed February 2, 2013).

Dao, James. "After Duty, Dogs Suffer Like Soldiers." *New York Times,* December 1, 2011. www.nytimes.com/2011/12/02/us/more-military-dogs-show-signs-of-combat-stress.html (accessed February 2, 2013).

Chayer, Amelie. "United Kingdom Under Fire from Treaty Allies for Failure to Clear Landmines." Geneva, CH: International Coalition to Ban Landmines. November 26, 2008. http://www.icbl.org/index.php//Treaty/MBT/Annual-Meetings/9MSP/Media/pressreleases/pr26nov08 (accessed February 2, 2013).

Chelvadurai, Manogaran. *Ethnic Conflict and Reconciliation in Sri Lanka.* Manoa, HI: University of Hawaii Press, 1987.

Cherrix, Kira. "Test Site Profile: Nevada Test Site." 2008. mason.gmu.edu/~kcherrix/nts.html (accessed October 12, 2012).

Cherry, Robert A. and Jameel Ali. "Current Concepts in Simulation-Based Trauma Education." *The Journal of Trauma,* 65, no. 5 (2008): 1186-1193.

Chivers, C "Tending a Fallen Marine, with Skill, Prayer and Fury." *New York Times,* November 2, 2006.

Chomsky, Noam. *Knowledge of Language: Its Nature, Origin, and Use.* New York: Seven Stories Press, 1987.

Chomsky, Noam. *Power and Terror: Post-9/11 Talks and Interviews.* New York: Seven Stories Press, 2003.

Chomsky, Noam. *Imperial Ambitions: Conversations on the Post-9-11 World.* New York: Metropolitan Books, 2005.

Chossudovsky, Michel. "Excluded from the Copenhagen Agenda: Environmental Modification Techniques (ENMOD) and Climate Change." *Global Research,* December 5, 2009. http://www.globalresearch.ca/environmental-modification-techniques-enmod-and-climate-change (accessed October 14, 2012).

Clarke, Hamish. "The Nature of War." *Cosmos,* May 9, 2007. www.cosmosmagazine.com/features/online/1289/the-nature-war (accessed October 21, 2012).

Clifton, Wolf. "Animal Cruelty and Dehumanization in Human Rights Violations." *The Greanville Post,* November 10, 2009. http://www.greanvillepost.com/2009/11/10/animal-cruelty-and-dehumanization-in-human-rights-violations/ (accessed February 2, 2013).

CNN.com. "UK Honors Glow Worm Heroes." November 24, 2004. http://edition.cnn.com/2004/WORLD/europe/11/24/uk.newwaranimals/index.html (accessed October 14, 2012).

Cochrane, Richard. "Marine Animals Set to Guard U.S. Submarine Base." *Hypocrisy Reigns Supreme,* December 17, 2009. hypocrisy.com/2009/12/17/marine-mammals-set-to-guard-us-submarine-base (accessed February 2, 2013).

Codepink. "What Is Codepink?" n.d. www.codepink4peace.org/article.php?list=type&type=3 (accessed October 14, 2012).

Bullock, Jane, George Haddow, Damon P. Coppola, and Sarp Yeletaysi. *Introduction to Homeland Security: Principles of All-Hazards Risk Management.* Burlington, MA: Butterworth Heinemann, 2008.

Burghardt, Tom. "Biological Warfare and the National Security State: A Chronology." *Global Research,* August 9, 2009. http://www.globalresearch.ca/biological-warfare-and-the-national-security-state (accessed October 14, 2012).

Burstein, Stanley M. "Elephants for Ptolemy II: Ptolemaic Policy in Nubia in the Third Century BC." In *Ptolemy II: Philadelphus and His World,* edited by Paul McKechnie and Phillipe Guilleme, 135-147. Leiden, NL: Brill, 2008.

Burt, Jonathan. "Review: The Animals' War Exhibition." *History Today,* October 1, 2006.

Butler, Frank K. "Tactical Management of Urban Warfare Casualties in Special Operations." *Military Medicine,* 165, no. 4 supplement (2000): 1-48.

Capaldo, Theodora. "The Psychological Effects of Using Animals in Ways That They See as Ethically, Morally, or Religiously Wrong." *Alternatives to Laboratory Animals, 32*, supplement no. 1 (2004): 525-531.

Carrington, Damian. "Mass Tree Deaths Prompt Fears of Amazon 'Climate Tipping Point'." *The Guardian/UK,* February 4, 2011. www.commondreams.org/headline/2011/02/04-0 (accessed October 14, 2012).

Carroll, Michael Christopher. *Lab 257.* New York: William Morrow, 2004

Cart, Julie. "Army Seeks to Move More Than 1,100 Desert Tortoises." *Los Angeles Times,* August 5, 2009. latimesblogs.latimes.com/greenspace/2009/08/desert-tortoise-endangered-species-army-training-html (accessed February 2, 2013).

Casey-Maslen, Stuart. 'Introductory Note', *Convention on the Prohibition of the Use, Stockpiling, Production and Transfer of Anti-Personnel Mines and on their Destruction*, Oslo, 18 September 1997. http://legal.un.org/avl/ha/cpusptam/cpusptam.html (accessed November 5, 2013)

Casson, L "Ptolemy II and the Hunting of African Elephants." *Transactions of the American Psychological Association,* 123 (1993): 247-260.

Center for Constitutional Rights. "The Animal Enterprise Terrorism Act (AETA). n.d. ccrjustice.org/learn-more/faqs/factsheet%3A-animal-enterprise-terrorism-act-%28aeta%29 (accessed October 14, 2012).

Chang, Nancy. *Silencing Political Dissent.* New York: Seven Stories Press, 2002.

Charles, Michael B. "African Forest Elephants and Turrets in the Ancient World." *Phoenix,* 62, no. 3/4 (2008): 338-362.

Blechman Andrew D. *Pigeons: The Fascinating Saga of the World's Most Revered and Reviled Bird.* New York: Grove Press, 2006.

Block, Ernest F. J., Lawrence Lottenberg, Lewis Flint, Joelle Jakobsen, and Dianna Liebnitzky. "Use of a Human Patient Simulator for the Advanced Trauma Life Support Course." *The American Surgeon,* 68, no. 7 (2002): 648-651.

Blum, William. *Killing Hope: U.S. Military and the C.I.A. Interventions Since World War II.* Monroe, ME: Black Rose Books, 2000.

Bock Carl. *Temples and Elephants: The Narrative of a Journey of Exploration Through Upper Siam and Lao,* White Orchid Press: Bangkok 1985.

Boggs, Carl. *Imperial Delusions: American Militarism and Endless War.* Lanham, MD: Rowman & Littlefield, 2005.

Boggs, Carl. "Corporate Power, Ecological Crisis, and Animal Rights." In *Critical Theory and Animal Liberation,* Edited by John Sanbonmatsu, 71-96. Lanham, MD: Rowman & Littlefield, 2011.

Bolivian Army. "Memorandum of Understanding Concerning the Activation, Organization, and Training of the 2nd Battalion." April 28, 1967. www.gwu.edu/~nsarchiv/NSAEBB/NSAEBB5/che14_1.htm (accessed October 21, 2012).

Borman, Windy (2012) *The Eyes of Thailand.* Directed by Windy Borman. 2012. DVA Productions in association with Indiewood Pictures.

Bowyer, Mark, Alan V. Liu, and James P. Bonar. "A Simulator for Diagnostic Peritoneal Lavage Training." *Studies in Health Technologies and Informatics,* 11 (2005): 64-67.

Branan, Nicole. "Danger in the Deep: Chemical Weapons Lie Off Our Coasts." *Earth Magazine,* January 27, 2009. http://www.earthmagazine.org/article/danger-deep-chemical-weapons-lie-our-coasts (accessed January 31, 2013).

Brasch, Walter M. *America's Unpatriotic Acts: The Federal Government's Violation of Constitutional and Civil Rights.* New York: Peter Lang, 2005.

Brauer, Jurgen. *War and Nature: The Environmental Consequences of War in a Globalized World,* AltaMira Press: Maryland, 2009.

Brean, Joseph. "Loud Noises May Have Caused Arkansas Bird Deaths. *National Post,* January 1, 2011. news.national post.com/2011/01/03/mass-bird-deaths-puzzle-arkansas-town/ (accessed October 21, 2012).

Broder, John M. "Climate Change Seen as Threat to U.S. Security." *New York Times,* August 9, 2000. http://www.nytimes.com/2009/08/09/science/earth/09climate.html (accessed February 1, 2013).

Brodie, Bernard, and Fawn M. Brodie. *From Crossbow to H-Bomb.* Bloomington: Indiana University Press, 1973.

Broome, Richard. *Aboriginal Australians: Black Responses to White Dominance, 1788-1994.* St Leonards, NSW: Allen & Unwin, 1994.

Benham, Jason "Sudan Seeks Millions for War-Hit Wildlife." *Standard for Fairness and Justice,* January 18, 2011. http://uk.reuters.com/article/2011/01/18/us-sudan-south-wildlife-idUKTRE70H1S120110118 (accessed February 4, 2013).

Behnam, Sadiq. "Birds Disappear From Afghanistan, Leaving Pests to Flourish." *Institute for War and Peace Reporting.* November 19, 2010. http://iwpr.net/report-news/birdlife-disappears-afghan-landscape (accessed November 9, 2013)

Benedictus, Leo. "Bounding into action with the dogs of war." *The Guardian.* May 15, 2011. http://www.theguardian.com/world/2011/may/15/dogs-war-osama-bin-laden

Benjamin, Mar. "'War on Terror' Psychologist Gets Giant No-Bid Contract." Salon.com. October 14, 2010. http://www.salon.com/2010/10/14/army_contract_seligman/

Benjamin, Medea, and Jodie Evans. *Stop the Next War Now: Effective Responses to Violence and Terrorism.* Maui, HI: Inner Ocean, 2005.

Bennett, Jeffrey P. *War Dogs: America's Forgoten Heroes.* Produced by Jeffrey P. Bennett. 1999. Sherman Oaks, CA: GRB Entertainment. DVD.

Berrigan, Frida. "America's Global Weapons Monopoly." *TomDispatch.* February 17, 2010. www.commondreams.org/print/52891 (accessed October 21, 2012).

Best, Steven. "The Animal Enterprise Terrorism Act: New, Improved, and ACLU-Approved." *Journal for Critical Animal Studies,* III, no. 3 (2007).

Best, Steven, and Anthony J. Nocella II. *Terrorists or Freedom Fighters? Reflections on the Liberation of Animals.* New York: Lantern Books, 2004.

Best, Steven, and Anthony J. Nocella II. *Igniting a Revolution: Voices in Defense of the Earth.* Oakland, CA: AK Press, 2006.

Best, Steven, and Anthony J. Nocella II. "Clear Cutting Green Activists: The FBI Escalated the War on Dissent." *Impact,* Spring 2006.

Bethune, Sir Edward C. "The Uses of Cavalry and Mounted Infantry in Modern Warfare." *Royal United Services Institution Journal,* 50, no. 3 (1906): 619-636.

Biggs, Barton. *Wealth, War, and Wisdom.* Hoboken, NJ: Wiley, 2008.

Big House Productions. *"Animals in Action Volume 4: Underwater Warriors.* Written and produced by Big House Productions. (2002). New York: Big House Productions. DVD.

Biological and Toxin Weapons Convention. "Meeting of Experts." August 18-22, 1975. www.acronym.org.uk/bwd/indes.htm (accessed August 25, 2010).

Biotechnology Industry Organization. "GE Animals to Exhibit at Livestock Biotech Summit." August 25, 2010. http://www.bio.org/media/press-release/ge-animals-exhibit-livestock-biotech-summit (accessed February 6, 2013).

Baillie, Duncan J. "The Breeding of Horses for Military Purposes." *Royal United Services Journal* (1872): *735-748.*

Baker, Peter S. *Animal War Heroes.* London, UK: A & C Black, 1933.

Bakhit, Mohammed A. *History of Humanity.* New York: Routledge, 2000.

Balcombe, Jonathan. *Second Nature: The Inner Lives of Animals.* New York: Palgrave MacMillan, 2010.

Ball, Kirstie and Frank Webster. (2003). "The Intensification of Surveillance." In *The Intensification of Surveillance*, edited by Kiristie Ball and Frank Webster, 1-15. London, UK: Pluto Press, 2003.

Barash, David P. *Approaches to Peace: A Reader in Peace Studies.* New York: Oxford University Press, 2010.

Barnard, Neal D. *Animals in Military Wound Research and Training.* Washington, DC: Physicians Committee for Responsible Medicine, 1986.

Basham, Arthur L. *The Wonder That Was India. New York: Grove Press, 1968.*

Battersby, Eilee. "Eight Million Dead in a Single Conflict: 5,000 Years of War Horses." *Irish Times.* January 14, 2012. http://www.irishtimes.com/culture/film/eight-million-dead-in-a-single-conflict-5-000-years-of-war-horses-1.444971

BBC News. "Home Town Party for War Hero Bird." 2009. www.news.bbc.co.uk/2/hi/middle_east/670551.stm (accessed October 21, 2012).

BBC News. "Dickin Medal Awarded to Bomb Sniffing Dog Treo." 2010. 6.http://news.bbc.co.uk/2/hi/uk_news/8502127.stm (accessed October 21, 2012).

Begich, Nick. *Angels Don't Play This HAARP: Advances in Tesla Technology.* Anchorage, AK: Earthpulse, 1995.

Begley, Charle. *A Report on the Elephant Situation in Burma.* October. Bedfordshire: EleAid, 2006. http://www.eleaid.com/wp-content/uploads/2013/10/A-Report-on-the-Elephant-Situation-in-Burma.pdf

Behnam, Sadeq. "Birds Disappear from Afghanistan, Leaving Pests to Flourish." November 19, 2010. http://iwpr.net/report-news/birdlife-disappears-afghan-landscape (accessed January 31. 2013).

Beirne, Piers, and Nigel South. *Issues in Green Criminology: Confronting Harms Against Environments, Humanity, and Other Animals.* (2007): Portland, OR: Willian.

Bekoff, Marc, and Jessica Pierce. *Wild Justice.* (2010): Chicago, IL: University of Chicago Press.

Belloni, Robert. "The Tragedy of Darfur and the Limits of the 'Responsibility to Protect'." *Ethnopolitics.* 5, no. 4 (2006):327-346.

Andrzejewski, Julie and John Alessio. "The Sixth Mass Extinction." In *Censored 2014: Fearless Speech in Fateful* Times, edited by Mickey Huff, and Andy Lee Roth, 365-385. New York: Seven Stories Press, 2013.

Andrzejewski, Julie, Helena Pedersen, and Freeman Wicklund. "Interspecies Education for Humans, Animals, and the Earth. In *Social Justice, Peace, and Environmental Education: Transformative Standards,* edited by Julie Andrzejewski, Marta Baltadano and Linda Symcox. Routledge, 2009, 136-153.

Arluke, Arnold, and Frederic Hafferty. "From Apprehension to Fascination with 'Dog Lab': The Use of Absolutions by Medical Students. *Journal of Contemporary Ethnography,* 25, no. 2 (1996): 201-225.

Arnold, Jennifer, Becky Lowmaster, Melinda Fiedor-Hamilton, Jennifer Kloesz, Dena Hofkosh, Patrick Kochanek, and Robert Clark. "Evaluation of High Fidelity Neonatal Stimulation as a Method to Teach Pediatric Residents Neonatal Airway Management Skills. Report presented at the 2008 International Meeting on Simulation in Healthcare, Santa, Fe, NM, May 2008. www.dtic.mil/dtic/tr/fulltext/u2/a479674.pdf (accessed January 31, 2013).

Arnold, Ron. *Eco-Terror: The Violent Agenda to Save Nature, the World of the Unabomber.* Bellvue, WA: Free Enterprise Press, 1997.

Associated Press. "Reprieve from Wound Tests Is Ended for Pigs and Goats." *New York Times, January 24,* 1984. http://query.nytimes.com/gst/fullpage.html?sec=health&res=9506EED81F38F937A15752COA962948260 (accessed October 21, 2012).

Associated Press. "Dolphins Help Spot Mines in Iraq War." 2003. www.apnewsarchive.com/2003/Dolphins-Help-Spot-Mines-in-Iraq-War/id-c615ba06b362246518e98dfe4dccd9f (accessed October 21, 2013).

Attridge, Harold W., and Wayne A. Meeks. *The Harper Collins Study Bible: New Revised Standard Version.* New York: HarperCollins, 2006.

Aung, Thet Wine. "White Elephants Stabbed by Junta." *Irawaddy.* May 8, 2010. www.irrawaddy.org/article.php?art_id=18428 (accessed October 21, 2012).

Australian Light Horse Association. "The Mounted Horses of Australia." n.d. http://www.lighthorse.org.au/resources/history-of-the-australian-light-horse/the-mounted-soldiers-of-australia www.lighthorse.org.au/resources/history-of-the-australian-light-horse/the-mounted-soldiers-of-australia (accessed February 20, 2013).

Australian War Memorial. n.d. http://www.awm.gov.au/visit/ (accessed February 21, 2013).

Azios, Tony. "Korean Demilitarized Zone Now a Wildlife Haven. *Christian Science Monitor,* November 21, 2008. www.csmonitor.com/Environment/Wildlife/2008/1121/Korean-demilitarized-zone-now-a-wildlife-haven/ (accessed January 31, 2013).

参考文献一覧

Aboud, E. T., Krisht, A. F., O'Keefe, T., Nader, R., Hassan, M., Stevens, C. M. Alif., & Luchette, F. A. "Novel Simulation for Training Trauma Surgeons." *The Journal of Trauma,* 71, no. 6. (2011): 1484-1490.

Adams, Carol J. "'Mad Cow' Disease and the Animal Industrial Complex." *Organization and Environment,* 10, no. 1 (1997): 26-51.

Adams, Carol. J. *The Sexual Politics of Meat: A Feminist-Vegetarian Critical Theory.* New York: Continuum Publishing, 1997.

Adams, Kathleen, Randy Scott, Ronald M. Perkin, and Leo Langga. "Comparison of Intubation Skills Between Interfacility Transport Team Members." *Pediatric Emergency Care,* 16, no. 1. (2000): 5-8.

Adler, Philip J., and Randall L. Pouwels. *World Civilizations.* Belmont, CA: 2005.

Aegerter, Gil, and Jeff Black. "Coast Guard Defends Medical Training on Live Animals After PETA Posts Gory Video." *US News,* April 19, 2012. http://usnews.nbcnews.com/_news/2012/04/19/11286441-coast-guard-defends-medical-training-on-live-animals-after-peta-posts-gory-video?lite (accessed February 18, 2013).

Alaboudi, Abdul K. "Depleted Uranium and Its Impact on Animals and Environment in Iraq and Algeria." n.d. www.uraniumweaponsconference.de/speakers/khadum_du.pdf

Allen, Larry. "AFSOC Training Programs: Briefing to USAF APBI and NTSA." 2010. www.ndia.org/Resources/OnlineProceedings?Documents/01A0/1540-AFSOC.pdf (accessed January 31, 2013).

Allen, Scott and Nathanial Raymond. *Experiments in Torture: Evidence of Human Subject Research and Experimentation in the "Enhanced" Interrogation Program.* Physicians for Human Rights. http://physiciansforhumanrights.org/library/reports/experiments-in-torture-2010.html (accessed November 9, 2013).

American Heart Association. "Message from AHA ECC Programs: PETA Inquiries re: Use of Live Animals in PALS Courses." 2009. www.peta.org/issues/Animals-Used-for-Experimentation/endotracheal-intubation-training-maiming-and-killing-animals.aspx (accessed January 31. 2013).

Amiel, Barbara. "Dogs Are Victims in a Scary War." *Macleans,* November 23, 2009. http://www2.macleans.ca/2009/11/19/dogs-are-victims-in-a-scary-war/ (accessed January 31, 2013).

ヤ行

ラ行

ワ行

ナ行

ハ行

マ行

タ行

カ行

サ行

総索引

（原書索引を基本に訳者が作成した）

ラジモハン・ラマナタピッライ（Rajmohan Ramanathapillai）　ゲチスバーグ大学（ペンシルバニア州）哲学・平和学・正義学助教、平和・正義研究プログラムのコーディネーター。出身地スリランカの拷問犠牲者について研究を行ない、生徒とともにアートの形で人権侵害を記録、その作品はメンフィスの公民権運動博物館、トロントのロイヤル・オンタリオ博物館に展示される。講義は「人権」「テロリズムを越えて」「ガンディー、戦争、環境」「人と象の紛争」など。学際的刊行物にガンディーや人権、戦争トラウマ、自然との戦い、宗教などをテーマとした様々な論文を寄稿している。クリスチャン・ブラザーズ大学（テネシー州メンフィス）のM・K・ガンディー研究所ではプログラム編成を手掛け、アフリカ系アメリカ人の児童とともに「親切は広まる」と題したプログラムを指揮、またカナダのトロントではユダヤ人居住者とともに「平和のための文化」児童プログラムを構想、監督した。……………………………………………………………（第五章）

ビル・ハミルトン（Bill Hamilton）サンフランシスコ・ベイエリアの動物福祉活動家。2000年、基金「サンフランシスコ市動物保護管理局の友」を立ち上げ、代表として創設から7年の間、財源不足の保護施設および保護施設と提携する15の非営利団体に財政支援を行なった。2005年から2007年にかけては、サンフランシスコ市動物管理福祉委員会の委員を務め、動物福祉に資する規則の起草、動物関連の問題を考える市民フォーラムの開催に従事する。2007年から2008年の間はロンドンに拠点をおく動物救助組織「国際動物防衛隊」（ADI）のアメリカ支部開発部長を務めた。動物保護管理局、動物虐待防止協会、「シェルターをください　猫レスキュー」にて16年間ボランティアを務める中、9の野良猫集団を世話する活動に専念しつつ市民会員にそうした集団の扱いを指導し、他方で手術後・回復途上の猫に対する医療ケアも行なってきた。2013年には新たな非営利の動物福祉組織「動物連盟」を立ち上げる。その動物保護活動は国立動物管理協会から注目されている。2009年、サンフランシスコ州立大学にて行政学修士号を取得。……………………………………………………………………（第六章）

エリオット・M・カッツ（Eliot M. Katz）　動物防衛団（IDA）代表。米・コーネル大学獣医学部を卒業の後、ニューヨーク州ブルックリンで獣医を務め、のちカリフォルニアへ渡る。IDAは1983年、自ら立ち上げた動物保護団体であり、国際規模の活動を展開して動物の権利、福祉、生息地の保護に取り組むとともに、動物の地位を単なる商品、財産、モノの次元から脱却させ、虐待と搾取を一掃しようと努めている。同組織は調査、保護活動を行なうほか、アフリカのカメルーンにチンパンジー保護区を、インドのムンバイに動物病院を、さらにミシシッピ郊外には虐待および廃棄された動物をかくまう64エーカーの保護施設を設けるなど、力強い改革の担い手となっている。2人の娘ダニエル、ラクエルの父親でもあり、現在は救助保護した最愛の犬チャーリーとともにカリフォルニア州コーテ・マデラに暮らしている。……………………………………………………………（第六章）

アントニー・J・ノチェッラ二世（Anthony J. Nocella II）……（編者紹介参照、終章）

提示してきた。一方、世界の動物利用規則の改善にも従事しており、例として、インドや台湾の政府役員に向け詳細な技術文書を送ることで非人道的な医療教育カリキュラムの改革をうながす、アメリカ国防総省に生体実験の代替案を詳述した文書を示し残忍な戦闘外傷訓練教程の廃止を求める、ボリビアの議会委員会に参加して動物福祉法案の利点を説く、といった活動も行なっている。

…………………………………………………………………………………（第二章）

イアン・E・スミス（Ian E. Smith） 動物解放活動家。コネチカット大学で倫理学と政治理論を学び哲学の修士号を取得。動物解放運動に携わる傍ら、組合を組織して労働運動にも加わり、ニューヨーク公益調査団（NYPIRG）学生委員会の委員も務めた。ニューヨーク州各地で数多くの環境運動、反核運動、学生の権利運動を実施。現在は PETA の動物実験調査部研究員。 ………………………（第二章）

アナ・パウリナ・モロン（Ana Paulina Morrón） ニューヨーク州クイーンズ区出身の研究者、活動家。幼い頃ペットとの間に築いた強い絆が基となって動物への思いやりに満ちた生活を送ろうと決心する。ウィリアムズ大学（マサチューセッツ州ウィリアムズタウン）に学び、2009 年、英語学および宗教学の学士号を取得し卒業、メロンメイズ奨学金プログラムの奨学生となり、宗教学の修士号を取得すべくイェール大学神学大学院（コネチカット州ニューヘブン）に進学する。最大の関心は動物倫理にあり、卒業研究では動物と人間の絆、および動物の権利活動、福祉活動に関する一層高度なテーマを扱うことを予定。現在は新聞、会議、ブログにおいて精力的に意見を述べる一方、動物正義、環境正義に人々の目を向けさせるため草の根活動に献身、関連法規の成立に向けた州レベルでの取り組みにも尽力している。全世界を視野に入れたその信念の根底には自身の人道的な実践活動がある。 ……………………………………………………………………（第三章）

ジュリー・アンジェイェフスキ（Julie Andrzejewski） ミネソタ州セントクラウド州立大学教授。同校の社会責任修士課程の指導員を務める傍ら、社会運動にも従事する。教育学博士。*Social Justice, Peace, and Environmental Education*（Routledge, 2009）の企画草案者、第一編集者。同書収録の "Interspecies Education for Humans, Animals, and the Earth"（Helena Pedersen、Freeman Wicklund との共同執筆）では動物の抑圧と種差別主義の問題について、地球規模の社会的責任と教育を十全に理解する上で避けて通れない領域、と述べている。他著に *Oppression and Social Justice: Critical Frameworks*、および Karen Thompson との共著 *Why Can't Sharon Kowalski Come Home?*（ラムダ賞受賞）がある。女性センターを創設して性的少数者、フェミニスト、障害者をめぐる国内問題を扱い、差別的組織に対抗する法的運動を支持、自らも団体の指揮者として新規プログラムを発足させ社会的責任の刷新を図るほか、平和活動、環境活動、女性運動、社会運動への支援も行なう。大学では「動物倫理学基礎」を担当。講義の経験にもとづき、『動物解放の哲学・政策ジャーナル』に "Teaching animal rights at the university: Philosophy and practice" を寄稿。E メール：jrandrzejewski@stcloudstate.edu。 …………（第四章）

執筆者紹介（掲載順）

コルマン・マッカーシー（Colman McCarthy）　平和教育センター（Center for Teaching Peace、ワシントン州を拠点とする非営利団体）理事。1969〜1998年、『ワシントンポスト』紙のコラムニストを務め、1985年、同センターを創設、あらゆる階層の学校を対象に、反戦哲学と非暴力紛争解決手段を教える学術プログラムの創始、拡大を支援している。著書に *All of One Peace*、*I'd Rather Teach Peace*、*Disturbers of the Peace*、*At Rest with the Animals* などがあるほか、平和論のアンソロジー *Solutions to Violence* および *Strength Through Peace: The Ideas and People of Nonviolence* の編集も手掛ける。1982年より高校、大学、大学院で非暴力の講義を行なっており、現在はワシントンセンター、ベセスダ・チェビー・チェイス高校（メリーランド州）、ウィルソン高校（ワシントン州）、アメリカン大学（ワシントンDC）、メリーランド大学、およびジョージタウン大学ローセンターの付属学部に所属、定期的に講義を行なっている。これまでに8000人を越える生徒の教育に携わってきた。……………………………………………………（緒言）

コリン・ソルター（Colin Salter）………………………………（編者紹介参照、序章）

ジョン・ソレンソン（John Sorenson）　人類学を学び、英・ヨーク大学社会・政治思想プログラムを修め博士号を取得。エリトリア、エチオピア、スーダン、パキスタンでフィールド調査を行ない、加・マニトバ大学災害研究部、ヨーク大学難民研究センター、およびエリトリア共済協会との提携活動に従事。著書に *Imagining Ethiopia: Struggles for History and Identity in the Horn of Africa*、*Disaster and Development in the Horn of Africa*、*African Refugees*、*Ghosts and Shadows*、*Culture of Prejudice* など。現在は、エリトリアの解放時代および独立後の女性の体験を主題とした著作を執筆中。社会正義一般、なかでも動物解放と環境正義に強い関心を寄せる。………………………………………………………………（第一章）

ジャスティン・R・グッドマン（Justin R. Goodman）　PETA（動物の倫理的扱いを求める人々の会）動物実験調査部参事。動物実験反対運動の指揮を務める。コネチカット大学にて動物の権利運動の非暴力直接行動を研究、社会学博士号を取得。バージニア州アーリントンのメアリーマウント大学社会学・刑事司法学科非常勤教職員を兼任。動物実験に関する論評多数。動物実験廃止に向けたその活動は *New York Times*、*Chronicle of Higher Education*、*The Scientist* など数多くの国内刊行物に取り上げられている。………………………………………（第二章）

シェイリン・G・ガラ（Shalin Gala）　PETA動物実験調査部の実験方法研究員。ワシントン大学セントルイス校にて人類学学士号を取得。医療機器開発者から食料・飲料メーカーに至るまで、様々な業界の重役と直接に交渉を行ない、動物を使わない優れた研究方法の採用を奨励するとともに残酷な動物実験からの移行方法も

編者紹介

アントニー・J・ノチェッラ二世（Anthony J. Nocella II）　米・ハムライン大学教育学部客員教授を務める著名な教育者、執筆家、平和活動家。米・シラキュース大学マックスウェル・スクールにて社会学博士号を取得、同校の紛争・協調研究発展プログラム（PARCC）に所属。平和構築・紛争研究および教育文化研究科の修士号、調停学の修了証（米・フレズノ・パシフィック大学）、女性学および越境紛争学の上級修了証（後者は米・シラキュース大学）を所持。批判的動物研究、障害者研究、環境倫理学、都市教育学、平和・紛争学、批判的教育学、アナキスト研究の草分け的存在であり、批判的メディア研究、批判的犯罪学、障害者合同教育（inclusive education）、クエーカー式教育法、ヒップホップ研究にも関心を寄せる。調停学や戦術分析のワークショップを開き、南北アメリカの法律委員会に多くの助言を行なってきた。2000年から2003年にかけ、コロンビアでクリスチャン平和構築団（CPT）の活動に参加したほか、メノナイト中央委員会（MCC）およびノーベル平和賞候補とされるアメリカン・フレンズ奉仕団（AFSC）との提携活動も行なっており、後者の地域委員会、計画委員会、国際委員会に名を連ねる。平和の構築、暴力紛争から非暴力への転換を願い、NGOや予備役将校訓練過程（ROTC）、米軍、法執行機関、刑務所、少年院、中学校、高校などでは紛争管理や交渉学のワークショップを開催している。ウェブサイトは www.anthonynocella.org。

コリン・ソルター（Colin Salter）　豪・ウーロンゴン大学教養学部・法学部・芸術学部教育設計担当。加・マックマスター大学平和研究センター助教。工学士優等学位、文学士優等学位、博士号を所持。環境工学士として、オーストラリアおよび太平洋を対象に社会面、文化面、環境面からみて適切な技術計画の設計、監視にあたる。のち大学に戻り、平和と正義を求める草の根活動の効果について調べるべく10年以上の長期研究に携わる。数々の論文と研究成果を発表し、先住民族の尊重と再評価を企てた運動についてや、現行の動物・環境・社会正義運動の戦略について、および男性原理、例外主義、暴力、非暴力の関わりについて論じている。著書に *Whiteness and Social Change: Remnant Colonialisms and White Civility in Australia and Canada*（2013）がある。

ジュディー・K・C・ベントリー（Judy K. C. Bentley）　ニューヨーク州立大学コートランド校の基礎教養・社会先導学科准教授。社会正義ジャーナル『社会先導、体制変革』の編集主任。批判的動物研究のほか、象徴的差別撤廃（symbolic inclusion）や障害児の自己教育構築力を研究テーマとする。近年の著作（共同編著）に *Earth, Animal and Disability Liberation: The Rise of the Eco-Ability Movement*（Peter Lang, 2012）がある。

訳者紹介

井上太一（いのうえ・たいち）
1984年生まれ。
上智大学外国語学部英語学科卒業。
会社員を経たのち、翻訳業に従事する。主な関心領域は動植物倫理、環境問題。語学力を活かして動物福祉団体や環境団体との連携活動も行なう。刊行予定の訳書にダニエル・インホフ編『動物工場―集約畜産場CAFOの悲劇（仮）』（緑風出版）がある。

動物と戦争
真の非暴力へ、《軍事－動物産業》複合体に立ち向かう　（検印廃止）

2015年10月30日　初版第1刷発行

訳　者　井上太一
発行者　武市一幸

発行所　株式会社 新評論

〒169-0051 東京都新宿区西早稲田3-16-28
http://www.shinhyoron.co.jp
TEL 03（3202）7391
FAX 03（3202）5832
振替 00160-1-113487

定価はカバーに表示してあります
落丁・乱丁本はお取り替えします

装幀　山田英春
印刷　理想社
製本　松岳社

ISBN978-4-7948-1021-2
Printed in Japan